"十三五"国家重点图书出版规划项目

材料科学研究与工程技术系列

冲压及塑料注射模具课程设计指导与实例

Guidance and Examples of Course Design for Stamping Die and Plastics Injection Mould

（第3版）

- 主　编　韩　飞　崔令江
- 副主编　于　洋　孙金平

哈尔滨工业大学出版社

内容提要

本书共分 10 章,简述了模具课程设计的目的、任务及要求。详细论述了板料冲裁模、拉深模设计和塑料注射模设计的要点、方法和步骤。本书共汇编了冷冲模、注射模 100 个课程设计题目,并收纳了冲模和注射模设计所需的标准和技术参数。书中还介绍了冷冲模和注射模设计的典型实例、图例,从零件的工艺分析和零件的质量要求出发,介绍了零件成形工艺方案的比选、模具结构设计和设备选用,为学生进行模具课程设计提供直接的参考。

本书适合高等工科院校材料成形及控制工程专业使用,也可供高职院校相关专业选用,还可供模具企业有关工程技术人员参考。

图书在版编目(CIP)数据

冲压及塑料注射模具课程设计指导与实例/韩飞,崔令江主编. —3 版.
—哈尔滨:哈尔滨工业大学出版社,2018.8(2023.1 重印)
ISBN 978 – 7 – 5603 – 7576 – 2

Ⅰ.①冲… Ⅱ.①韩…②崔… Ⅲ.①冲模-课程设计-高等学校-
教学参考资料 ②注塑-塑料模具-课程设计-高等学校-教学
参考资料 Ⅳ.①TG385.2-41②TQ320.66-41

中国版本图书馆 CIP 数据核字(2018)第 173245 号

材料科学与工程
图书工作室

策划编辑 许雅莹 杨　桦 张秀华
责任编辑 许雅莹
封面设计 高永利
出版发行 哈尔滨工业大学出版社
社　　址 哈尔滨市南岗区复华四道街 10 号 邮编150006
传　　真 0451 – 86414749
网　　址 http://hitpress.hit.edu.cn
印　　刷 黑龙江艺德印刷有限责任公司
开　　本 787mm×1092mm 1/16 印张21.5 字数 510 千字
版　　次 2015 年 1 月第 1 版 2018 年 8 月第 3 版
　　　　　2023 年 1 月第 3 次印刷
书　　号 ISBN 978 – 7 – 5603 – 7576 – 2
定　　价 38.00 元

第 3 版前言

模具课程设计是材料成形与控制工程专业的一个重要的专业教学环节。编写这本书的目的是配合模具课程设计教学环节,为学生选题、完成课程设计提供直接的指导和帮助。

编者通过多年的科研、模具教学及指导冲模和塑料模具课程设计等方面实践经验的总结,同时参考兄弟院校的经验,编写了这本设计指导与实例教材。

全书由课程设计概论、冲模设计和塑料注射模设计三部分组成。

在第 1 章课程设计概论中介绍了课程设计任务来源及基本要求。

第 1 篇冲模设计部分由 5 章(第 2～6 章)组成:第 2 章介绍冲模设计的步骤、方法和要求,并且给出了冲模课程设计题目;结合部分使用本书(第 1 版)读者的使用意见,第 2 版在第 1 版的基础上,增加了 20 个冲压题目,使题目达到了 30 个;第 3 章讨论了冲裁工艺和冲模零件设计;第 4 章讨论了拉深模设计,给出了典型拉深模结构实例;第 5 章给出了常用的冲模设计资料,包括标准模架、标准件和设备参数;第 6 章通过一个实例深入浅出地介绍了典型零件冲压工艺过程设计的具体内容和步骤,以及模具结构设计的方法和结果。

第 2 篇塑料注射模设计部分由 4 章(第 7～10 章)组成:第 7 章介绍塑料注射模设计的步骤、方法和要求,并且给出了注射模课程设计题目;第 3 版在第 2 版的基础上,增加了 30 个注射题目,使题目达到了 70 个;第 8 章为塑料注射模设计,介绍注射机的选择、校核,注射模总体结构和运动机构设计,以及温度调节系统设计;在第 9 章中给出了常用塑料和使用性能,以及注射模设计需要的数据和标准;第 3 版在第 2 版的基础上,增加了高注射压力的注射机型号和技术参数,以满足熔体黏度大、薄壁复杂塑件的注射成形的需要;第 10 章中通过一个实例介绍塑料注射模总体结构设计和主要零部件的设计过程,以及标准模架选用和设备选用。

本书为冲压工艺和塑料成形工艺及模具设计的配套教材,独立性很强。它结合学生的认知能力和素质基础,从课程设计的实用角度出发,按课程设计的总体思路和顺序讲解,循序渐进,由浅入深。

本书的特色是:将冲模与塑料注射模课程设计指导书融合为一体;以易用够用为宗旨,设计思路脉络清晰,过程讲解具体实用,选用资料翔实简明;题目难度适宜,制件的二维和三维图形同时给出,容易理解;所用标准全部为最新标准;按课程设计的顺序编写,实用性强,便于学生学习。

　　本书可供材料成形及控制工程等专业在课程设计时使用,也可供其他有关专业及工程技术人员参考。

　　本书第 1、7、8、10 章由韩飞编写,第 2、3、4 章由崔令江编写,第 5、6 章由于洋编写,第 9 章由孙金平编写,全书由韩飞统稿。

　　由于编者水平有限,书中难免有疏漏和不足之处,望读者批评指正。

编　者

2018 年 7 月

目　　录

第1篇　冲模设计

第2篇 塑料注射模设计

第1章 课程设计概论

1.1 课程设计的目的

工艺与模具设计能力是材料成形及控制工程专业学生所必备的工程技术能力。课程设计是教学大纲的必修课,也是锻炼学生加强工艺与模具设计能力的重要教学环节。

在冲模和塑料模课程设计之前,学生已完成机械制图、公差与技术测量、机械设计基础、模具材料及热处理、模具制造工艺、材料成形设备、塑性加工工艺及模具设计、塑料成形工艺及模具设计等专业基础课程和专业课程的学习,并进行过机械设计基础课程设计的训练,通过了金工实习、认识实习、生产实习、实验教学等实践性教学环节的锻炼,初步了解了冲件和塑件的成形工艺和生产过程,熟悉了多种冲模和塑料模的典型结构。

冲模和塑料模课程设计分别是"塑性加工工艺及模具设计"和"塑料成形工艺及模具设计"两门课程中的实践性教学环节,是材料成形及控制工程专业(模具设计及制造方向)教学计划中的重要组成部分,也是对学生进行全面的冲模和塑料模设计训练的基础。其目的是:

(1)通过课程设计,使学生初步学会综合运用塑性加工工艺和塑料成形工艺课程及相关课程的知识和方法,进而解决冲模和塑料模设计中的问题,进一步巩固、加深和拓宽所学课程的知识。

(2)通过课程设计,使学生掌握一般冲压件和塑料件成形工艺,以及一般冲模和塑料模具的设计内容、步骤和方法,基本掌握冲模和塑料模设计的一般规律、模具对制件质量和生产的影响等,培养分析和解决工程实际问题的模具设计能力。

(3)通过计算、绘图和运用技术标准、规范、设计手册等有关设计资料,提高数字化设计工具的使用能力,以完成在模具设计方面所要求的基本训练,为今后进一步进行模具设计打下良好基础。

1.2 课程设计的内容

根据课程设计的目的,课程设计题目的难度不宜太大,以形状较为简单的中小型冲压件冲压模具设计(或塑料件成形模具设计)为宜。

1. 教师指定课程设计题目

冲模和塑料模课程设计一般以《课程设计任务书》的形式下达,《课程设计任务书》见表1.1和表1.2。

《课程设计任务书》的制定一般是由指导教师指定制件的形状、尺寸、材料、生产批量及技术要求等原始资料,要求学生制订制件的成形工艺方案、绘制模具装配图和零件图,以及编写设计计算说明书等。

2. 学生自选课程设计题目

为了激发学生兴趣,提高学生的积极性和主动性,可要求学生自选冲压件和塑料件作为课程设计的设计对象,自己对所选零件进行实物测绘,绘制出零件图。通过实物测绘,使学生进一步了解冲压件和塑料件的结构,学会选取制件的材料,分析其成形工艺性的方法。

教师在课程教学开始就将测绘制件的任务布置下去,让学生带着任务学习,在学习中不断获得完成任务所必需的知识和方法直至最终完成任务。学生在课程设计开始之前必须完成制件的测绘,并分析其成形工艺性。通过该环节,使课程理论教学与课程设计有机地结合在一起。

制件测绘的具体内容如下:

(1)为了培养学生的团队协作能力,成立课程设计小组,小组由 4 人或 5 人组成,教师要加强对小组合作的指导。对于冲压模具课程设计,每个设计小组共同完成一个或几个冲压件的测绘及工艺性分析;对于塑料模具课程设计,每个设计小组共同完成一个系列塑料件或几个独立的塑料件的测绘及工艺性分析。

(2)用于测绘的实物制件由学生搜集选择,在征得任课教师同意后方可进行测绘。

(3)要求学生根据制件的形状画出清楚、正确的草图,用适当的测量工具测量制件尺寸,并在草图上标注尺寸和公差。

(4)制件草图完成后,应经过校核、整理,再依此绘制制件图,并选取制件所用的材料,确定批量大小,提出适当的技术要求等。

(5)各设计小组中每位学生应用所学的理论方法对自己组的产品进行工艺性分析,通过组内讨论,对不合理的部分(包括形状、尺寸、公差等)进行修正。

(6)测绘后各设计小组中每位学生参照表 1.1 和表 1.2 编写设计任务书。

(7)指导教师对学生编写的设计任务书进行审核,并签字。

表 1.1 冲模课程设计任务书

专　业		班　级	
学　生		指导教师	
题　目			
子　题			
设计时间	年　　月　　日　至　　年　　月　　日　共　　周		
设计要求	设计的任务和基本要求,包括设计任务、查阅文献、方案设计、图纸要求、说明书(计算、图表、撰写内容及规范等)、工作量等内容。 　　1.根据教师下发的任务书或学生自编的任务书,由 4 名或 5 名学生组成设计小组,并共同完成同一个零件的冲压工艺设计,进行模具设计分工,每位同学负责一道工序的模具设计。 　　2.绘制冲模总装配图一张(A0),凸模、凹模零件图各一张。 　　3.编制凸模、凹模零件的加工工艺规程。 　　4.撰写 4 000 字以上的设计说明书。 　　5.说明书组成:封皮、任务书、摘要、关键词、目录、正文和参考文献。正文主要包括任务来源与冲件要求分析、工艺计算与工艺方案制订、模具设计计算、压力机选择、模具结构特点和工作原理等。 　　6.冲件的名称、编号、材料牌号、板料厚度及每年生产量要求。 冲件名称:　　　　　　　　　　冲件编号: 材料牌号:　　　板料厚度:　　mm　生产批量:　　　万件/年 　　　　　　　　　　　(冲件图形及技术要求)		

指导教师签字:　　　　　　系(教研室)主任签字:　　　　　年　　月　　日

表1.2 塑料模课程设计任务书

专 业		班 级	
学 生		指导教师	
题 目			
设计时间	年 月 日 至 年 月 日 共 周		
设计要求	设计的任务和基本要求,包括设计任务、查阅文献、方案设计、图纸要求、说明书(计算、图表、撰写内容及规范等)、工作量等内容。 1. 根据教师下发的任务书或学生自编的任务书,进行同系列产品模具设计,按组分配。每组由4名或5名同学组成。每名学生对自己组的塑料产品进行成形工艺性分析,通过组内讨论,确定塑件成形工艺方案,每名同学完成一个塑料产品的成形模具设计(若为中空塑件,二人各完成该塑件的挤出机头设计、吹塑模具设计)。同组学生宜采用相同的塑件成形工艺,但应采用不同的模具设计方法,使模具结构具有各自不同的特点。 2. 绘制塑料模总装配图一张(A0 或 A1),型芯、凹模零件图各一张。 3. 编制型芯、凹模零件的加工工艺规程。 4. 撰写4 000 字以上的设计说明书。 5. 说明书组成:封皮、任务书、摘要、关键词、目录、正文和参考文献。正文主要包括任务来源与塑件要求分析、工艺计算与模具的结构形式确定、模具设计计算、塑料成形设备选择、模具结构特点和工作原理等。 6. 塑件的名称、编号、塑料名称、颜色、透明度、塑料制件的成形方法、每年生产量要求。 塑件名称: 塑件编号: 塑料名称: 颜色: 透明度: 塑料制件的成形方法: 生产数量: 万件/年 (塑件图形及技术要求)			

指导教师签字: 系(教研室)主任签字: 年 月 日

1.3 课程设计的基本要求

在进行课程设计时要求学生做到以下几点:

(1)明确任务书的各项要求,按时、高质量地完成课程设计。

(2)及时了解模具技术发展动向,查阅相关资料,做好设计准备工作,充分发挥自己的主观能动性和创造性。

(3)树立正确的设计思想,结合生产实际综合地考虑经济性、实用性、可靠性、安全性及先进性等方面的要求,严肃认真地进行模具设计。

(4)设计采用的有关参数、标准、规范、性能指标具有先进性。

(5)工艺方案合理、计算正确,模具结构合理,制件图、模具总装图及零件图的图面整洁,图样及标注符合国家标准。

(6)选择标准模架和标准零部件。

(7)设计时使用 AutoCAD、CAXA、Pro/E、UG 等计算机辅助设计软件,以便快速和高质量地完成模具设计任务。

(8)编制的成形工艺规程和模具零件制造工艺规程符合生产实际。

(9)设计计算说明书要求手写或打印,手写要求使用学校统一的课程设计本,按课程设计本的格式填写有关内容。

1.4 课程设计的组织与实施

1. 分组与分工

对班级学生进行合理的分组与分工,是保证课程设计质量的前提。将全班学生根据前修课程的基础兼顾其他方面的差异平均分组,每组 4~5 人,选出 1 人为设计组组长。冲模设计每组 1 个零件(形状简单的零件也可以每组 2 个零件);塑料模设计每人 1 个零件(中小型中空塑件也可以 2 人 1 个零件,分别完成挤出机头设计和吹塑模具设计),同组所选零件最好是相关的,如制件的形状相似,但尺寸和材料都不同。为了保证课程设计质量,每位指导教师指导 3~4 个组。在指导教师的指导下,组内同学通过讨论,共同完成制件成形工艺方案的制订。

根据成形工艺方案,对冲模设计组内同学进行分工,每人完成一道工序的模具设计。为了避免重复,塑料模设计组内每人设计的模具结构组成应有所不同,如型腔数量、分型面数目、浇注系统等方面应有差别。

2. 设计地点

课程设计要求在教室(或机房)进行,以便于指导教师的及时辅导。

3. 课程设计的时间安排

(1)时间安排:冲模课程设计和塑料模课程设计时间均为 2 周。

(2)时间分配参见表 1.3。

表 1.3　课程设计时间分配表

序号	内　　　　容	时间/天
1	上课,查找资料,分析制件工艺性,进行必要的工艺计算,制订工艺方案	2
2	选择设备,确定模具结构方案,绘制模具总装草图	2
3	绘制正式模具装配图	2
4	绘制凸模(型芯)、凹模零件图	1
5	编制凸模(型芯)、凹模零件的加工工艺	0.5
6	整理、编写设计说明书	1.5
7	答辩	1

4. 课程设计动员

课程设计开始,由任课教师做课程设计动员,阐述课程设计的重要意义,以及课程设计的目的、要求、步骤和进度安排,还要介绍注意事项,并且对不合理的设计和常见的错误进行分析。

5. 课程设计过程管理

课程设计时,要求每一阶段的设计经认真检查无误后,方可继续进行。指导教师进行辅导答疑,并及时检查学生的课程设计情况及进度。学生完成规定的全部任务方可参加设计答辩。

6. 学生提交的技术资料

课程设计完成后学生交给指导教师的技术资料如下:

(1)课程设计任务书;

(2)冲压(塑料成形)工艺过程卡和模具零件制造工艺卡;

(3)模具总装图,凸模(型芯)、凹模零件图纸,按 4 号图纸折叠;

(4)设计说明书。

1.5　课程设计答辩与成绩评定

1. 课程设计答辩

教师审阅学生提交的资料后,最后一天在设计教室组织学生答辩。同组学生在一起答辩,答辩采用个别方式进行,冲模设计答辩按冲压工序的先后次序进行;塑料模设计答辩按塑件编号顺序进行。同组的学生必须全程旁听小组答辩。

通过答辩,学生对自己的模具设计工作和设计结果进行一次系统的总结,更深一步体会整个模具设计过程。答辩时,学生要依据模具图纸,简单叙述模具设计内容和特点,以及在设计中所遇到的问题和解决措施。学生自述后,教师可从以下几个方面提出问题:

(1)冲压(塑料成形)工艺知识(5 分);

(2)模具设计的主要内容(5 分);

(3)设备的选择及有关工艺参数校核(4 分);

（4）标准模架与标准件的选用（3 分）；

（5）模具材料的选用，模具零件制造工艺的相关问题（3 分）。

答辩学生根据教师所提问题，进行回答。每位学生的答辩时间（包括汇报和提问）以不少于 15 min 为宜。答辩总分为 20 分，教师可根据学生回答问题的情况打分。

2. 课程设计成绩评定

课程设计按一门课程单独计算成绩，课程设计成绩分为优秀、良好、中等、及格、不及格五等。课程设计评分标准如下：

（1）工作表现（考核比例为 30%）；

（2）模具图面质量，技术文件（说明书、成形工艺卡和机械加工工艺过程卡）质量（考核比例为 50%）；

（3）答辩成绩（考核比例为 20%）。

第1篇 冲模设计

第2章 冲模设计概述

冲模课程设计是材料成形及控制工程专业本科学生的重要教学实践环节之一。通过冲模课程设计的实践过程,使学生对塑性加工工艺课程中的工艺知识和模具知识得到更深入的理解和应用,初步具备进行冲压工艺和冲模设计的能力,为将来在工作中尽快提高工程技术能力奠定坚实的基础。因此,要求学生在冲模课程设计过程中认真做好每一步工作,力求弄懂弄通,学到真功夫。

2.1 冲模设计的步骤与方法

1. 明确设计任务,收集有关资料

学生在领到设计任务书或自选题目确定设计内容后,首先明确自己的设计课题要求,并仔细阅读冷冲模设计指导方面的教材,了解冲模设计的目的、内容、要求和步骤;然后在教师指导下拟定工作进度计划,查阅有关图册、手册等资料。若有条件,应深入到有关工厂了解所设计零件的用途、结构、性能,以及在整个产品中的装配关系、技术要求,生产的批量,采用的冲压设备型号和规格,模具制造的设备型号和规格,标准化等情况。

2. 冲压工艺分析及工艺方案的制订

(1)冲压工艺性分析。在明确了设计任务,收集了有关资料的基础上,分析制件的技术要求、结构工艺性及经济性是否符合冲压工艺要求。若不合适,应提出修改意见,经指导教师同意后修改或更换设计任务书。

(2)制订工艺方案,填写冲压工艺卡。首先在工艺分析的基础上,确定冲压件的总体工艺方案,然后确定冲压加工工艺方案。它是制订冲压件工艺过程的核心。

在确定冲压加工工艺方案时,先决定制件所需的基本工序性质、数目和顺序,再将其排列组合成若干种方案,最后对各种可能的工艺方案分析比较,综合其优缺点,选出一种最佳方案,并将其内容填入冲压工艺卡中。

在进行方案分析比较时,应考虑制件精度、生产批量、工厂条件、模具加工水平及工人操作水平等诸方面因素,有时还需进行一些必要的工艺计算。

3. 冲压工艺计算及设计

(1)排样及材料利用率的计算。就设计冲裁模而言,排样图设计是进行工艺设计的第一步。每个制件都有自己的特点,每种工艺方案考虑问题的出发点也不尽相同,因而同一制件也可能有多种不同的排样方法。在设计排样图时,必须考虑制件精度、模具结构、材料利用率、生产效率、工人操作习惯等诸多因素。

制件外形简单、规则,可采取直排单排排样,排样图设计较为简单,只需查出搭边值即可求出条料宽度,画出排样图。若制件外形复杂,或为节约材料、提高生产率而采取斜排、对排、套排等排样方法时,设计排样图则较困难。当没有条件用计算机辅助排样时,可用纸板按比例做若干个样板。利用实物排样,往往可以达到事半功倍的效果。在设计排样图时往往要同时对多种不同排样方案计算材料利用率,比较各种方案的优缺点,选择最佳排样方案。

(2)刃口尺寸的计算。刃口尺寸的计算较为简单,当确定了凸凹模加工方法后,可按相关公式进行计算。一般冲模刃口尺寸计算结果精确到小数点后两位,当采用成形磨、线切割等加工方法时,计算结果精确到小数点后 3 位。若制件为弯曲件或拉深件,需先计算展开尺寸,再计算刃口尺寸。

(3)冲压力的计算、压力中心的确定、冲压设备的初选。

根据排样图和所选模具结构形式,可以方便地算出所需总冲压力。

用解析法或图解法求出压力中心,以便确定模具外形尺寸。

根据算出的总冲压力,初选冲压设备的型号和规格,待模具总图设计好后,校核该设备的装模尺寸(如闭合高度、工作台板尺寸、漏料孔尺寸等)是否合乎要求,最终确定压力机型号和规格。

4. 冲模结构设计

(1)确定凹模尺寸。先计算出凹模厚度,再根据厚度确定凹模周界尺寸(圆形凹模为直径,矩形凹模为长和宽)。在确定凹模周界尺寸时,一定要注意 3 个问题:①要考虑凹模上螺孔、销孔的布置;②压力中心一般与凹模的几何中心重合;③凹模外形尺寸尽量按国家标准选取。

(2)选择模架并确定其他冲模零件的主要参数。根据凹模周界尺寸大小,从冲模典型组合中即可确定模架规格及主要冲模零件的规格参数,再查阅冲模标准中有关零部件图表,即可画出装配图。

(3)画冲模装配图。冲模装配图上零件较多、结构复杂,为准确、迅速地完成画装配图的工作,必须掌握正确的画法。

一般画装配图均先画主视图,再画俯视图。画主视图既可以从模柄开始,从上往下画,也可以从下模座开始,从下往上画。但在冲模零件的主要参数已知的情况下,最好从凸、凹模结合面开始,同时往上、下两个方向画较为方便,且不易出错。

画装配图前一般应先画冲模结构草图,经指导教师审阅后再画正式图。

(4)画冲模零件图。装配图画好后,即可画零件图。一般除模架等标准件以外,其他零件均应画零件图。但由于课程设计的时间限制,只画凸模和凹模零件图。冲模毕业设计按要求画出除模架和紧固件外的全部零件图。一般选择凹模的右侧和下侧平面(俯视图)为设计的尺寸基准。

(5)编写技术文件。冷冲模课程设计要求编写的技术文件有:说明书、冲压工艺卡和机械加工工艺过程卡。可按本章有关要求认真编写。

2.2 冲模设计的要求

1. 冲模装配图

冲模装配图用来表明冲模结构、工作原理、组成冲模的全部零件及其相互位置和装配关系。一般情况下,冲模装配图用主视图和俯视图表示,若还不能表达清楚时,再增加其他视图。一般按1:1的比例绘制。冷冲模装配图上要标明必要的尺寸和技术要求。

(1)主视图。主视图放在图样的上面偏左,按冲模正对操作者方向绘制,采取剖面画法,一般按模具闭合状态绘制,在上、下模间有一完成的冲压件,断面涂红或涂黑。主视图是模具装配图的主体部分,应尽量在主视图上将结构表达清楚,力求将凸、凹模形状画完整。

剖视图的画法一般按国家机械制图标准的规定执行,但也有一些行业习惯和特殊画法,如在冲模图样中,为了减少局部视图,在不影响剖视图表达剖面迹线通过部分结构的情况下,可将剖面迹线以外部分旋转或平移到剖视图上。如螺钉和销钉可各画一半。

(2)俯视图。俯视图通常布置在图样的下面偏左,与主视图相对应。通过俯视图可以了解冲模零件的平面布置、排样方法,以及凹模的轮廓形状等。习惯上将上模部分拿去,只反映模具的下模俯视可见部分;或将上模的左半部分去掉,只画下模,而右半部分保留上模,画俯视图。

俯视图上,制件图和排样图的轮廓用双点画线表示。图上应标注必要的尺寸,如模具闭合尺寸(主视图为开式则写入技术要求中)、模架外形尺寸、模柄直径等,不标注配合尺寸和形位公差。

(3)制件图和排样图。制件图和排样图通常画在图样的右上角,注明制件的材料、规格以及制件的尺寸和公差等。若图面位置不够可另立一页。

对于多工序成形的制件,除绘出本工序的制件图外,还应绘出上道工序的半成品图,将其画在本工序制件图的左边。此外,对于有落料工序的模具装配图,还应绘出排样图。排样图布置在制件图的下方,并标明条料宽度、公差、步距和搭边值。

制件图和排样图应按比例绘出,一般与模具图的比例一致,特殊情况可放大或缩小。它们的方位应与冲压方向一致,若不一致,必须用箭头指明冲压方向。

(4)标题栏和零件明细表。标题栏和零件明细表布置在图样右下角,并按国家机械制图标准的规定填写。零件明细表应包括件号、名称、数量、材料、热处理、标准零件代号及规格、备注等内容。模具图中的所有零件都应详细填写在明细表中。

(5)技术要求。装配图的技术要求布置在图纸下部适当位置。其内容包括:① 凸、凹模间隙;② 模具闭合高度(主视图为非工作状态时);③ 该模具的特殊要求;④ 其他,按本行业国标或厂标执行。

2. 冲模零件图

冲模的零件主要包括工作零件(如凸模、凹模、凸凹模等)、支承零件(如固定板、卸料板、定位板等)、标准件(如螺钉、销钉等)及模架、弹簧等。

零件图的绘制和标注应符合国家机械制图标准的的规定,要注明全部尺寸、公差配合、形位公差、表面粗糙度、材料、热处理要求及其他技术要求。冲模零件在图样上的方向应尽量按该零件在装配图中的方位画出,不要随意旋转或颠倒,以防画错,影响装配;对凸模、凹模配制加工,其配制尺寸可不标公差,仅在该标称尺寸右上角注上符号"＊",并在技术条件中说明:注"＊"尺寸按凸模(或凹模)配制,保证间隙若干即可。

3. 冲压工艺卡和工作零件机械加工工艺过程卡

(1)冲压工艺卡。冲压工艺卡是以工序为单位,说明整个冲压加工工艺过程的工艺文件,包括:①制件的材料、规格、质量;②制件简图或工序简图;③制件的主要尺寸;④各工序所需的设备和工装(模具);⑤检验及工具、时间定额等。

(2)工作零件机械加工工艺过程卡。工作零件机械加工工艺过程卡指凸模、凹模或凸凹模的机械加工工艺过程,包括该零件的整个工艺路线,经过的车间,各工序名称、工序内容,以及使用的设备和工艺装备;若采用成形磨床,应绘出成形磨削工序图;若采用数控线切割加工,应编制数控程序。

4. 设计说明书

设计者除了用工艺文件和图样表达自己的设计结果外,还必须编写设计说明书,用以阐明自己的设计观点、方案的优劣、依据和过程。其主要内容有:

(1)目录;

(2)设计任务书及产品图;

(3)序言;

(4)制件的工艺性分析;

(5)冲压工艺方案的制订;

(6)模具结构形式的论证及确定;

(7)排样图设计及材料利用率计算;

(8)工序压力计算及压力中心确定;

(9)冲压设备的选择及校核;

(10)模具零件的选用、设计及必要的计算;

(11)模具工作零件刃口尺寸及公差的计算;

(12)其他需要说明的问题;

(13)主要参考文献。

说明书中应附冲模结构等必要的简图。所选参数及所用公式应注明出处,并说明式中各符号所代表的意义和单位(一律采用法定计量单位)。

说明书最后(即内容(13))应附有参考文献,包括作者、书刊名称、出版社、出版年份。在说明书中引用所列参考资料时,只需在方括号里注明其序号及页数,如:见文献[7]P221。

2.3 冲模设计题目汇编

1. 罩杯

罩杯如图 2.1 所示,材料为 08Al,板厚为 0.9 mm,生产批量为 40 万件/年。

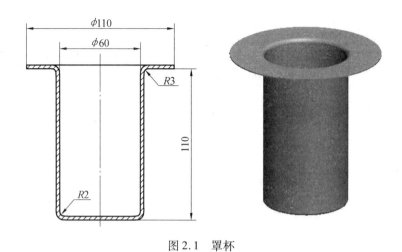

图 2.1 罩杯

2. 杯形外壳

杯形外壳如图 2.2 所示,材料为 08Al,板厚为 0.8 mm,生产批量为 40 万件/年。

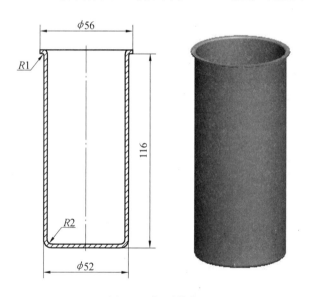

图 2.2 杯形外壳

3. 锥形罩

锥形罩如图 2.3 所示,材料为 08Al,板厚为 0.9 mm,生产批量为 50 万件/年。

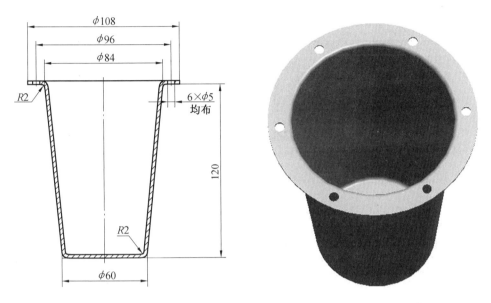

图 2.3　锥形罩

4. 扬声器架

扬声器架如图 2.4 所示,材料为 08Al,板厚为 0.7 mm,生产批量为 60 万件/年。

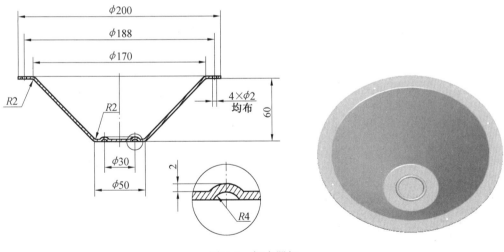

图 2.4　扬声器架

5. 支承罩

支承罩如图 2.5 所示,材料为 08Al,板厚为 0.9 mm,生产批量为 40 万件/年。

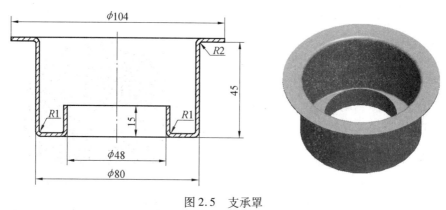

图 2.5　支承罩

6. 方罩

方罩如图 2.6 所示,材料为 08Al,板厚为 0.9 mm,生产批量为 40 万件/年。

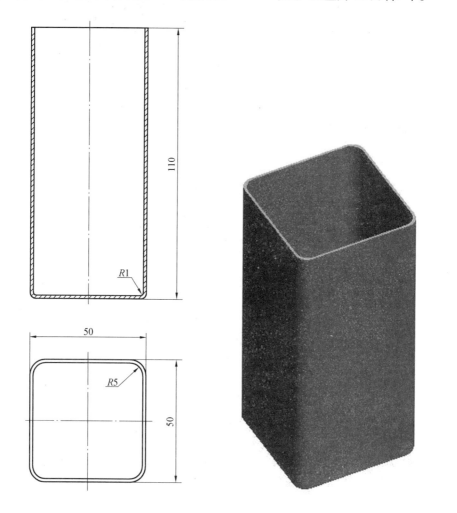

图 2.6　方罩

7. 双向接头

双向接头如图 2.7 所示,材料为 08Al,板厚为 0.9 mm,生产批量为 50 万件/年。

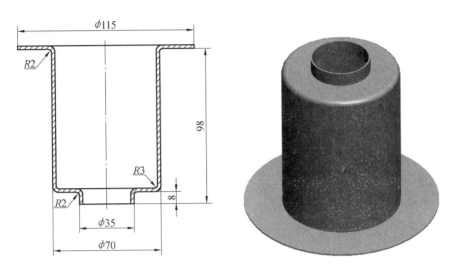

图 2.7 双向接头

8. 连接件

连接件如图 2.8 所示,材料为 08Al,板厚为 0.9 mm,生产批量为 50 万件/年。

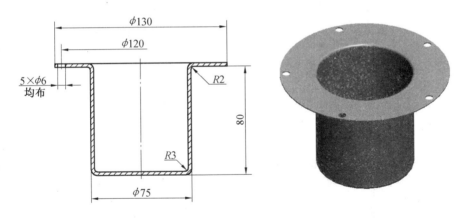

图 2.8 连接件

9. 帽件

帽件如图 2.9 所示,材料为 08Al,板厚为 0.9 mm,生产批量为 50 万件/年。

10. 带法兰圆筒形件

带法兰圆筒形件如图 2.10 所示,材料为 08Al,板厚为 0.9 mm,生产批量为 50 万件/年。

11. 杯桶

杯桶如图 2.11 所示,材料为 08Al,板厚为 0.8 mm,生产批量为 50 万件/年。

12. 支架

支架如图 2.12 所示,材料为 08Al,板厚为 0.9 mm,生产批量为 50 万件/年。

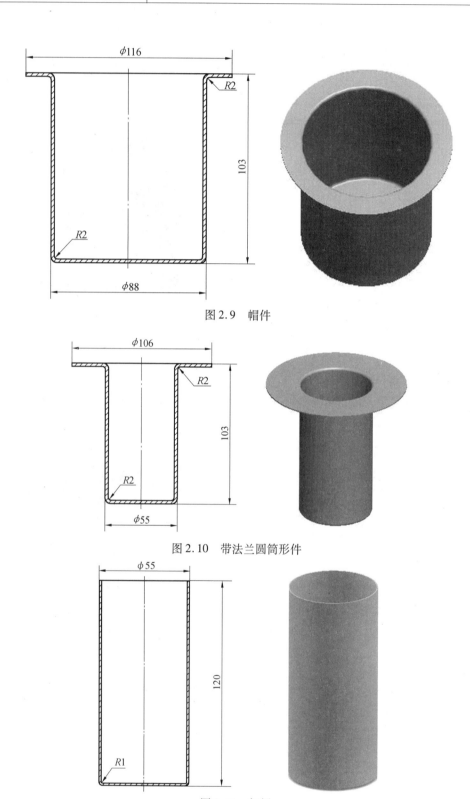

图 2.9　帽件

图 2.10　带法兰圆筒形件

图 2.11　杯桶

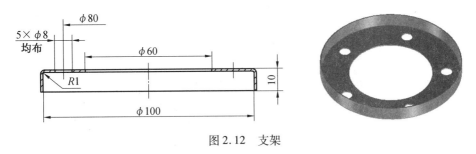

图 2.12　支架

13.定位接头

定位接头如图 2.13 所示,材料为 08Al,板厚为 0.9 mm,生产批量为 50 万件/年,零件未注圆角均为 $R1$。

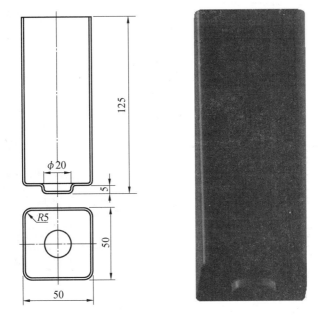

图 2.13　定位接头

14.锥形件

锥形件如图 2.14 所示,材料为 08Al,板厚为 0.9 mm,生产批量为 50 万件/年。

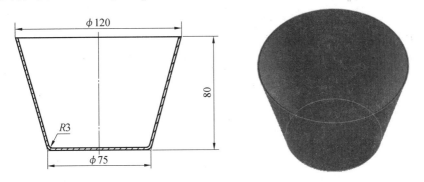

图 2.14　锥形件

15．封头

封头如图 2.15 所示，材料为 08Al，板厚为 0.9 mm，生产批量为 50 万件/年，零件未注圆角均为 R2。

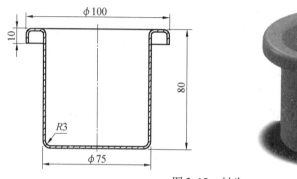

图 2.15　封头

16．连接件

连接件如图 2.16 所示，材料为 08Al，板厚为 0.9 mm，生产批量为 50 万件/年，零件未注圆角均为 R2。

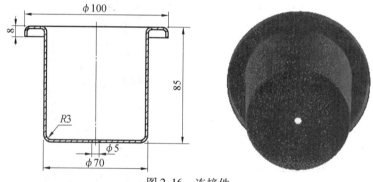

图 2.16　连接件

17．定位接头

定位接头如图 2.17 所示，材料为 08Al，板厚为 0.9 mm，生产批量为 50 万件/年，零件未注圆角均为 R1。

18．锥形头

锥形件如图 2.18 所示，材料为 08Al，板厚为 0.9 mm，生产批量为 50 万件/年。

19．封头

封头如图 2.19 所示，材料为 08Al，板厚为 0.9 mm，生产批量为 50 万件/年，零件未注圆角均为 R2。

20．连接件

连接件如图 2.20 所示，材料为 08Al，板厚为 0.9 mm，生产批量为 50 万件/年，零件未注圆角均为 R2。

21．双向接头

双向接头如图 2.21 所示，材料为 08Al，板厚为 0.9 mm，生产批量为 50 万件/年，零件未注圆角均为 R2。

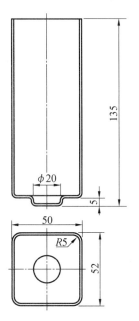

图 2.17　定位接头

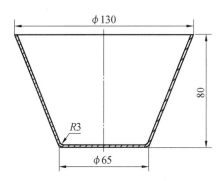

图 2.18　锥形头

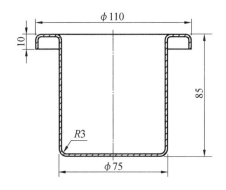

图 2.19　封头

图 2.20　连接件

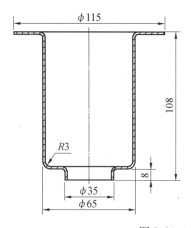

图 2.21　双向接头

22. 连接件

　　连接件如图 2.22 所示,材料为 08Al,板厚为 0.9 mm,生产批量为 50 万件/年,零件未注圆角均为 $R2$。

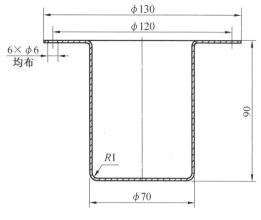

图 2.22　连接件

23. 帽件

帽件如图 2.23 所示,材料为 08Al,板厚为 0.9 mm,生产批量为 50 万件/年,零件未注圆角均为 $R2$。

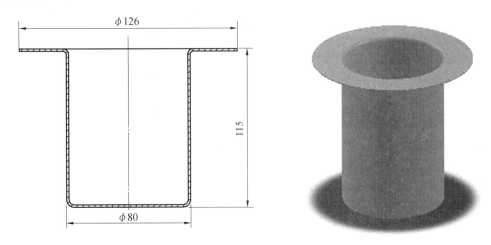

图 2.23 帽件

24. 芯子隔套

芯子隔套如图 2.24 所示,材料为 08Al,板厚为 0.9 mm,生产批量为 50 万件/年。

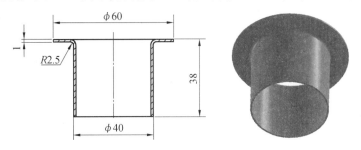

图 2.24 芯子隔套

25. 罩盖

罩盖如图 2.25 所示,材料为 08Al,板厚为 1.0 mm,生产批量为 50 万件/年。

26. 罩

罩如图 2.26 所示,材料为 08Al,板厚为 1.5 mm,生产批量为大批量。

27. 甩油盘

甩油盘如图 2.27 所示,材料为 Q235,板厚为 1.2 mm,零件未注圆角均为 $R3$,生产批量为大批量。

28. 阶梯壳体

阶梯壳体如图 2.28 所示,材料为 08F,板厚为 1.6 mm,生产批量为大批量。

29. 盖

盖如图 2.29 所示,材料为 Q235,板厚为 1 mm,零件未注圆角均为 $R1$,生产批量为大批量。

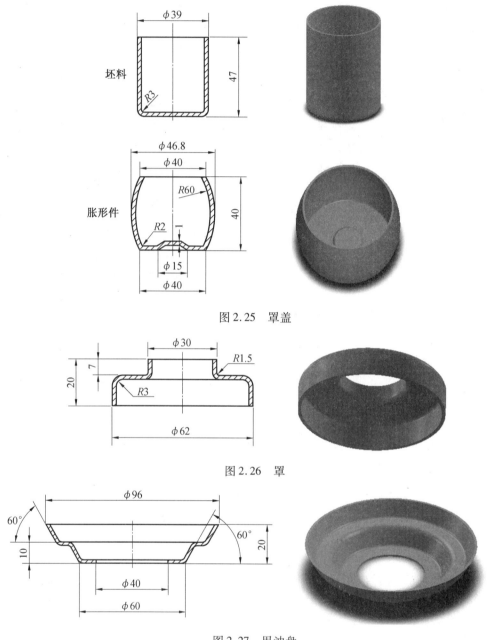

坯料

胀形件

图 2.25　罩盖

图 2.26　罩

图 2.27　甩油盘

30. 锥形盖

锥形盖如图 2.30 所示,材料为 08F 钢,板厚为 1.5 mm,零件精度 IT12,生产批量为大批量。

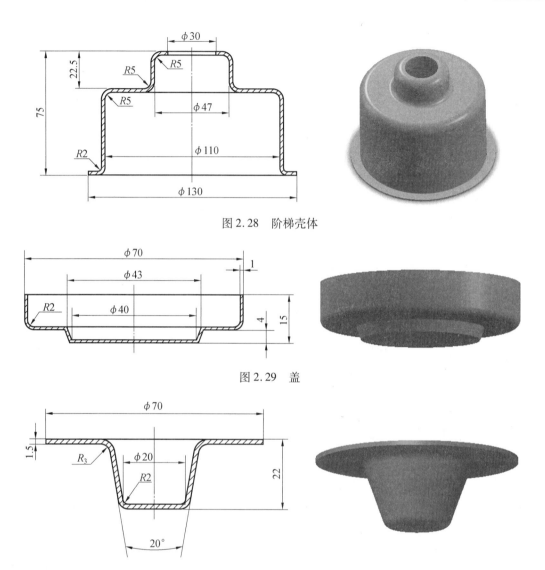

图 2.28　阶梯壳体

图 2.29　盖

图 2.30　锥形盖

第3章 冲裁模设计

3.1 材料利用率及排样时搭边值的选择

1. 材料利用率的计算

材料利用率是用冲裁件的面积与所用材料的面积的百分比来表示的。

(1) 一个进距内的材料利用率。

根据冲裁件在条料上的布置方式(即排样图),一个进距内的材料利用率为

$$\eta = \frac{nF_0}{Bh} \times 100\% \tag{3.1}$$

式中 η—— 一个进距内的材料利用率;

         F_0—— 冲裁件的面积(有时也包括结构废料),mm^2;

         B—— 条料宽度,mm;

         n—— 一个进距内冲裁件的数目;

         h—— 送料进距,mm。

(2) 条料利用率和板料利用率。

根据冲裁件在板料或条料上的布置方式(即排样图),一张板料或一段定长条料上材料利用率 $\eta_{总}$ 为

$$\eta_{总} = \frac{n_{总} \times F_0}{A \times B} \times 100\% \tag{3.2}$$

式中 F_0—— 冲裁件的面积(有时也包括结构废料),mm^2;

         $n_{总}$ —— 板(条)料上冲压件总数目;

         A—— 板(条)料长度,mm;

         B—— 板(条)料宽度,mm。

2. 搭边值的选择及条料宽度的确定

(1) 搭边值的选择。

搭边值的选择见表3.1。

(2) 条料宽度的确定。

条料宽度的确定原则是:最小条料宽度要保证冲裁时工件周边有足够的搭边值,最大条料宽度要能在冲裁时顺利地在导料板(导尺)之间送进,并与导料板之间有一定的间隙。

表 3.1 最小工艺搭边 a 和 a_1 的数值(低碳钢)   mm

材料厚度 t/mm	圆件及 $r > 2t$ 的圆角		矩形件边长 $L \leqslant 50$ mm		矩形件边长 $L > 50$ mm 或圆角 $r \leqslant 2t$	
	工件间 a_1	沿边 a	工件间 a_1	沿边 a	工件间 a_1	沿边 a
0.25 以下	1.8	2.0	2.2	2.5	2.8	3.0
0.25 ~ 0.5	1.2	1.5	1.8	2.0	2.2	2.5
0.5 ~ 0.8	1.0	1.2	1.5	1.8	1.8	2.0
0.8 ~ 1.2	0.8	1.0	1.2	1.5	1.5	1.8
1.2 ~ 1.6	1.0	1.2	1.5	1.8	1.8	2.0
1.6 ~ 2.0	1.2	1.5	1.8	2.0	2.0	2.2
2.0 ~ 2.5	1.5	1.8	2.0	2.2	2.2	2.5
2.5 ~ 3.0	1.8	2.2	2.2	2.5	2.5	2.8
3.0 ~ 3.5	2.2	2.5	2.5	2.8	2.8	3.2
3.5 ~ 4.0	2.5	2.8	2.8	3.2	3.2	3.5
4.0 ~ 5.0	3.0	3.5	3.5	4.0	4.0	4.5
5.0 ~ 12	0.6t	0.7t	0.7t	0.8t	0.8t	0.9t

注:对于其他材料,应将表中数值乘以下列系数:中等硬度的钢,0.9;硬钢,0.8;硬黄铜,1 ~ 1.1;硬铝,1 ~ 1.2;软黄铜、紫铜,1.2;铝,1.3 ~ 1.4;非金属(皮革、纸、纤维板),1.5 ~ 2。

① 无侧压(图 3.1(a))。

当条料在无侧压装置的导料板之间送料时,条料宽度按下式计算

$$B_{-\Delta}^{0} = [D + 2(a + \Delta) + c_1]_{-\Delta}^{0} \tag{3.3}$$

导尺间距离

$$S = B + c_1 = D + 2(a + \Delta + c_1) \tag{3.4}$$

式中 B——条料标称宽度,mm;

         D——工件垂直于送料方向的最大尺寸,mm;

         a——侧搭边的最小值,mm,见表 3.1;

         Δ——条料宽度的公差,mm,见表 3.2;

         c_1——条料与导料板间的单向最小间隙,mm,见表 3.3。

② 有侧压(图 3.1(b))。

当导料板之间有侧压装置时,条料宽度按下式计算

$$B_{-\Delta}^{0} = (D + 2a + \Delta)_{-\Delta}^{0} \tag{3.5}$$

导料板间距离

$$S = B + c_1 = D + 2a + \Delta + c_1 \tag{3.6}$$

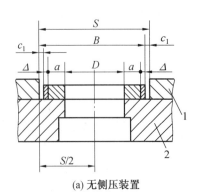
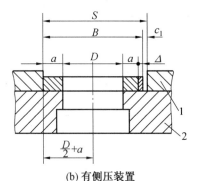

(a) 无侧压装置   (b) 有侧压装置

图 3.1   条料宽度的确定

1— 导料板;2— 凹模

表 3.2   剪切条料宽度公差 Δ mm

条料宽度 B	材 料 厚 度			
	≤ 1	$1 \sim 2$	$2 \sim 3$	$3 \sim 5$
50 以下	0.4	0.5	0.7	0.9
$50 \sim 100$	0.5	0.6	0.8	1.0
$100 \sim 150$	0.6	0.7	0.9	1.1
$150 \sim 220$	0.7	0.8	1.0	1.2
$220 \sim 300$	0.8	0.9	1.1	1.3

注:表中数值系用龙门剪床下料。

表 3.3   条料与导料板之间的最小间隙 c_1 mm

条料厚度	条 料 宽 度				
	无侧压装置			有侧压装置	
	≤ 100	$100 \sim 200$	$200 \sim 300$	≤ 100	> 100
1 以下	0.5	0.5	1	5	8
$1 \sim 5$	0.5	1	1	5	8

③ 有侧刃(图 3.2)。

当模具有侧刃时,条料宽度按下式计算

$$B_{-\Delta}^{0} = (L + 2a' + nb_1)_{-\Delta}^{0} = (L + 1.5a + nb_1)_{-\Delta}^{0} \quad (a' = 0.75a) \tag{3.7}$$

导料板间距离

$$S_1 = L + 1.5a + nb_1 + 2c_1 \tag{3.8}$$

$$S_1' = L + 1.5a + 2c_1' \tag{3.9}$$

式中 n—— 侧刃数;

b_1—— 侧刃冲切的料边宽度,mm,见表 3.4;

c_1'—— 冲切后条料宽度与导料板间的单向间隙,mm,见表 3.4。

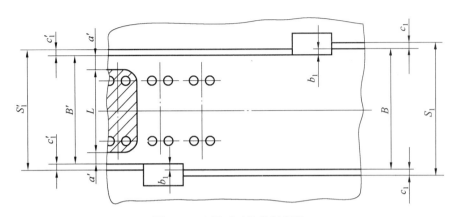

图 3.2　有侧刃时的条料宽度

表 3.4　b_1、c_1' 值　　　　　　　　　　　　　　　　　　　mm

材料厚度	b_1		c_1'
t	金属材料	非金属材料	
1.5 以下	1.5	2	0.10
1.5 ~ 2.5	2.0	3	0.15
2.5 ~ 3	2.5	4	0.20

3. 进距的确定

每次只冲一个零件的进距 h 的计算公式为

$$h = D + a_1 \tag{3.10}$$

式中　　D——平行于送料方向工件的宽度，mm；

　　　　a_1——冲件之间的搭边值，mm。

两次冲裁之间的进距如图 3.3 所示。

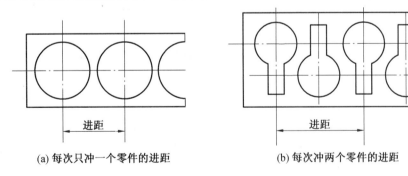

(a) 每次只冲一个零件的进距　　　　　　(b) 每次冲两个零件的进距

图 3.3　进距

3.2　冲裁力和冲裁功的计算

冲裁力和冲裁功的计算在冲裁工艺和冲模设计中是一个重要环节。

1. 冲裁力计算

冲裁力的计算分平刃冲裁和斜刃冲裁两种。

（1）平刃冲裁。

平刃口冲裁力的计算公式为

$$P_{冲} = 1.3Lt\tau \approx LtR_m \tag{3.11}$$

式中　　$P_{冲}$—— 冲裁力，N；

　　　　L—— 冲裁件周边长，mm；

　　　　t—— 冲裁件厚度，mm；

　　　　τ—— 材料抗剪强度，MPa，常取抗剪强度为抗拉强度的80%，即$\tau = 0.8R_m$；

　　　　R_m—— 材料抗拉强度，MPa，可查表3.5或有关资料。

表3.5　深拉深冷轧薄钢板的力学性能

钢号	拉深级别	钢板厚度 t/mm	抗拉强度 R_m/MPa	屈服强度 R_{eL}/MPa	伸长率 $A_{11.3}/\%$
08Al	ZF	全部	255 ~ 324	≤ 196	≥ 44
	HF	全部	255 ~ 333	≤ 206	≥ 42
	F	> 1.2		≤ 316	≥ 39
		1.2	255 ~ 343	≤ 216	≥ 42
		< 1.2		≤ 235	≥ 42
08F	Z	≤ 4	275 ~ 363	—	≥ 34
	S		275 ~ 383	—	≥ 32
	P		275 ~ 383	—	≥ 30
08	Z	≤ 4	275 ~ 392	—	≥ 32
	S		275 ~ 412	—	≥ 30
	P		275 ~ 412	—	≥ 28
10	Z	≤ 4	294 ~ 412	—	≥ 30
	S		294 ~ 432	—	≥ 29
	P		294 ~ 432	—	≥ 28
15	Z	≤ 4	333 ~ 451	—	≥ 27
	S		333 ~ 471	—	≥ 26
	P		333 ~ 471	—	≥ 25
20	Z	≤ 4	353 ~ 490	—	≥ 26
	S		353 ~ 500	—	≥ 25
	P		353 ~ 500	—	≥ 24

注：1. 铝镇静钢08Al按其拉深质量分为三级：ZF—拉深最复杂零件；HF—拉深很复杂零件；F—拉深复杂零件

　　2. 其他深冲薄钢板（包括热轧板）按冲压性能分级为：Z—最深拉深级；S—深拉深级；P—普通拉深级

（2）斜刃冲裁。

斜刃口冲裁力的计算公式为

$$P_斜 = KP_冲 \tag{3.12}$$

式中　　$P_冲$—— 平端刃口模冲裁时的冲裁力，N；

　　　　K—— 斜刃冲裁的减力系数。

当斜刃高

$H = t$ 时，　　　　　　　　　　$K = 0.4 \sim 0.6$

$H = 2t$ 时，　　　　　　　　　$K = 0.2 \sim 0.4$

$H = 3t$ 时，　　　　　　　　　$K = 0.1 \sim 0.25$

一般情况下，斜角 φ 不大于12°，当

$t < 3$ mm，$H = 2t$ 时，　　　　　$\varphi < 5°$

$t = 3 \sim 10$ mm，$H = t$ 时，　　　$\varphi < 8°$

2. 冲裁功

平端刃口的冲裁功的计算公式为

$$W = \frac{mP_冲 t}{1\,000} \tag{3.13}$$

式中　　W—— 冲裁功，N·m；

　　　　$P_冲$—— 冲裁力，N；

　　　　t—— 材料厚度，mm；

　　　　m—— 系数，与材料性能有关，一般取 $m = 0.63$。

3. 卸料力、推件力和顶件力的计算

卸料力

$$P_卸 = K_卸 P_冲 \tag{3.14}$$

推件力

$$P_推 = nK_推 P_冲 \tag{3.15}$$

顶件力

$$P_顶 = K_顶 P_冲 \tag{3.16}$$

式中　　$P_卸$—— 卸料力，N；

　　　　$P_推$—— 推件力，N；

　　　　$P_顶$—— 顶件力，N；

　　　　n—— 同时卡在凹模内的零件（或废料）数目，$n = h/t$；

　　　　h—— 凹模孔口直壁的高度，mm；

　　　　$K_卸$、$K_推$、$K_顶$—— 卸料力、推件力、顶件力的系数，其值见表3.6。

冲裁时，所需冲压力为冲裁力、卸料力和推件力之和，这些力在选择压力机时是否要考虑进去，应根据不同的模具结构区别对待。

采用刚性卸料装置和下出料方式的冲裁模的总冲压力为

$$P_总 = P_冲 + P_推 \tag{3.17}$$

采用弹性卸料装置和下出料方式的冲裁模的总冲压力为

$$P_总 = P_冲 + P_卸 + P_推 \tag{3.18}$$

采用弹性卸料装置和上出料方式的冲裁模的总冲压力为

$$P_总 = P_冲 + P_卸 + P_顶 \tag{3.19}$$

表 3.6　系数 $K_卸$、$K_推$、$K_顶$ 的数值

材料厚度 /mm		$K_卸$	$K_推$	$K_顶$
钢	≤ 0.1	0.065 ～ 0.075	0.1	0.14
	0.1 ～ 0.5	0.045 ～ 0.055	0.065	0.08
	0.5 ～ 2.5	0.04 ～ 0.05	0.055	0.06
	2.5 ～ 6.5	0.03 ～ 0.04	0.045	0.05
	> 6.5	0.02 ～ 0.03	0.025	0.03
铝、铝合金		0.025 ～ 0.08	0.03 ～ 0.07	
紫铜、黄铜		0.02 ～ 0.06	0.03 ～ 0.09	

注:卸料力系数 $K_卸$ 在冲多孔、大搭边和轮廓复杂时取上限值

3.3　凸、凹模间隙值的确定

凸、凹模间隙是冲裁模设计的关键参数,一般主要考虑材料的性能和毛坯的厚度,所以,确定凸、凹模间隙有理论计算法和按表查间隙数据两种方法。

1. 理论计算

根据冲裁过程中上、下裂缝会合的几何关系(图 3.4 中直角三角形 ABD),得出合理间隙的计算公式:

$$C = (t - h_0) \tan \beta = t(1 - h_0/t) \tan \beta \tag{3.20}$$

式中　　C——冲裁单面间隙,mm;

　　　　t——板料厚度,mm;

　　　　h_0/t——裂纹产生时凸模相对压入深度,

　　　　　　　　mm/mm;

　　　　β——裂纹与垂线间的夹角,(°)。

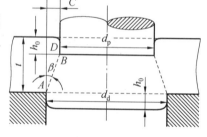

图 3.4　理论间隙计算图

h_0/t、β 与材料性质有关,表 3.7 为常用材料的 h_0/t 与 β 的近似值。

表 3.7　常用材料的 h_0/t 与 β 值

材　料	$h_0/t \times 100$				β
	$t < 1$ mm	$t = 1 \sim 2$ mm	$t = 2 \sim 4$ mm	$t > 4$ mm	
软钢	75 ～ 70	70 ～ 65	65 ～ 55	50 ～ 40	5° ～ 6°
中硬钢	65 ～ 60	60 ～ 55	55 ～ 48	45 ～ 35	4° ～ 5°
硬钢	54 ～ 47	47 ～ 45	44 ～ 38	35 ～ 25	4°

由于理论计算法在生产中使用不方便,所以目前普遍使用按表查间隙数据的方法确定凸、凹模间隙。

2. 直接查表法确定间隙值

对断面质量与冲裁件尺寸精度要求较高时,可选用较小间隙值,见表3.8;对断面质量与冲裁件尺寸精度要求一般时,可选用较大的间隙值,见表3.9;对于精度低于IT14级,断面质量无特殊要求的冲裁件,为了提高冲模寿命,可选用大间隙,见表3.10。

表3.8 冲裁模较小初始双面间隙 $2C$ mm

材料厚度 t	软 铝		紫铜、黄铜、软钢 ($w(C) = 0.08\% \sim 0.2\%$)		硬铝、中等硬钢 ($w(C) = 0.3\% \sim 0.4\%$)		硬 钢 ($w(C) = 0.5\% \sim 0.6\%$)	
	$2C_{min}$	$2C_{max}$	$2C_{min}$	$2C_{max}$	$2C_{min}$	$2C_{max}$	$2C_{min}$	$2C_{max}$
0.2	0.008	0.012	0.010	0.014	0.012	0.016	0.014	0.018
0.3	0.012	0.018	0.015	0.021	0.018	0.024	0.021	0.027
0.4	0.016	0.024	0.020	0.028	0.024	0.032	0.028	0.036
0.5	0.020	0.030	0.025	0.035	0.030	0.040	0.035	0.045
0.6	0.024	0.036	0.030	0.042	0.036	0.048	0.042	0.054
0.7	0.028	0.042	0.035	0.049	0.042	0.056	0.049	0.063
0.8	0.032	0.048	0.040	0.056	0.048	0.064	0.056	0.072
0.9	0.036	0.054	0.045	0.063	0.054	0.072	0.063	0.081
1.0	0.040	0.060	0.050	0.070	0.060	0.080	0.070	0.090
1.2	0.050	0.084	0.072	0.096	0.084	0.108	0.096	0.120
1.5	0.075	0.105	0.090	0.120	0.105	0.135	0.120	0.150
1.8	0.090	0.126	0.108	0.144	0.126	0.162	0.144	0.180
2.0	0.100	0.140	0.120	0.160	0.140	0.180	0.160	0.200
2.2	0.132	0.176	0.154	0.198	0.176	0.220	0.198	0.242
2.5	0.150	0.200	0.175	0.225	0.200	0.250	0.225	0.275
2.8	0.168	0.224	0.196	0.252	0.224	0.280	0.252	0.308
3.0	0.180	0.240	0.210	0.270	0.240	0.300	0.270	0.330
3.5	0.245	0.315	0.280	0.350	0.315	0.385	0.350	0.420
4.0	0.280	0.360	0.320	0.400	0.360	0.440	0.400	0.480
4.5	0.315	0.405	0.360	0.450	0.405	0.490	0.450	0.540
5.0	0.350	0.450	0.400	0.500	0.450	0.550	0.500	0.600
6.0	0.480	0.600	0.540	0.660	0.600	0.720	0.660	0.780
7.0	0.560	0.700	0.630	0.770	0.700	0.840	0.770	0.910
8.0	0.720	0.880	0.800	0.960	0.880	1.040	0.960	1.120
9.0	0.870	0.990	0.900	1.080	0.990	1.170	1.080	1.260
10.0	0.900	1.100	1.000	1.200	1.100	1.300	1.200	1.400

注:1. 初始间隙的最小值相当于间隙的公称数值,即设计间隙

2. 初始间隙的最大值是考虑到凸模和凹模的制造公差所增加的数值

3. 在使用过程中,由于模具工作部分的磨损,间隙将有所增加,因而超过表列数值

4. 本表间隙值常用于电子、仪器、仪表、精密机械等对冲裁件尺寸精度要求较高的行业

5. "C"为单面间隙

6. $w(C)$ 为碳的质量分数

表 3.9　冲裁模较大初始双面间隙 2C 　　　　　　　　　　　　　　mm

材料 厚度 t	08、10、35、09Mn、Q235		16Mn		40、50		65Mn	
	$2C_{min}$	$2C_{max}$	$2C_{min}$	$2C_{max}$	$2C_{min}$	$2C_{max}$	$2C_{min}$	$2C_{max}$
小于 0.5			极　小　间　隙					
0.5	0.040	0.060	0.040	0.060	0.040	0.060	0.040	0.060
0.6	0.048	0.072	0.048	0.072	0.048	0.072	0.048	0.072
0.7	0.064	0.092	0.064	0.092	0.064	0.092	0.064	0.092
0.8	0.072	0.104	0.072	0.104	0.072	0.104	0.064	0.092
0.9	0.090	0.126	0.090	0.126	0.090	0.126	0.090	0.126
1.0	0.100	0.140	0.100	0.140	0.100	0.140	0.090	0.126
1.2	0.126	0.180	0.132	0.180	0.132	0.180		
1.5	0.132	0.240	0.170	0.240	0.170	0.240		
1.75	0.220	0.320	0.220	0.320	0.220	0.320		
2.0	0.246	0.360	0.260	0.380	0.260	0.380		
2.1	0.260	0.380	0.280	0.400	0.280	0.400		
2.5	0.360	0.500	0.380	0.540	0.380	0.540		
2.75	0.400	0.560	0.420	0.600	0.420	0.600		
3.0	0.460	0.640	0.480	0.660	0.480	0.660		
3.5	0.540	0.740	0.580	0.780	0.580	0.780		
4.0	0.640	0.880	0.680	0.920	0.680	0.920		
4.5	0.720	1.000	0.680	0.960	0.780	1.040		
5.5	0.940	1.280	0.780	1.100	0.980	1.320		
6.0	1.080	1.440	0.840	1.200	1.140	1.500		
6.5			0.940	1.300				
8.0			1.200	1.680				

注:1. 冲裁皮革、石棉和纸板时,间隙取 08 钢的 25%

　　2. C_{min} 相当于公称间隙

　　3. 本表间隙值常用于汽车、农机和一般机械行业

　　4. "C" 为单面间隙

表 3.10　冲裁件精度低于 IT14 级时推荐用的冲裁大间隙 2C 　　　　　　　　　mm

材料厚度 t/mm	材　料		
	软料 08、10、20、Q235	中硬料 45、2A12、1Cr18NiTi、40Cr13	硬料 T8A、T10A、65Mn
	间隙(双面)		
0.2 ~ 1	$(0.12 ~ 0.18)t$	$(0.15 ~ 0.20)t$	$(0.18 ~ 0.24)t$
1 ~ 3	$(0.15 ~ 0.20)t$	$(0.18 ~ 0.24)t$	$(0.22 ~ 0.28)t$
3 ~ 6	$(0.18 ~ 0.24)t$	$(0.20 ~ 0.26)t$	$(0.24 ~ 0.30)t$
6 ~ 10	$(0.20 ~ 0.26)t$	$(0.24 ~ 0.30)t$	$(0.26 ~ 0.32)t$

注:"C" 为单面间隙

3.4 凸、凹模刃口尺寸的计算

为保证模具具有合适的间隙,正确设计凸、凹模刃口尺寸是非常必要的。

1. 凸模与凹模分开加工时刃口尺寸

如图 3.5 所示,为了保证合理的间隙值,凸模制造公差 δ_p、凹模制造公差 δ_d 必须满足下列条件:

$$\delta_p + \delta_d \leq 2C_{max} - 2C_{min} \tag{3.21}$$

式中　　C_{min}——最小合理间隙(单面),mm;

　　　　C_{max}——最大合理间隙(单面),mm。

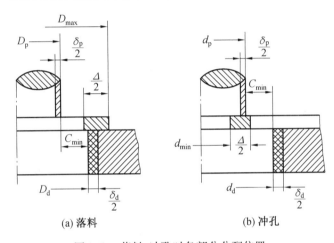

(a) 落料　　　　　　　　　　　　(b) 冲孔

图 3.5　落料、冲孔时各部分分配位置

规则形状(圆形、方形件)凸、凹模的制造公差 δ_p、δ_d 的取值有以下几种方法:

① 按表 3.11 查取;

② 按模具制造精度选取,如 δ_p 按 IT6,δ_d 按 IT7;

③ δ_p 可取制件公差的 $\frac{1}{4} \sim \frac{1}{5}$,$\delta_d$ 取制件公差的 $\frac{1}{4}$;

④ 按下式取值:

$$\delta_p = 0.4(2C_{max} - 2C_{min}) \quad \delta_d = 0.6(2C_{max} - 2C_{min})$$

(1)落料。

$$D_d = (D_{max} - X\Delta)^{+\delta_d}_{0} \tag{3.22}$$

$$D_p = (D_d - 2C_{min})^{0}_{-\delta_p} = (D_{max} - X\Delta - 2C_{min})^{0}_{-\delta_p} \tag{3.23}$$

式中　　D_d、D_p——落料凹、凸模刃口尺寸,mm;

　　　　D_{max}——落料件上极限尺寸,mm;

　　　　Δ——工件制造公差,mm;

　　　　C_{min}——凸、凹模最小初始单面间隙,mm;

　　　　X——磨损系数,为了使冲裁件的实际尺寸尽量接近冲裁件公差带的中间尺寸,

　　　　　　与工件制造精度有关,可查表 3.12,或按下列关系取值。

工件精度为 IT10 级以上时，　　$X = 1$

工件精度为 IT11 ～ IT13 级时，　$X = 0.75$

工件精度为 IT14 级以下时，　　$X = 0.5$

表 3.11　规则形状（圆形、方形件）冲裁时凸模、凹模的制造公差　　　　　mm

基本尺寸	凸模公差 δ_p	凹模公差 δ_d	基本尺寸	凸模公差 δ_p	凹模公差 δ_d
≤ 18	0.020	0.020	180 ～ 260	0.030	0.045
18 ～ 30	0.020	0.025	260 ～ 360	0.035	0.050
30 ～ 80	0.020	0.030	360 ～ 500	0.040	0.060
80 ～ 120	0.025	0.035	> 500	0.050	0.070
120 ～ 180	0.030	0.040			

注：1. 当 $\delta_p + \delta_d > 2C_{max} - 2C_{min}$ 时，仅在凸模或凹模图上标注偏差，而另一件则标注配作间隙

　　2. 本表公差适用于汽车、拖拉机行业

（2）冲孔。

冲孔凸模直径为

$$d_p = (d_{min} + X\Delta)_{-\delta_p}^{\ 0} \tag{3.24}$$

冲孔凹模直径为

$$d_d = (d_p + 2C_{min})_0^{+\delta_d} = (d_{min} + X\Delta + 2C_{min})_0^{+\delta_d} \tag{3.25}$$

式中　d_p、d_d—— 冲孔凸、凹模刃口尺寸，mm；

　　　d_{min}—— 冲孔件下极限尺寸，mm。

　　　其余符号意义同上。

表 3.12　磨损系数 X

材料厚度 t/mm	非 圆 形			圆 形	
	1	0.75	0.5	0.75	0.5
	工件公差 Δ/mm				
≤ 1	≤ 0.16	0.17 ～ 0.35	≥ 0.36	< 0.16	≥ 0.16
1 ～ 2	≤ 0.20	0.21 ～ 0.41	≥ 0.42	< 0.20	≥ 0.20
2 ～ 4	≤ 0.24	0.25 ～ 0.49	≥ 0.50	< 0.24	≥ 0.24
> 4	≤ 0.30	0.31 ～ 0.59	≥ 0.60	< 0.30	≥ 0.30

（3）孔心距。

$$L_d = (L_{min} + 0.5\Delta) \pm 0.125\Delta \tag{3.26}$$

式中　L_d—— 凹模孔心距尺寸，mm；

　　　L_{min}—— 工件孔心距下极限尺寸，mm；

　　　Δ—— 工件孔心距的公差，mm。

2. 凸模和凹模配合加工时刃口尺寸

在冲裁轮廓为复杂形状时，为保证凸模和凹模的间隙在周边都均匀合适，一般采用凸模和凹模配合加工方法。

（1）落料。

应以凹模为基准件，然后配作凸模。

① 磨损后凹模尺寸变大（图 3.6 中用字母 A 表示），可按落料凹模尺寸公式计算。

$$A_d = (A - X\Delta)^{+\delta_d}_0 \tag{3.27}$$

② 磨损后凹模尺寸变小（图 3.6 中用字母 B 表示），相当于冲孔凸模尺寸。

$$B_d = (B + X\Delta)^0_{-\delta_d} \tag{3.28}$$

③ 磨损后凹模尺寸不变（图 3.6 中用字母 C 表示），相当于孔心距。

制件尺寸为 $C^{+\Delta}_0$ 时

$$C_d = (C + 0.5\Delta) \pm \delta_d/2 \tag{3.29}$$

制件尺寸为 $C^0_{-\Delta}$ 时

$$C_d = (C - 0.5\Delta) \pm \delta_d/2 \tag{3.30}$$

制件尺寸为 $C \pm \Delta'$ 时

$$C_d = C \pm \delta_d/2 \tag{3.31}$$

式中　　A_d、B_d、C_d —— 凹模刃口尺寸，mm；

　　　　A、B、C —— 工件标称尺寸，mm；

　　　　Δ —— 工件公差，mm；

　　　　Δ' —— 工件偏差，mm，对称偏差时，$\Delta' = \Delta/2$；

　　　　δ_d —— 凹模制造偏差，mm，$\delta_d = \Delta/4$。

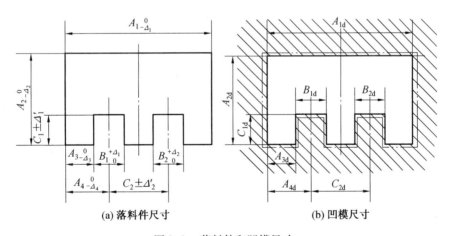

图 3.6　落料件和凹模尺寸

（2）冲孔。

应以凸模为基准件，然后配作凹模。

① 磨损后凸模尺寸变小（图 3.7 中用字母 A 表示），可按冲孔凸模尺寸公式计算。

$$A_p = (A + X\Delta)^0_{-\delta_p} \tag{3.32}$$

② 磨损后凸模尺寸变大（图 3.7 中用字母 B 表示），可按落料凹模尺寸公式计算。

$$B_p = (B - X\Delta)^{+\delta_p}_0 \tag{3.33}$$

③ 磨损后凸模尺寸不变（图 3.7 中用字母 C 表示），相当于孔心距。

制件尺寸为 $C_0^{+\Delta}$ 时

$$C_p = (C + 0.5\Delta) \pm \delta_p/2 \qquad (3.34)$$

制件尺寸为 $C_{-\Delta}^{0}$ 时

$$C_p = (C - 0.5\Delta) \pm \delta_p/2 \qquad (3.35)$$

制件尺寸为 $C \pm \Delta'$ 时

$$C_p = C \pm \delta_p/2 \qquad (3.36)$$

式中　A_p、B_p、C_p——凸模刃口尺寸，mm；

　　　δ_p——凸模制造偏差，mm，$\delta_p = \Delta/4$。

　　　其余符号意义同前。

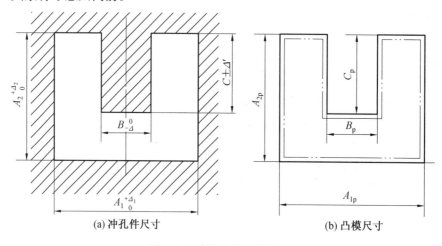

(a) 冲孔件尺寸　　　　　　　　　　(b) 凸模尺寸

图 3.7　冲孔件和凸模尺寸

3.5　冲模零件设计

1. 冲模零件的分类

无论模具结构形式如何，一般都是由固定和活动两部分组成。固定部分是用压铁、螺栓等紧固件固定在压力机的工作台面上，称下模；活动部分一般固定在压力机的滑块上，称上模。上模随着滑块做上、下往复运动，从而进行冲压工作。

根据模具零件的作用又可以将其分成 5 种类型的零件。

（1）工作零件。完成冲压工作的零件，如凸模、凹模、凸凹模等。

（2）定位零件。这些零件的作用是保证送料时有良好的导向和控制送料的进距，如挡料销、定距侧刀、导正销、定位板、导料板、侧压板等。

（3）卸料、推件零件。这些零件的作用是保证在冲压工序完毕后将制件和废料排除，以保证下一次冲压工序顺利进行，如推件器、卸料板、废料切刀等。

（4）导向零件。这些零件的作用是保证上模与下模相对运动时有精确的导向，使凸模、凹模间有均匀的间隙，提高冲压件的质量，如导柱、导套等。

（5）安装、固定零件。这些零件的作用是使上述四部分零件联结成"整体"，保证各零件间的相对位置,并使模具能安装在压力机上,如上模板、下模板、模柄、固定板、垫板、螺钉、圆柱销等。

由此可见,在看模具图,尤其是复杂模具图时,应从上述 5 个方面去识别模具上的各个零件。当然并不是所有模具都必须具备上述 5 部分零件。对于试制或小批量生产的情况,为了缩短生产周期、节约成本,可把模具简化成只有工作部分的零件,如凸模、凹模和几个固定部分零件;而对于大批量生产的情况,为了提高生产率,除做成包括上述零件的冲模外,甚至还附加自动送、退料装置等。

2. 工作零件

(1) 凸模、凹模的固定形式。

如图 3.8 中(a)、(b)、(g)、(h)是直接固定在模板上的零件,其中图 3.8(b)、3.8(h)一般用于中型和大型零件,图 3.8(a)、3.8(g)常用于冲压数量较少的简单模;图 3.8(c)、3.8(i)所示凸模(凹模)与固定板用 $\dfrac{H7}{m6}$ 配合,上面留有台阶。这种形式多在零件形状简单、板材较厚时采用;图 3.8(d)所示是采用铆接,凸模上无台阶,全部长度尺寸形状相同,装配时上面铆开然后磨平。这种形式适用于形状较复杂的零件,加工凸模时便于全长一起磨削,如图 3.8(j)所示是仅靠 $\dfrac{H7}{r6}$ 配合固紧,一般只在冲压小件时使用;如图 3.8 中(e)、(f)、(k)是快速更换凸模(凹模)的固定形式。对多凸模(凹模)冲模,其中个别凸模(凹模)特别易损,需经常更换,此时采用这种形式更换易损凸模(凹模)较方便。

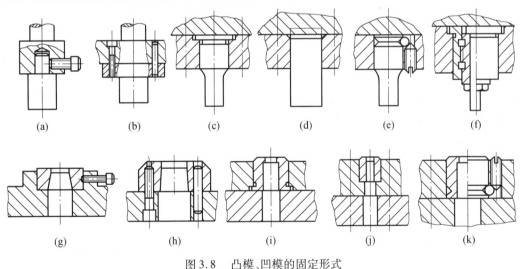

图 3.8 凸模、凹模的固定形式

(2) 凹模刃口形式。

凹模刃口通常有如图 3.9 所示的几种形式。

图 3.9(a)的特点是刃边强度较好。刃磨后工作部分尺寸不变,但洞口易积存废料或制件,推件力大且磨损大,刃磨时磨去的尺寸较多。一般用于形状复杂和精度要求较高的制件,对向上出件或出料的模具也采用此刃口形式。

图 3.9(b)的特点是不易积存废料或制件,对洞口磨损及压力很小,但刃边强度较差,

且刃磨后尺寸稍有增大,不过由于它的磨损小,这种增大不会影响模具寿命。一般适用于形状较简单、冲裁制件精度要求不高、制件或废料向下落的情况。

图 3.9(c)、3.9(d) 与图 3.9(b) 相似,图 3.9(c) 适用于冲裁较复杂的零件,图 3.9(d) 适用于冲裁薄料和凹模厚度较薄的情况。

图 3.9(e) 与图 3.9(a) 相似,适用于上出件或上出料的模具。

图 3.9(f) 适用于冲裁 0.5 mm 以下的薄料,且凹模不淬火或淬火硬度不高(35 ~ 40 HRC),采用这种形式可用手锤敲打斜面以调整间隙,直到试出满意的冲裁件为止。

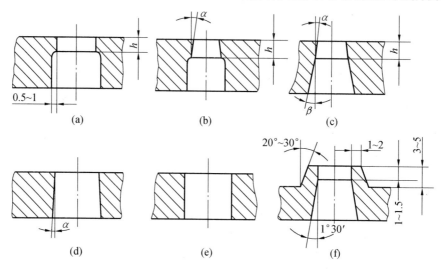

图 3.9　凹模刃口形式

(3) 凹模外形和尺寸的确定。

圆形凹模可从冷冲模国家标准或工厂标准中选用。非标准尺寸的凹模受力状态比较复杂,一般按经验公式概略地计算,如图 3.10 所示。

凹模高度

$$H = Kb \quad (H \geqslant 15 \text{ mm}) \quad (3.37)$$

凹模壁厚

$$c = (1.5 \sim 2)H \quad (c \geqslant 30 \sim 40 \text{ mm}) \quad (3.38)$$

式中　b——冲裁件最大外形尺寸,mm;

　　　K——系数,考虑板材厚度的影响,其值可查表 3.13。

上述方法适用于确定普通工具钢经过正常热处理,并在平面支撑条件下工作的凹模尺寸。冲裁件形状简单时,壁厚系数取偏小值,形状复杂时取偏大值。用于大批量生产条件下的凹模,其高度应该在计算结果中增加总的修磨量。

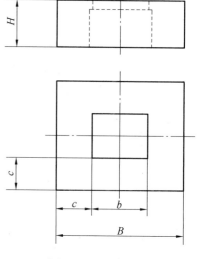

图 3.10　凹模尺寸

表 3.13 系数 K 值

b/mm	材料厚度 t/mm				
	0.5	1	2	3	> 3
≤ 50	0.3	0.35	0.42	0.50	0.60
50 ~ 100	0.2	0.22	0.28	0.35	0.42
100 ~ 200	0.15	0.18	0.20	0.24	0.30
> 200	0.10	0.12	0.15	0.18	0.22

（4）凸模长度确定及其强度核算。

① 凸模长度计算。

凸模的长度一般是根据结构上的需要确定的,如图 3.11 所示。

凸模长度

$$L = h_1 + h_2 + h_3 + a \tag{3.39}$$

式中　h_1—— 凸模固定板的厚度,mm;

　　　h_2—— 固定卸料板的厚度,mm;

　　　h_3—— 导尺厚度,mm;

　　　a—— 附加长度,包括凸模的修磨量 6 ~ 12 mm、凸模进入凹模的深度 0.5 ~ 1 mm 及凸模固定板与卸料板之间的安全距离(这一尺寸如无特殊要求,可取 10 ~ 20 mm) 等。

凸模长度确定后一般不需做强度核算,只有当凸模特别细长时,才进行凸模的抗弯能力和承压能力的校核。

② 凸模抗弯能力校核。

如图 3.12(a) 所示为凸模无导向的情况:

对于非圆形凸模

$$L_{max} \leqslant 425 \sqrt{\frac{I}{P}} \tag{3.40}$$

对于圆形凸模

$$L_{max} \leqslant 95 \frac{d^2}{\sqrt{P}} \tag{3.41}$$

如图 3.12(b) 所示为凸模有导向的情况:

对于非圆形凸模

$$L_{max} \leqslant 1\,200 \sqrt{\frac{I}{P}} \tag{3.42}$$

对于圆形凸模

$$L_{max} \leqslant 270 \frac{d^2}{\sqrt{P}} \tag{3.43}$$

式中　L_{max}—— 凸模允许的最大自由长度,mm;

　　　P—— 该凸模的冲裁力,N;

I—— 凸模最小断面的惯性矩,mm^4；

d—— 凸模最小直径,mm。

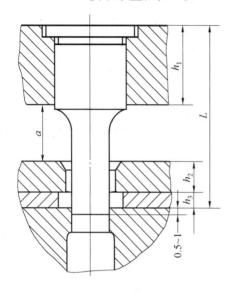

图 3.11 凸模长度

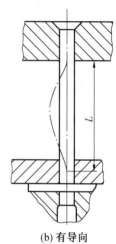

(a) 无导向   (b) 有导向

图 3.12 无导向与有导向凸模

③ 凸模承压能力的校核。

非圆形凸模

$$A_{min} \geqslant \frac{P}{[\sigma_c]} \tag{3.44}$$

圆形凸模

$$d_{min} \geqslant \frac{4t\tau}{[\sigma_c]} \tag{3.45}$$

式中 A_{min}—— 凸模的最小截面积,mm^2；

       d_{min}—— 凸模的最小直径,mm；

       P—— 冲裁力,N；

       t—— 毛坯厚度,mm；

       τ—— 毛坯材料抗剪强度,MPa；

       $[\sigma_c]$—— 凸模材料的许用压应力,MPa。

3. 定位零件设计

（1）导料件。主要指导料板和侧压板,它对条料或带料送料时起导正作用。导料板的形式如图 3.13 所示。图 3.13(a) 用于有弹性卸料板的情况；图 3.13(b) 用于有固定卸料板的情况；图 3.13(c) 也用于有固定卸料板的情况,只是当条料宽度小于 60 mm 时,卸料板和导料板可做成整体。

侧压板的形式如图 3.14 所示。图 3.14(a) 采用弹簧片侧压,结构较简单,但压力小,常用于料厚在 1 mm 以下的薄料,弹簧片的数量视具体情况而定。图 3.14(b) 采用侧压板,侧压力较大,冲裁厚料时使用,侧压板的数量和安置位置也视具体情况而定。图 3.14(c) 中的侧压板侧压力大且均匀,一般只限用于进料口,如果冲裁工位较多,则在末端起不到压料作用。图 3.14(d) 中的侧压装置能保证中心位置不变,不受条料宽度误差的影响,常用于无废料排样上,但此结构较为复杂。

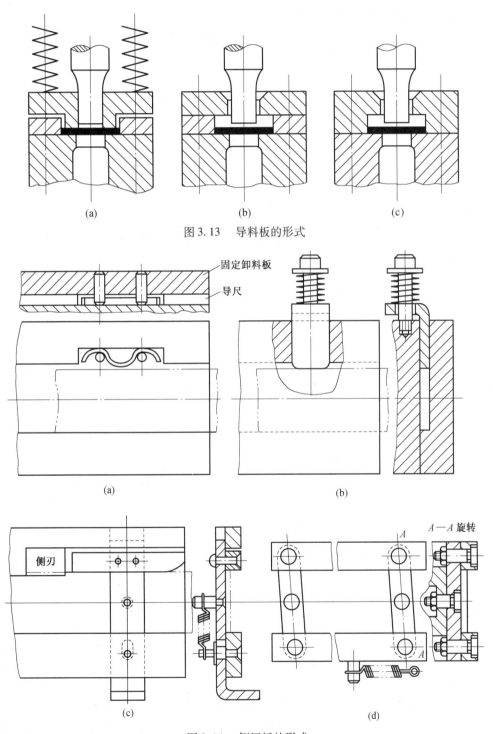

图 3.13　导料板的形式

图 3.14　侧压板的形式

如图 3.15 所示，H 和 h 按表 3.14 选取，导料板间的宽度为

$$B_0 = B + C \tag{3.46}$$

式中　　B——条料（带料）的宽度，mm；

　　　　C——条料与导料板间的间隙值，视有无侧压而不同，其值见表 3.14。

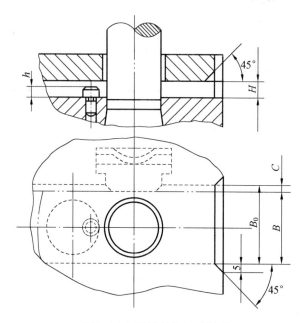

图 3.15　导料板的相关尺寸

表 3.14　侧压板高度 H、h 与间隙值 C　　　　　　　　　　mm

条料厚度	C						H				h
	不　带　侧　压					带侧压	用挡料销挡料		侧刃、自动挡料		
	条料宽度						条料宽度				
	50	50 ~ 100	100 ~ 150	150 ~ 220	220 ~ 300		< 200	> 200	< 200	> 200	
< 1	0.1	0.1	0.2	0.2	0.3	0.5	4	6	3	4	2
1 ~ 2	0.2	0.2	0.3	0.3	0.4	2	6	8	4	6	3
2 ~ 3	0.4	0.4	0.5	0.5	0.6		8	10	6		
3 ~ 4	0.6	0.6	0.7	0.7	0.8	3	10	12	8	8	4
4 ~ 6							12	14	10	10	

（2）挡料件。

挡料件的作用是给予条料或带料送料时以确定进距。主要有固定挡料销、活动挡料销、自动挡料销、始用挡料销和定距侧刀等。

① 固定挡料销。固定挡料销结构简单，常用的为圆头形式，如图 3.16（a）所示。当挡料销孔离凹模刃口太近时，挡料销可移离一个进距，以免削弱凹模强度；也可以采用钩形挡料销，如图 3.16（b）所示。

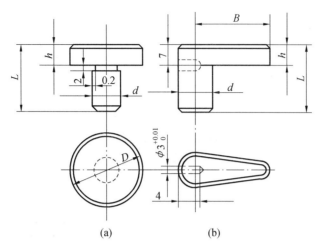

图 3.16　固定挡料销

② 活动挡料销。这种挡料销后端带有弹簧或弹簧片,挡料销能自由活动,如图 3.17(a)、3.17(b) 所示。这种挡料销常用在带弹性卸料板的结构中,复合模中最常见。

另一种活动挡料销(又称回带式活动挡料销)是靠销子的后端面挡料的,送料较之固定挡料销稍为方便,其结构如图 3.17(c) 所示。

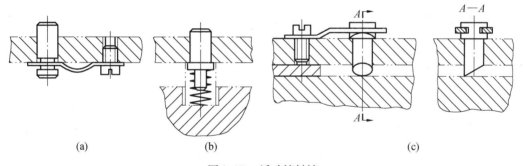

图 3.17　活动挡料销

③ 自动挡料销。采用这种挡料销送料时,无需将料抬起或后拉,只要冲裁后将料往前推便能自动挡料,故能连续送料冲压(图 3.18)。

④ 始用挡料销。又称临时挡料销,用于条料在级进模上冲压时的首次定位。级进模有数个工位,条料冲前几个工位时往往就需用始用挡料销挡料。用时用手将其按入,使其端部突出导尺,挡住条料而限定送进距离,第一次冲裁后不再使用。始用挡料销的数目视级进模的工位数而定。始用挡料销的结构形式如图 3.19 所示。

⑤ 定距侧刀。这种装置是以切去条料旁侧少量材料而达到挡料目的。定距侧刀挡料的缺点是浪费材料,只有在冲制窄而长的制件(进距小于 6 ~ 8 mm)和某些少、无废料排样,而用别的挡料形式有困难时才采用。冲压厚度较薄($t < 0.5$ mm)的材料且采用级进模时,也经常使用定距侧刀,如图 3.20 所示。

如图 3.20(a) 所示的侧刀做成矩形,制造简单,但当侧刀尖角磨钝后,条料边缘处便出现毛刺,影响送料。

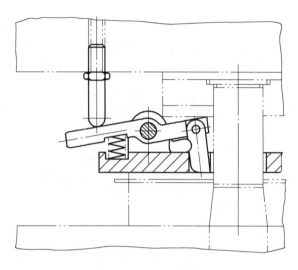

图 3.18　自动挡料销

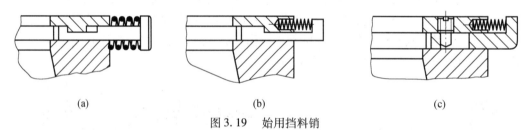

(a) (b) (c)

图 3.19　始用挡料销

如图 3.20(b) 所示把侧刀两端做成凸部,当条料边缘连接处出现毛刺时也处在凹槽内不影响送料,但制造稍复杂些。

如图 3.20(c) 所示定距侧刀的优点是不浪费材料,但每一进距需把条料往后拉,以后端定距,操作不如前者方便。

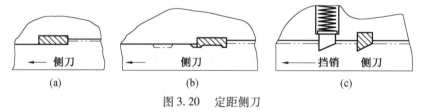

(a)　　　　　　　(b)　　　　　　　(c)

图 3.20　定距侧刀

(3) 导正销。

导正销多用于级进模中,装在第二工位以后的凸模上。冲压时它先插进已冲好的孔中,以保证内孔与外形相对位置的精度,消除由于送料而引起的误差。但对于薄料($t <$ 0.3 mm),将导正销插入孔内会使孔边弯曲,不能起到准确的定料作用。当孔的直径太小($d < 1.5$ mm) 时导正销易折断,也不宜采用,此时可考虑采用侧刀。

导正销的形式及适用情况如图 3.21 所示。

导正销的头部分为直线与圆弧两部分,圆弧部分起导入作用,直线部分起定位作用。直线部分高 h 不宜太大,否则不易脱件,但也不能太小,一般取 $h = (0.8 \sim 1.2)t$。考虑到冲孔后孔径弹性变形收缩,导正销导正部分的直径比冲孔的凸模直径要小 0.04 ~

0.20 mm,具体值见表 3.15。

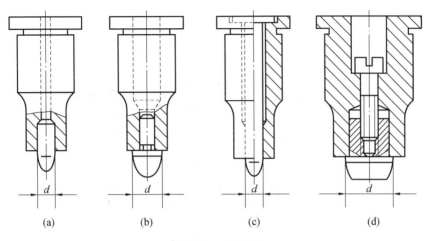

| (a) | (b) | (c) | (d) |

图 3.21 导正销

表 3.15 导正销间隙(双面)   mm

料厚 t	冲孔凸模直径 d						
	1.5 ~ 6	6 ~ 10	10 ~ 16	16 ~ 24	24 ~ 32	32 ~ 42	42 ~ 60
< 1.5	0.04	0.06	0.06	0.08	0.09	0.10	0.12
1.5 ~ 3	0.05	0.07	0.08	0.10	0.12	0.14	0.16
3 ~ 5	0.06	0.08	0.10	0.12	0.16	0.18	0.20

冲孔凸模、导正销及挡料销之间的相互位置关系如图 3.22 所示。

$$h = D + a$$

$$c = \frac{D}{2} + a + \frac{d}{2} + 0.1 \text{ mm}$$

$$c' = \frac{3D}{2} + a - \frac{d}{2} - 0.1 \text{ mm}$$

上式中尺寸"0.1 mm"作为导正销往后拉(图 3.22(a))或往前推(图 3.22(b))的活动余量。

当没有导正销时,0.1 mm 的余量不用考虑。

4. 压料及卸料零件

(1)推件装置。

推件有弹性和刚性两种形式,如图 3.23 所示。弹性推件装置如图 3.23(c)所示,它在冲裁时能压住制件,使冲出的制件质量较高,但弹性元件的压力有限,当冲裁较厚材料时,会产生推件的力量不足或使结构庞大。刚性推件不起压料作用,但推件力大。有时也做成刚、弹性结合的形式,这样能综合两者的优点。

刚性推件装置如图 3.23(a)、3.23(b)所示。推件是靠压力机的横梁作用,如图 3.24 所示。

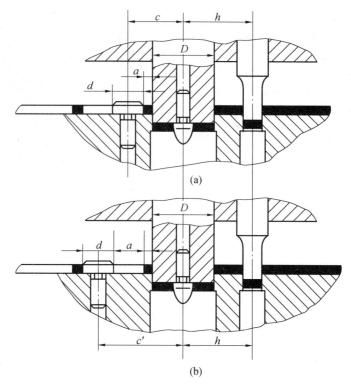

图 3.22　导正销位置尺寸

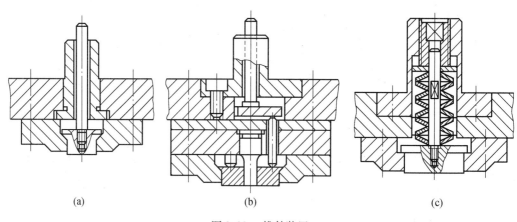

图 3.23　推件装置

推杆的长度根据压力机相应尺寸来确定,一般在推件位置时(即滑块在上死点时),推杆要超出滑块模柄孔的高度 5 ~ 10 mm,推件的行程即为横梁的行程。

刚性推件要考虑不应过多地削弱上模板的强度,推件力尽可能分布均匀,因此推板有如图 3.25 所示的几种形式。

(2)卸料装置。

卸料也有刚性(即固定卸料板)和弹性两种形式,如图 3.26 所示。此外废料切刀也是卸料的一种形式。

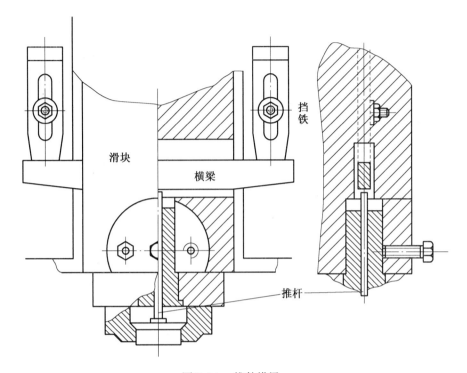

图 3.24 推件横梁

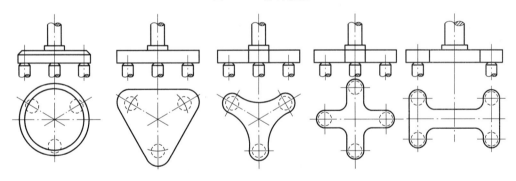

图 3.25 推板的形式

弹性卸料板如图 3.26(a)所示,此形式卸料力量小,有压料作用,冲裁质量较好,多用于薄料。

固定卸料板如图 3.26(c)所示,此形式卸料力大,但无压料作用,毛坯材料厚度大于0.8 mm 以上时多采用此种形式。

对于卸料力要求较大、卸料板与凹模间又要求有较大的空间位置时,可采用刚弹性相结合的卸料装置,如图 3.26(b)所示。

卸料板和凸模的单边间隙一般取 0.1～0.5 mm,但不小于 0.05 mm。

(3)弹簧。

冲模卸料或推件用的弹簧属于标准零件。标准中给出了弹簧的有关数据和弹簧的特性线,设计模具时只需按标准选用。一般选用弹簧(材料为 65Mn 弹簧钢)的原则,在满足

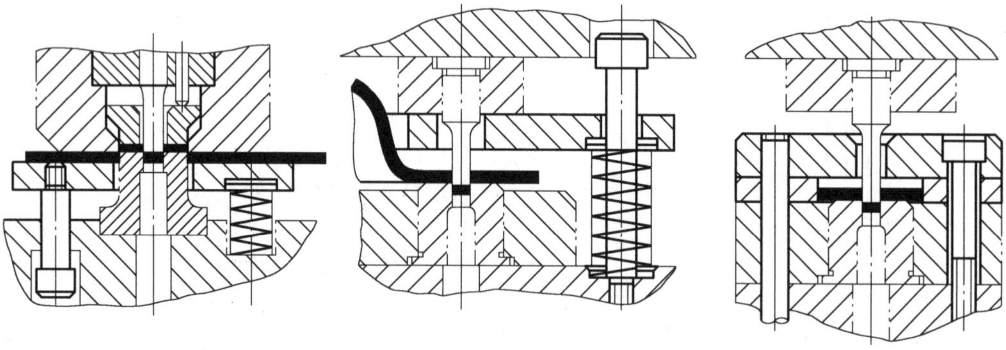

(a) 弹性卸料板　(b) 刚弹性卸料板　(c) 刚性卸料板

图 3.26　卸料板的形式

模具结构要求的前提下,保证所选用的弹簧能够给出要求的作用力和行程。

为了保证冲模的正常工作,在冲模不工作时,弹簧也应该在预紧力 P_0 的作用下产生一定的预压紧量 F_0,这时预紧力应为

$$P_0 > \frac{P}{n} \tag{3.47}$$

为保证冲模正常工作所必需的弹簧的最大压紧量为

$$[F] \geqslant F_0 + F + F' \tag{3.48}$$

式中　P_0—— 弹簧预紧力,N;

P—— 工艺力,即卸料力、推件力等,N;

n—— 弹簧根数;

$[F]$—— 弹簧最大许用压缩量,mm;

F_0—— 弹簧预紧量,mm;

F—— 工艺行程(卸料板、顶件块行程),mm,应根据该副模具所完成的工序而定;

F'—— 余量,主要考虑模具的刃磨量及调整量,一般取 5 ~ 10 mm。

圆柱形螺旋弹簧的选用,应该以图 3.27 所示的弹簧的特性线为根据,按下述步骤进行:

① 根据模具结构和工艺力初定弹簧根数 n,并求出分配在每根弹簧上的工艺力$\frac{P}{n}$;

② 根据所需的预紧力和必须的弹簧总压紧量 $F + F'$,预选弹簧的直径 D、弹簧钢丝的直径 d 及弹簧的圈数(即自由长度),然后利用图 3.27 所示的弹簧特性线,校验所选弹簧的性能,使之满足要求。

冲压模具中,广泛地应用了圆柱形螺旋弹簧。当所需工作行程较小,而作用力很大时,可以考虑选用碟形弹簧。当所需工作行程大、弹力大的模具结构和体积小、弹力大的机械产品时选用强力弹簧。

举例　用复合模冲裁料厚 $t = 1$ mm 的低碳钢垫圈,外径 $\phi 80$ mm,内孔 $\phi 50$ mm,凸凹模的总刃磨量为 6 mm。如果卸料力为 3 600 N 时,则卸料板所用圆柱形弹簧的具体选用过程如下:

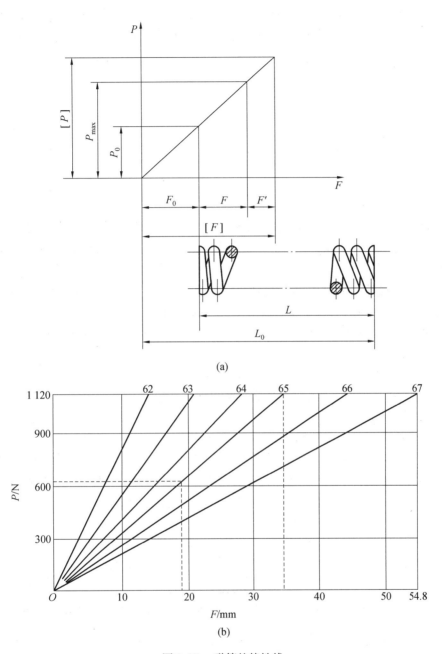

图 3.27　弹簧的特性线

a. 根据模具结构和卸料力大小,初定弹簧根数 $n = 6$,则每根弹簧上的卸料力为

$$\frac{P}{n} = \frac{3\ 600\ \text{N}}{6} = 600\ \text{N}$$

b. 根据所需的预紧力大于 600 N、必须的弹簧总压缩量 $F + F' = 12$ mm,参照弹簧的特性线(图 3.27(b))和弹簧的规格,预选弹簧的直径 $D = 40$ mm,弹簧丝的直径 $d = 6$ mm,弹簧自由长度 $L_0 = 110$ mm。该弹簧的规格标记为 $40 \times 6 \times 110$,简记为序号 65。

c. 校验所选弹簧的性能。由弹簧的特性线(图 3.27(b))(对于序号 65 的弹簧,当预紧力取 $P_0 = 620$ N 时,预紧量 $F_0 = 19$ mm,则可作出其特性曲线)可知最大许用压缩量 $[F] = 34.5$ mm,实际所需工艺行程 $F = 2$ mm,取余量 $F' = 10$ mm,则

$$F_0 + F + F' = 31 \text{ mm}$$

即有

$$P_0 > \frac{P}{n}$$

$$[F] > F_0 + F + F'$$

故所选弹簧满足要求。

(4) 橡胶。

选择橡胶作为冲模卸料或推、顶件用时,选用方法与弹簧相类似。同样根据卸料力或推(顶)件力的要求以及压缩量的要求来校核橡皮的工作压力和许可的压缩量,以保证满足模具的结构与设计的要求。

橡胶选用中的计算与校核可按下列步骤进行。这里介绍的是普通橡胶(其单位压力为 2 ~ 3 MPa)的选用,若单位压力需要更大,可选用聚氨酯。

① 计算橡胶工作压力。橡胶工作压力与其形状、尺寸以及压缩量等因素有关,一般可按下式计算:

$$F = Ap \tag{3.49}$$

式中　F——橡胶工作压力(即用作卸料或顶件的工艺力),N;

　　　A——橡胶横截面积,mm^2;

　　　p——单位压力,与橡胶压缩量、形状有关,一般取 2 ~ 3 MPa。

② 橡胶压缩量和厚度的确定。橡胶压缩量不能过大,否则会影响其压力和寿命。生产实践表明,橡胶最大压缩量一般不应超过其厚度 h_2 的 45%,而模具安装时橡胶应预先压缩 10% ~ 15%。所以橡胶厚度 h_2 与其许可的压缩量 h_1 之间有下列关系:

$$h_2 = \frac{h_1}{0.25 \sim 0.30} \tag{3.50}$$

由此可见,橡胶厚度选定后,可按式(3.50)确定出其许可的压缩量 h_1,$h_1 = (0.25 \sim 0.30)h_2$。

③ 校核。校核时,应使橡胶的工作压力 F 大于卸料力,橡胶许可的压缩量大于模具需要的压缩量。同时应校核橡胶厚度与外径的比值 $\frac{h_2}{D}$,令其在 0.5 ~ 1.5 之间,这样才能保证橡胶正常工作。若 $\frac{h_2}{D}$ 超过 1.5 应将橡胶分成若干块,每块之间用钢板分开,但每块橡胶的 $\frac{h_2}{D}$ 值仍应在上述范围内。外径 D 与橡胶形状有关,可按 $F = Ap$ 公式计算,如图 3.28 所示形状,将 $A = \frac{\pi}{4}(D^2 - d^2)$ 代入式(3.49)整理可得 $D = \sqrt{d^2 + 1.27 \dfrac{F}{p}}$($d$ 为橡胶中心孔直径,可按结构选定)。同理,对于图 3.28 所示其他形状的外径尺寸,经过式(3.49)计

算,分别列于表 3.16 中。

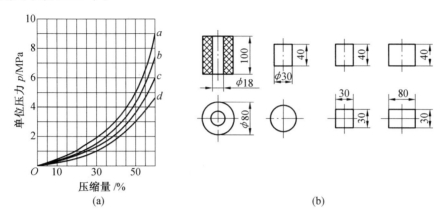

图 3.28   各种形状的外径尺寸

表 3.16   橡胶截面尺寸的计算

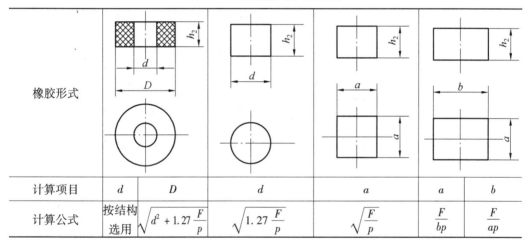

橡胶形式					
计算项目	d	D	d	a	a	b
计算公式	按结构选用	$\sqrt{d^2 + 1.27\dfrac{F}{p}}$	$\sqrt{1.27\dfrac{F}{p}}$	$\sqrt{\dfrac{F}{p}}$	$\dfrac{F}{bp}$	$\dfrac{F}{ap}$

注:p—— 橡胶单位压力,一般取 2 ~ 3 MPa

F—— 所需工作压力 /N

3.6   冲模压力中心与封闭高度

1. 冲模的压力中心

冲裁力合力的作用点称为模具的压力中心。如果压力中心不在模柄轴线上,滑块就会承受偏心载荷,导致滑块和模具不正常的磨损,降低模具寿命甚至损坏模具。通常利用求平行力系合力作用点的方法,即解析法或图解法,确定模具的压力中心。

如图 3.29 所示,连续模压力中心为 O 点,其坐标为 X、Y,连续模上作用的冲裁力 P_1、P_2、P_3、P_4、P_5 是垂直于图面方向的平行力系,根据力学定理,诸分力对某轴力矩之和等于其合力对同轴之距,则有

$$X = \frac{P_1 X_1 + P_2 X_2 + \cdots + P_n X_n}{P_1 + P_2 + \cdots + P_n} = \frac{\sum\limits_{i=1}^{n} P_i X_i}{\sum\limits_{i=1}^{n} P_i} \tag{3.51}$$

$$Y = \frac{P_1 Y_1 + P_2 Y_2 + \cdots + P_n Y_n}{P_1 + P_2 + \cdots + P_n} = \frac{\sum\limits_{i=1}^{n} P_i Y_i}{\sum\limits_{i=1}^{n} P_i} \tag{3.52}$$

式中　　$P_1, P_2, \cdots, P_n$——各图形的冲裁力；

$\qquad\quad X_1, X_2, \cdots, X_n$——各图形冲裁力的 X 轴坐标；

$\qquad\quad Y_1, Y_2, \cdots, Y_n$——各图形冲裁力的 Y 轴坐标。

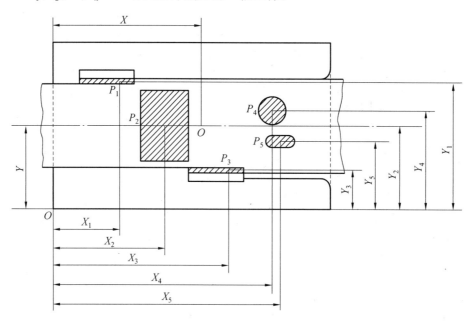

图 3.29　冲裁模压力中心的确定

除解析法外,生产中也常用作图法求压力中心。作图法的精度稍差,但计算简单。在实际生产中,可能出现冲模压力中心在加工过程中发生变化的情况,或者由于零件的形状特殊,从模具结构考虑不宜使压力中心与模柄中心线相重合的情况,这时应该使压力中心的偏离不超出所选用压力机所允许的范围。

2. 冲模的封闭高度

冲裁模总体结构尺寸必须与所用设备相适应,即模具总体结构平面尺寸应该适应于设备工作台面尺寸,而模具总体封闭高度必须与设备的封闭高度相适应,否则就不能保证正常的安装与工作。冲裁模的封闭高度系指模具在最低工作位置时,上、下模板底面的距离。

模具的封闭高度 H 应该介于压力机的最大封闭高度 H_{max} 及最小封闭高度 H_{min} 之间(图 3.30),一般取

$$H_{max} - 5 \ \text{mm} \geqslant H \geqslant H_{min} + 10 \ \text{mm}$$

如果模具封闭高度小于设备的最小封闭高度,可以采用附加垫板。

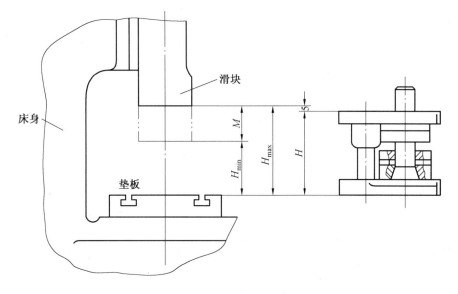

图 3.30　模具的封闭高度

第4章　拉深模设计

4.1　圆筒拉深件拉深工艺计算

1.坯料尺寸的计算

在不变薄的拉深中,根据拉深前后面积相等的原则,形状简单的旋转体拉深件的坯料直径 D 应为

$$D = \sqrt{\frac{4}{\pi} F_0} = \sqrt{\frac{4}{\pi} \sum F_i} \tag{4.1}$$

式中　F_0—— 包括切边余量的拉深件的表面积,mm^2;

$\sum F_i$—— 拉深件各部分表面积的代数和,mm^2。

（1）圆筒形拉深件的坯料直径计算。

圆筒形拉深件可分解为若干简单的几何体（图4.1）,分别求出它们的表面积（含切边余量）,然后相加,按照公式（4.1）,即可计算出圆筒形零件的毛坯直径。

图4.1 中各部分的面积分别为

$$F_1 = \pi d(H - R) \text{（1 部分表面积）}$$

$$F_2 = \frac{\pi}{4}[2\pi R(d - 2R) + 8R^2] \text{（2 部分表面积）}$$

$$F_3 = \frac{\pi}{4}(d - 2R)^2 \text{（3 部分表面积）}$$

将圆筒形拉深件各部分面积 F_i 代入式（4.1）并整理得

$$D = \sqrt{(d - 2R)^2 + 2\pi R(d - 2R) + 8R^2 + 4d(H - R)} \tag{4.2}$$

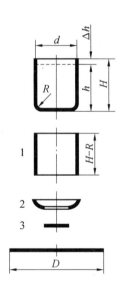

图4.1　圆筒形拉深件的分解

式中　d—— 筒形件直径（按材料厚度中线尺寸计算）,mm;

R—— 筒形件底部圆角半径（按材料厚度中线尺寸计算）,mm;

H—— 包括切边余量的筒形件高度,mm,$H = h + \Delta h$,h 为零件高度（按材料厚度中线尺寸计算）,Δh 为切边余量,切边余量的数值可查表4.1。

（2）有凸缘圆筒形拉深件的毛坯直径计算。

有凸缘圆筒形拉深件（图4.2）的毛坯直径 D 的计算公式与圆筒形拉深件计算公式（4.2）不同,应加上凸缘部分和圆角部分。

表 4.1　无凸缘圆筒形拉深件的切边余量 Δh　　　　　　　　　　　　mm

零件高度 h	零件的相对高度 h/d				附图
	0.5 ~ 0.8	0.8 ~ 1.6	1.6 ~ 2.5	2.5 ~ 4	
≤ 10	1.0	1.2	1.5	2	
10 ~ 20	1.2	1.6	2	2.5	
20 ~ 50	2	2.5	3.3	4	
50 ~ 100	3	3.8	5	6	
100 ~ 150	4	5	6.5	8	
150 ~ 200	5	6.3	8	10	
200 ~ 250	6	7.5	9	11	
> 250	7	8.5	10	12	

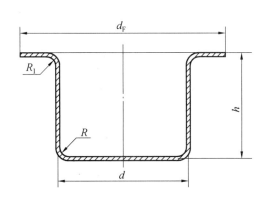

图 4.2　有凸缘圆筒形拉深件

当 $R_1 \neq R$ 时

$$D = \sqrt{d_{\mathrm{F}}^2 + 4dh - 1.72d(R + R_1) - 0.56(R^2 - R_1^2)} \tag{4.3}$$

当 $R_1 = R$ 时

$$D = \sqrt{d_{\mathrm{F}}^2 + 4dh - 3.44Rd} \tag{4.4}$$

式中　　d_{F}——包括切边余量的凸缘直径,mm,$d_{\mathrm{F}} = d_{\mathrm{f}} + 2\Delta R$,$d_{\mathrm{f}}$ 为切边后的凸缘直径,ΔR 为切边余量,ΔR 值可查表 4.2;

　　　　d——圆筒直径(按材料厚度中线尺寸计算),mm;

　　　　h——拉深件高度(按材料厚度中线尺寸计算),mm;

　　　　R——圆筒底部圆角半径(按材料厚度中线尺寸计算),mm;

　　　　R_1——凸缘根部圆角半径(按材料厚度中线尺寸计算),mm。

2. 拉深工艺计算

(1)拉深系数。

拉深后圆筒直径与拉深前毛坯(或半成品)直径的比值称为拉深系数。拉深系数越小,变形程度越大。无凸缘圆筒形拉深件的拉深系数见表4.3 ~ 表4.6。有凸缘圆筒形拉深件的拉深系数见表 4.7 ~ 表4.8。

表 4.2　带凸缘圆筒形拉深件的切边余量 ΔR　　　　　　　　　　mm

凸缘直径 d_f	凸缘的相对直径 d_f/d				附图
	1.5 以下	1.5 ~ 2	2 ~ 2.5	> 2.5	
≤ 25	1.8	1.6	1.4	1.2	
25 ~ 50	2.5	2.0	1.8	1.6	
50 ~ 100	3.5	3.0	2.5	2.2	
100 ~ 150	4.3	3.6	3.0	2.5	
150 ~ 200	5.0	4.2	3.5	2.7	
200 ~ 250	5.5	4.6	3.8	2.8	
> 250	6	5	4	3	

表 4.3　无凸缘圆筒形拉深件不用压边圈拉深时的拉深系数

相对厚度 $\dfrac{t}{D} \times 100$	各次拉深系数					
	m_1	m_2	m_3	m_4	m_5	m_6
0.4	0.90	0.92	—	—	—	—
0.6	0.85	0.90	—	—	—	—
0.8	0.80	0.88	—	—	—	—
1.0	0.75	0.85	0.90	—	—	—
1.5	0.65	0.80	0.84	0.87	0.90	—
2.0	0.60	0.75	0.80	0.84	0.87	0.90
2.5	0.55	0.75	0.80	0.84	0.87	0.90
3.0	0.53	0.75	0.80	0.84	0.87	0.90
3 以上	0.50	0.70	0.75	0.78	0.82	0.85

注:表中的拉深系数适合于 08、10 及 15Mn 等材料

表 4.4　无凸缘圆筒形拉深件不用压边圈拉深时总的拉深系数 $m_总$ 的极限值

总拉深次数	毛坯相对厚度 $\dfrac{t}{D} \times 100$				
	1.5	2.0	2.5	3.0	> 3
1	0.65	0.60	0.55	0.53	0.50
2	0.52	0.45	0.41	0.40	0.35
3	0.44	0.36	0.33	0.32	0.26
4	0.38	0.30	0.28	0.27	0.20
5	0.34	0.26	0.24	0.23	0.17
6	—	0.24	0.22	0.21	0.14

表4.5　无凸缘圆筒形拉深件有压边圈拉深时的拉深系数

拉深系数	毛坯相对厚度 $\frac{t}{D} \times 100$					
	2 ~ 1.5	1.5 ~ 1.0	1.0 ~ 0.6	0.6 ~ 0.3	0.3 ~ 0.15	0.15 ~ 0.08
m_1	0.48 ~ 0.50	0.50 ~ 0.53	0.53 ~ 0.55	0.55 ~ 0.58	0.58 ~ 0.60	0.60 ~ 0.63
m_2	0.73 ~ 0.75	0.75 ~ 0.76	0.76 ~ 0.78	0.78 ~ 0.79	0.79 ~ 0.80	0.80 ~ 0.82
m_3	0.76 ~ 0.78	0.78 ~ 0.79	0.79 ~ 0.80	0.80 ~ 0.81	0.81 ~ 0.82	0.82 ~ 0.84
m_4	0.78 ~ 0.80	0.80 ~ 0.81	0.81 ~ 0.82	0.82 ~ 0.83	0.83 ~ 0.85	0.85 ~ 0.86
m_5	0.80 ~ 0.82	0.82 ~ 0.84	0.84 ~ 0.85	0.85 ~ 0.86	0.86 ~ 0.87	0.87 ~ 0.88

注:1. 表中数值适用于08、10S、15S钢及软黄铜H62、H68。当拉深塑性差的材料时(Q215、Q235、20、25、酸洗钢、硬铝、硬黄铜等),取值应比表中数值增大1.5% ~ 2%;而对塑性更好的材料(如05、08Z、10Z钢和软铝等),可将表中值减小1.5% ~ 2%。符号S为深拉深钢;Z为最深拉深钢

2. 第一次拉深,凹模圆角半径大时[$r_d = (8 ~ 15)t$]取小值,凹模圆角半径小时[$r_d = (4 ~ 8)t$]取大值

3. 工序间进行中间退火时取小值

表4.6　无凸缘圆筒形拉深件有压边圈拉深时总的拉深系数 $m_总$ 的极限值

总拉深次数	毛坯相对厚度 $\frac{t}{D} \times 100$				
	2 ~ 1.5	1.5 ~ 1	1 ~ 0.5	0.5 ~ 0.2	0.2 ~ 0.06
1	0.48 ~ 0.50	0.50 ~ 0.53	0.53 ~ 0.56	0.56 ~ 0.58	0.58 ~ 0.60
2	0.32 ~ 0.36	0.36 ~ 0.39	0.39 ~ 0.43	0.43 ~ 0.45	0.45 ~ 0.48
3	0.23 ~ 0.27	0.27 ~ 0.30	0.30 ~ 0.33	0.33 ~ 0.36	0.36 ~ 0.39
4	0.17 ~ 0.20	0.20 ~ 0.23	0.23 ~ 0.27	0.27 ~ 0.30	0.30 ~ 0.33
5	0.13 ~ 0.16	0.16 ~ 0.19	0.19 ~ 0.22	0.22 ~ 0.25	0.25 ~ 0.28

注:凹模圆角半径 $r_d = (8 ~ 15)t$ 时取较小值,凹模圆角半径 $r_d = (4 ~ 8)t$ 时取较大值

表4.7　带凸缘圆筒形拉深件首次拉深时的拉深系数 m_1

凸缘相对直径 (d_F/d_1)	毛坯相对厚度 $\frac{t}{D} \times 100$				
	0.06 ~ 0.2	0.2 ~ 0.5	0.5 ~ 1.0	1.0 ~ 1.5	> 1.5
≤ 1.1	0.59	0.57	0.55	0.53	0.50
1.1 ~ 1.3	0.55	0.54	0.53	0.51	0.49
1.3 ~ 1.5	0.52	0.51	0.50	0.49	0.47
1.5 ~ 1.8	0.48	0.48	0.47	0.46	0.45
1.8 ~ 2.0	0.45	0.45	0.44	0.43	0.42
2.0 ~ 2.2	0.42	0.42	0.42	0.41	0.40
2.2 ~ 2.5	0.38	0.38	0.38	0.38	0.37
2.5 ~ 2.8	0.35	0.35	0.34	0.34	0.33
2.8 ~ 3.0	0.33	0.33	0.32	0.32	0.31

注:1. 适用于08、10号钢

2. d_F——首次拉深的凸缘直径,d_1——首次拉深的筒部直径

表 4.8　带凸缘圆筒形拉深件首次拉深后各次的拉深系数

拉深系数 m_n	原毛坯相对厚度 $\dfrac{t}{D} \times 100$				
	2 ~ 1.5	1.5 ~ 1.0	1.0 ~ 0.6	0.6 ~ 0.3	0.3 ~ 0.15
m_2	0.73	0.75	0.76	0.78	0.80
m_3	0.75	0.78	0.79	0.80	0.82
m_4	0.78	0.80	0.82	0.83	0.84
m_5	0.80	0.82	0.84	0.85	0.86

注:1. 适用于 08、10 号钢

　2. 采用中间退火时,可将以后各次拉深系数减小 5% ~ 8%

（2）拉深次数。

拉深次数通常是先进行概略计算,然后通过工艺计算来确定。

①计算法。根据总拉深系数与各次拉深系数的关系,可得到无凸缘圆筒形拉深件拉深次数的计算公式

$$n = 1 + \frac{\lg d_n - \lg(m_1 D)}{\lg m_n} \tag{4.5}$$

式中　　n—— 拉深次数;

　　　　d_n—— 工件直径,mm;

　　　　D—— 毛坯直径,mm;

　　　　m_1—— 第一次拉深系数;

　　　　m_n—— 第一次拉深以后各次的平均拉深系数。

②查表法。拉深次数也可根据零件的相对高度和毛坯的相对厚度查表确定,无凸缘圆筒形拉深件拉深时直接查表 4.9 确定拉深次数。

表 4.9　无凸缘圆筒形拉深件拉深的最大相对高度 h/d

拉深次数 n	毛坯相对厚度 $\dfrac{t}{D} \times 100$					
	2 ~ 1.5	1.5 ~ 1	1 ~ 0.6	0.6 ~ 0.3	0.3 ~ 0.15	0.15 ~ 0.08
1	0.94 ~ 0.77	0.84 ~ 0.65	0.70 ~ 0.57	0.62 ~ 0.50	0.52 ~ 0.45	0.46 ~ 0.38
2	1.88 ~ 1.54	1.60 ~ 1.32	1.36 ~ 1.1	1.13 ~ 0.94	0.96 ~ 0.83	0.9 ~ 0.7
3	3.5 ~ 2.7	2.8 ~ 2.2	2.3 ~ 1.8	1.9 ~ 1.5	1.6 ~ 1.3	1.3 ~ 1.1
4	5.6 ~ 4.3	4.3 ~ 3.5	3.6 ~ 2.9	2.9 ~ 2.4	2.4 ~ 2.0	2.0 ~ 1.5
5	8.9 ~ 6.6	6.6 ~ 5.1	5.2 ~ 4.1	4.1 ~ 3.3	3.3 ~ 2.7	2.7 ~ 2.0

注:1. 表中拉深次数适用于 08 及 10 号钢的拉深件

　2. 大的 h/d 适用于首次拉深工序的大凹模圆角半径[$r_d \approx (8 ~ 15)t$];小的 h/d 适用于首次拉深工序的小凹模圆角半径[$r_d \approx (4 ~ 8)t$]

带凸缘筒形拉深件的第一次拉深的许可变形程度可用相应于 d_F/d_1 不同比值的最大相对拉深高度 h_1/d_1 来表示,见表 4.10。当相对拉深高度 $h/d > h_1/d_1$ 时,就不能用一道

工序拉成,而需要两次或多次拉成。

表 4.10　带凸缘圆筒形拉深件第一次拉深的最大相对高度 h_1/d_1

凸缘相对直径 (d_F/d_1)	毛坯相对厚度 $\dfrac{t}{D} \times 100$				
	> 1.5	1.5 ~ 1.0	1.0 ~ 0.5	0.5 ~ 0.2	0.2 ~ 0.06
≤ 1.1	0.90 ~ 0.75	0.80 ~ 0.60	0.70 ~ 0.57	0.62 ~ 0.50	0.52 ~ 0.45
1.1 ~ 1.3	0.80 ~ 0.65	0.72 ~ 0.56	0.60 ~ 0.50	0.53 ~ 0.45	0.47 ~ 0.40
1.3 ~ 1.5	0.70 ~ 0.58	0.63 ~ 0.50	0.53 ~ 0.45	0.48 ~ 0.40	0.42 ~ 0.35
1.5 ~ 1.8	0.58 ~ 0.48	0.53 ~ 0.42	0.44 ~ 0.37	0.39 ~ 0.34	0.35 ~ 0.29
1.8 ~ 2.0	0.51 ~ 0.42	0.46 ~ 0.36	0.38 ~ 0.32	0.34 ~ 0.29	0.30 ~ 0.25
2.0 ~ 2.2	0.45 ~ 0.35	0.40 ~ 0.31	0.33 ~ 0.27	0.29 ~ 0.25	0.26 ~ 0.22
2.2 ~ 2.5	0.35 ~ 0.28	0.32 ~ 0.25	0.27 ~ 0.22	0.23 ~ 0.20	0.21 ~ 0.17
2.5 ~ 2.8	0.27 ~ 0.22	0.24 ~ 0.19	0.21 ~ 0.17	0.18 ~ 0.15	0.16 ~ 0.13
2.8 ~ 3.0	0.22 ~ 0.18	0.20 ~ 0.16	0.17 ~ 0.14	0.15 ~ 0.12	0.13 ~ 0.10

注:1. d_F — 凸缘直径;d_1 — 首次拉深的筒部直径

2. 适用于 08、10 号钢

3. 较大值相应于零件圆角半径较大情况,即 r_d、r_p 为 $(10 \sim 20)t$;较小值相应于零件圆角半径较小情况,即 r_d、r_p 为 $(4 \sim 8)t$

当带凸缘筒形拉深件需要多次拉深时,第一次拉深的最小拉深系数见表 4.7,以后各次拉深的拉深系数可查表 4.8,然后应用推算法确定出拉深次数。

推算法是指根据查出的 $m_1, m_2, m_3, \cdots, m_n$,从第一道工序开始依次求半成品直径,即

$$
\left.
\begin{aligned}
d_1 &= m_1 D \\
d_2 &= m_2 d_1 \\
&\vdots \\
d_n &= m_n d_{n-1}
\end{aligned}
\right\}
\tag{4.6}
$$

直到计算出的直径不大于要求的直径为止,即可确定所需的拉深次数。

4.2　压边力、拉深力的计算

1. 压边形式与压边力

(1) 采用压边的条件。

在拉深过程中,凸缘变形区是否产生失稳起皱,主要取决于毛坯的相对厚度和切向应力的大小,而切向应力的大小又取决于材料的性能和不同时刻的变形程度。另外凹模的几何形状对起皱也有较大的影响。压边装置的作用就是在凸缘变形区施加轴向(材料厚度方向)压力,防止起皱。

准确地判断起皱与否,是一个相当复杂的问题,在实际生产中可以用下述公式估算。

用锥形凹模拉深时,材料不起皱的条件如下:

首次拉深

$$\frac{t}{D} \geqslant 0.03(1 - m) \tag{4.7}$$

以后各次拉深

$$\frac{t}{D} \geqslant 0.03(\frac{1}{m} - 1) \tag{4.8}$$

用普通的平端面凹模拉探时,毛坯不起皱的条件是:
首次拉深

$$\frac{t}{D} \geqslant 0.045(1 - m) \tag{4.9}$$

以后各次拉深

$$\frac{t}{D} \geqslant 0.045(\frac{1}{m} - 1) \tag{4.10}$$

如果不能满足上述公式的要求,则在拉深模设计时应考虑增加压边装置。

另外,还可以利用表 4.11 判断是否起皱。

表 4.11　采用或不采用压边圈的条件

拉深方法	首次拉深		以后各次拉深	
	$\frac{t}{D} \times 100$	m_1	$\frac{t}{d_{n-1}} \times 100$	m_n
有压边圈	< 1.5	< 0.6	< 1	< 0.8
可用可不用	1.5 ~ 2.0	0.6	1 ~ 1.5	0.8
不用压边圈	> 2.0	> 0.6	> 1.5	> 0.8

注:t— 材料厚度,mm;D— 毛坯直径,mm;d_{n-1}— 第 $n - 1$ 次拉深件直径,mm;$\frac{t}{D} \times 100$— 毛坯的相对厚度;$\frac{t}{d_{n-1}} \times 100$— 半成品的相对厚度。

(2) 压边力计算。

压边力必须适当,如果压边力过大,会增大拉入凹模的拉力,使危险断面拉裂;如果压边力不足,则不能防止凸缘起皱。实际压边力的大小要根据既不起皱也不被拉裂这个原则,在试模中加以调整。设计压边装置时应考虑便于调节压边力。

在生产中单位压边力 q 可按表 4.12 选取。压边力为压边面积乘单位压边力,即

$$Q = Aq \tag{4.11}$$

式中　　Q—— 压边力,N;

　　　　A—— 在压边圈下毛坯的投影面积,mm^2;

　　　　q—— 单位压边力,MPa,可查表 4.12。

筒形拉深件第一次拉深(用平毛坯)的压边力的计算公式为

$$Q = \frac{\pi}{4}[D^2 - (d_1 + 2r_d)^2]q \tag{4.12}$$

筒形拉深件以后各次拉深(用筒形毛坯)的压边力的计算公式为

$$Q = \frac{\pi}{4} \left[d_{n-1}^2 - (d_n + 2r_d)^2 \right] q \tag{4.13}$$

式中 D—— 平毛坯直径,mm;

$d_1, d_2, \cdots, d_n$—— 拉深件直径,mm;

r_d—— 凹模圆角半径,mm。

表 4.12 单位压边力 q

材料名称		单位压边力 q/MPa
铝		0.8 ~ 1.2
紫铜、硬铝(退火)		1.2 ~ 1.8
黄铜		1.5 ~ 2.0
软钢	$t < 0.5$ mm	2.5 ~ 3.0
	$t > 0.5$ mm	2.0 ~ 2.5
镀锌钢板		2.5 ~ 3.0
耐热钢(软化状态)		2.8 ~ 3.5
高合金钢、高锰钢、不锈钢		3.0 ~ 4.5

(3)压边形式。

①首次拉深模。一般采用平面压边装置(压边圈)。对于宽凸缘拉深件,为了减少毛坯与压边圈的接触面积,增大单位压边力,可采用如图 4.3 所示的压边圈;对于凸缘特别小或半球面、抛物面零件的拉深,为了增大拉应力,减少起皱,可采用带拉深肋的模具。

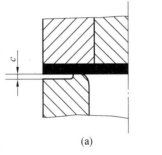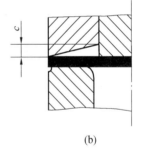

(a)   (b)

图 4.3 宽凸缘件拉深用压边圈

图中,$c = (0.2 \sim 0.5)t$

为了保持压边力均衡和防止压边圈将毛坯压得过紧,可以采用带限位装置的压边圈(图 4.4(a))。限制距离 s 的大小,根据拉深件的形状及材料分别为

拉深有凸缘零件:$s = t + (0.05 \sim 0.1)$ mm

拉深铝合金零件:$s = 1.1t$

拉深钢零件:$s = 1.2t$

②以后各次拉深模。压边圈的形状为筒形(图 4.4(b)、图 4.4(c))。由于这时毛坯均为筒形,其稳定性比较好,在拉深过程中不易起皱,因此一般所需的压边力较小。大多数以后各次拉深模,都应使用限位装置。特别是当深拉深件采用弹性压边装置时,随着拉深高度增加,弹性压边力也增加,这就可能造成压边力过大而拉裂。

③在双动压力机上进行拉深。将压边圈装在外滑块上,利用外滑块压边。外滑块通常有四个加力点,可调整作用于板材周边的压边力。这种被称作刚性压边装置的压边特点是在拉深过程中,压边力保持不变,故拉深效果好,模具结构也简单。

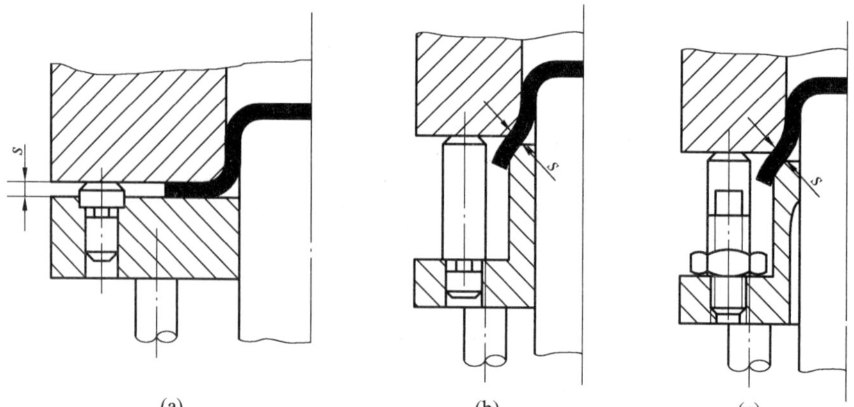

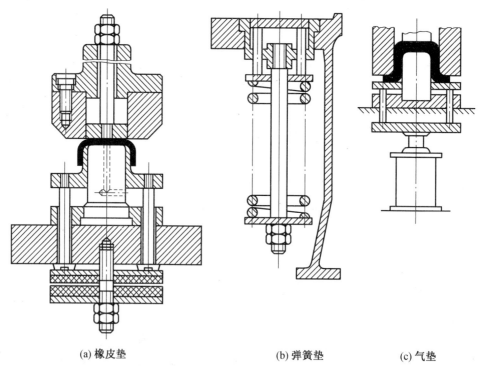

图 4.4　有限位装置的压边圈

④ 在单动压力机上进行拉深。其压边力靠弹性元件产生,称作弹性压边装置。常用的弹性压边装置有橡皮垫、弹簧垫和气垫 3 种(图 4.5)。弹簧垫和橡皮垫的压力随行程增大而增大,这对拉深不利,但模具结构简单,使用方便,在一般中小型零件拉深模中,还是经常使用的。

　　(a) 橡皮垫　　　　　　　　(b) 弹簧垫　　　　　(c) 气垫

图 4.5　弹性压边装置

2. 拉深力的计算

对圆筒形拉深件,拉深力可按下式计算:

第一次拉深力

$$P_1 = \pi d_1 t R_m K_1 \tag{4.14}$$

第二次及以后各次拉深力

$$P_2 = \pi d_2 t R_m K_2 \tag{4.15}$$

式中 d_1、d_2—— 第一次、第二次及以后各次拉深后的工件直径,mm,按料厚中线计算;

t—— 材料厚度,mm;

R_m—— 材料的抗拉强度,MPa;

K_1、K_2—— 系数,其值可查表 4.13 及表 4.14。

对横截面为矩形、椭圆形等非圆形拉深件,拉深力 P 也可应用上式原理求得,即

$$P = L t R_m K \tag{4.16}$$

式中 L—— 拉深件横截面周边长度,mm;

K—— 系数,取 0.5 ~ 0.8。

表 4.13 圆筒形拉深件第一次拉深时的系数 K_1 值

毛坯的相对厚度	第一次拉深系数 m_1									
$(t/D) \times 100$	0.45	0.48	0.50	0.52	0.55	0.60	0.65	0.70	0.75	0.80
5.0	0.95	0.85	0.75	0.65	0.60	0.50	0.43	0.35	0.28	0.20
2.0	1.10	1.00	0.90	0.80	0.75	0.60	0.50	0.42	0.35	0.25
1.2		1.10	1.00	0.90	0.80	0.68	0.56	0.47	0.37	0.30
0.8			1.10	1.00	0.90	0.75	0.60	0.50	0.40	0.33
0.5				1.10	1.00	0.82	0.67	0.55	0.45	0.36
0.2					1.10	0.90	0.75	0.60	0.50	0.40
0.1						1.10	0.90	0.75	0.60	0.50

注:1. 适用于 08 ~ 15 号钢

2. 当凸模圆角半径 $r_p = (4 \sim 6)t$ 时,系数 K_1 应按表中数值增加 5%

3. 对于其他材料,根据材料塑性的变化,对查得值做修正(随塑性降低而增加)

表 4.14 圆筒形拉深件第二次拉深时的系数 K_2 值

毛坯的相对厚度	第二次拉深系数 m_2									
$(t/D) \times 100$	0.7	0.72	0.75	0.78	0.80	0.82	0.85	0.88	0.90	0.92
5.0	0.85	0.70	0.60	0.50	0.42	0.32	0.28	0.20	0.15	0.12
2.0	1.10	0.90	0.75	0.60	0.52	0.42	0.32	0.25	0.20	0.14
1.2		1.10	0.90	0.75	0.62	0.52	0.42	0.30	0.25	0.16
0.8			1.00	0.82	0.70	0.57	0.46	0.35	0.27	0.18
0.5			1.10	0.90	0.76	0.63	0.50	0.40	0.30	0.20
0.2				1.00	0.85	0.70	0.56	0.44	0.33	0.23
0.1				1.10	1.00	0.82	0.68	0.55	0.40	0.30

注:1. 适用于 08 ~ 15 号钢

2. 当凸模圆角半径 $r_p = (4 \sim 6)t$ 时,系数 K_2 应按表中数值增加 5%

3. 对于第 3、4、5 次拉深的系数 K_2,由同一表格查出其相应的 m_n 及 $(t/D) \times 100$ 的数值,但需根据是否有中间退火工序而取表中较大或较小的数值;无中间退火时,K_2 取较大值(靠近下面的一个数值);有中间退火时,K_2 取较小值(靠近上面的一个数值)

4. 对于其他材料,根据材料塑性的变化,对查得值做修正(随塑性降低而增加)

4.3　压力机选择

选择冲压用压力机的主要依据是:冲压力的大小、冲压过程所需的行程、冲模的闭合高度及冲模的平面尺寸等。

1. 选择压力机的标称压力

压力机的标称压力应根据拉深总工艺力来选择,拉深总工艺力为拉深力和压边力的总和,即

$$P_{总} = P + Q \tag{4.17}$$

式中　　$P_{总}$——拉深总工艺力,N;

　　　　P——拉深力,N;

　　　　Q——压边力,N。

压力机的标称压力要大于总的工艺力。但当拉深行程较大,特别是采用落料拉深复合模时,不能简单地将落料力与拉深力叠加来选择压力机,因为压力机的标称压力是指在接近下死点时压力机的压力。因此,应注意压力机的压力曲线。否则,很可能由于过早地出现最大冲压力而使压力机超载而损坏,一般可按下式做概略计算,即

浅拉深($h/d < 0.5$)

$$P_{总} \leqslant (0.7 \sim 0.8)P_0 \tag{4.18}$$

深拉深($h/d \geqslant 0.5$)

$$P_{总} \leqslant (0.5 \sim 0.6)P_0 \tag{4.19}$$

式中　　$P_{总}$——拉深力与压边力的总和,采用复合模冲压时,还应包括其他工艺的变形力,N;

　　　　P_0——压力机的标称压力,N;

　　　　h——拉深件的高度,mm;

　　　　d——拉深件的直径,mm。

拉深功按下式计算

$$W = P_m h \times 10^{-3} = CP_{max} h \times 10^{-3} \tag{4.20}$$

式中　　W——拉深功,J;

　　　　P_m——拉深行程中的平均拉深力,N;

　　　　h——拉深深度(凸模工作行程),mm;

　　　　P_{max}——最大拉深力,N;

　　　　C——系数,其值等于 $P_m/P_{max} \approx 0.6 \sim 0.8$。

拉深所需压力机的电动机功率可按下式校核计算

$$N = \frac{KWn}{60 \times 750 \times \eta_1 \times \eta_2 \times 1.36} = \frac{KWn}{61\,200\eta_1\eta_2} \tag{4.21}$$

式中　　N——压力机电动机功率,kW;

　　　　K——不平衡系数,取 $1.2 \sim 1.4$;

　　　　W——拉深功,J;

n——压力机每分钟的行程次数;

η_1——压力机效率,取 0.6 ~ 0.8;

η_2——电动机效率,取 0.9 ~ 0.95;

1.36——由马力转换成千瓦的转换系数。

2. 选择压力机的行程

为了获得拉深件的高度,并保证冲压后从模具上取出工件,拉深所用压力机的行程要大于成品零件高度的两倍以上。

3. 选择压力机闭合高度

压力机的闭合高度一般按下式来选取:

$$H_{\max} - 5 \text{ mm} \geqslant H \geqslant H_{\min} + 10 \text{ mm} \tag{4.22}$$

式中　$H_{\max}$——压力机的最大闭合高度,mm;

　　　H——模具的闭合高度,mm;

　　　$H_{\min}$——压力机的最小闭合高度,mm。

4. 选择压力机工作台面

压力机的工作台面尺寸要大于模具平面尺寸。一般的,模具安装在压力机工作台上之后,前后左右都应有 10 mm 以上的余量。

4.4 拉深模典型结构实例

如图 4.6 ~ 4.11 所示是几种不同的模具结构。

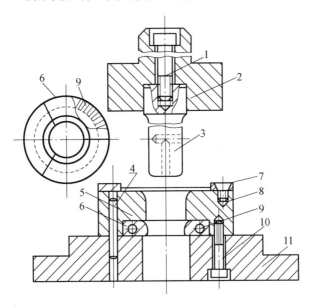

图 4.6　无压边装置的简单拉深模

1,8,10—螺钉;2—模柄;3—凸模;4—销钉;5—凹模;6—刮环子;

7—定位板;9—拉簧;11—下模板

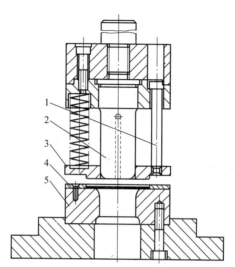

图 4.7 有压边装置的正装拉深模

1—压边圈螺钉;2—凸模;3—压边圈;4—定位板;5—凹模

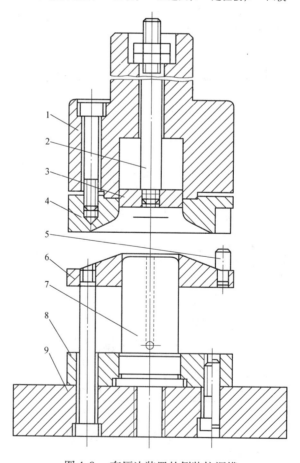

图 4.8 有压边装置的倒装拉深模

1—上模座;2—推杆;3—推件板;4—凹模;5—限位柱;6—压边圈;7—凸模;8—固定板;9—下模座

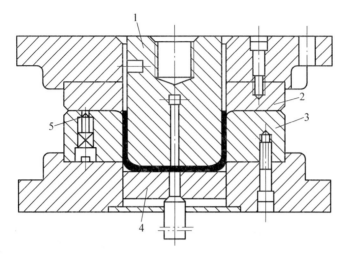

图 4.9 刚性压边圈模具(双动压力机使用)

1— 凸模;2— 压边圈;3— 凹模;4— 顶件块;5— 定位销

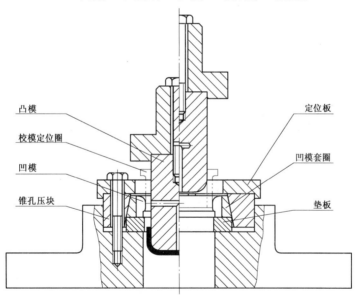

凸模

校模定位圈

凹模

锥孔压块

定位板

凹模套圈

垫板

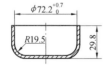

工 件 图

材料　　20钢

料厚　　2.5

$\phi 72.2^{+0.7}_{0}$

$R19.5$

29.8

说明：模具没有压边装置，因此适用于拉深变形程度不大，相对厚度 (t/D) 较大的零件。凹模采用硬质合金压套在凹模套圈内，然后用锥形压块紧固在通用下模座内，硬质合金凹模比 Cr12 凹模的寿命提高近 5 倍。毛坯由定位板定位。模具没有专用卸件装置靠工件口部拉深后弹性恢复张开，在凸模上行时被凹模下底面刮落

　　为了保证装模时间隙均匀，还附有一专用的校模定位圈 (图中以双点画线表示)，工作时，应将校模定位圈拿开

图 4.10 正拉深简单模

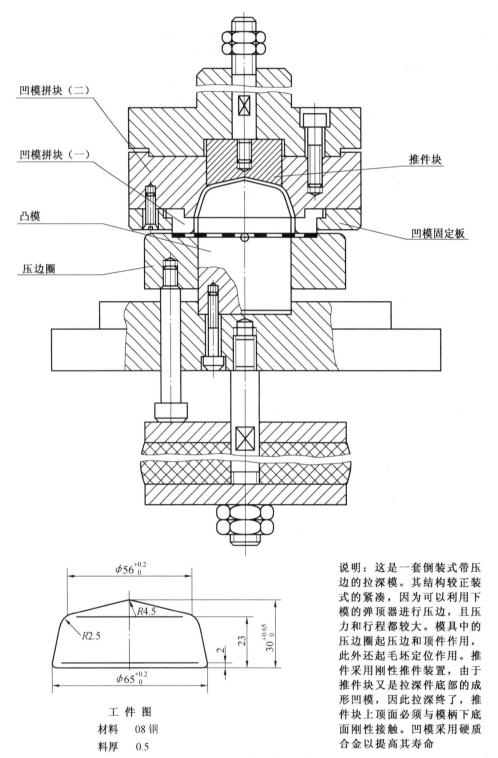

凹模拼块（二）

凹模拼块（一）

凸模

压边圈

推件块

凹模固定板

工 件 图

材料 08 钢

料厚 0.5

说明：这是一套倒装式带压边的拉深模。其结构较正装式的紧凑，因为可以利用下模的弹顶器进行压边，且压力和行程都较大。模具中的压边圈起压边和顶件作用，此外还起毛坯定位作用。推件采用刚性推件装置，由于推件块又是拉深件底部的成形凹模，因此拉深终了，推件块上顶面必须与模柄下底面刚性接触。凹模采用硬质合金以提高其寿命

图 4.11 倒装式带压边拉深模

4.5   拉深模工作部分的设计计算

1. 凹模与凸模圆角半径

在拉深过程中,板材在凹模圆角部分滑动时产生较大的弯曲变形,当进入筒壁后,会被重新拉直,或者在间隙内被校直。

若凹模的圆角半径过小,则板材在经过凹模圆角部分时的变形阻力以及在间隙内的阻力都要增大,结果势必引起总的拉深力增大和模具寿命的降低。

若凹模圆角半径过大,则拉深初始阶段不与模具表面接触的毛坯宽度加大,因而这部分毛坯很容易起皱。在拉深后期,过大的凹模圆角半径也会使毛坯外边缘过早地脱离压边圈的作用呈自由状态而起皱,尤其当毛坯的相对厚度小时,这种现象十分突出。

凸模圆角半径对拉深工作的影响不像凹模圆角半径那样显著。但过小的凸模圆角半径,会使毛坯在这个部分受到过大的弯曲变形,结果降低了毛坯危险断面的强度,使极限拉深系数增大。即使毛坯在危险断面不被拉裂,过小的凸模圆角半径也会引起危险断面的局部变薄,而且这个局部变薄和弯曲的痕迹经过以后各次拉深工序后,还会残留在零件的侧壁上,以致影响零件的表面质量。另外,在以后各次拉深时,压边圈的圆角半径等于前一次拉深工序的凸模的圆角半径,所以当凸模圆角半径过小时,在后续的拉深工序中毛坯沿压边圈的滑动阻力也要增大,这对拉深过程的进行是不利的。

若凸模圆角半径过大,也会在拉深初始阶段使不与模具表面接触的毛坯宽度加大,容易使这部分毛坯起皱。

在设计模具时,应该根据具体条件选取适当的圆角半径值,一般可按以下选取。

(1)凹模圆角半径。

首次拉深时的凹模圆角半径 r_{d1} 可由下式确定

$$r_{d1} = 0.8\sqrt{(D - D_d)t} \qquad (4.23)$$

或

$$r_{d1} = C_1 C_2 t \qquad (4.24)$$

式中 D——毛坯直径,mm;

D_d——凹模内径,mm;

t——材料厚度,mm;

C_1——考虑材料力学性能的系数,对于软钢 $C_1 = 1$,对于紫铜、黄铜、铝 $C_1 = 0.8$;

C_2——考虑材料厚度与拉深系数的系数,见表 4.15。

以后各次拉深的凹模圆角半径 r_{dn} 可逐渐缩小,一般可取 $r_{dn} = (0.6 \sim 0.8)r_{d(n-1)}$,不应小于 $2t$。

(2)凸模圆角半径。

除最后一次应取与零件底部圆角半径相等的数值外,其余各次可以取与 r_d 相等或略小一些的值,并且各道拉深凸模圆角半径 r_p 应逐次减小,即 $r_p = (0.7 \sim 1.0)r_d$。

表 4.15 拉深凹模圆角半径系数 C_2 值

材料厚度 /mm	拉深件直径 /mm	拉深系数 m_1		
		0.48 ~ 0.55	0.55 ~ 0.6	> 0.6
≤ 0.5	≤ 50	7 ~ 9.5	6 ~ 7.5	5 ~ 6
	50 ~ 200	8.5 ~ 10	7 ~ 8.5	6 ~ 7.5
	> 200	9 ~ 10	8 ~ 10	7 ~ 9
0.5 ~ 1.5	≤ 50	6 ~ 8	5 ~ 6.5	4 ~ 5.5
	50 ~ 200	7 ~ 9	6 ~ 7.5	5 ~ 6.5
	> 200	8 ~ 10	7 ~ 9	6 ~ 8
1.5 ~ 3	≤ 50	5 ~ 6.5	4.5 ~ 5.5	4 ~ 5
	50 ~ 200	6 ~ 7.5	5 ~ 6.5	4.5 ~ 5.5
	> 200	7 ~ 8.5	6 ~ 7.5	5 ~ 6.5

若零件的圆角半径要求小于 t,则最后一次拉深凸模圆角半径仍应取 t,然后增加一道整形来获得零件要求的圆角半径。

在实际设计工作中,为便于生产调整,常先选取比计算略小一点的数值,然后在试模调整时再逐渐加大,直到拉成合格零件时为止。

2. 凸、凹模结构形式

凸、凹模结构形式的设计应有利于拉深变形,这样既可以提高零件的质量,还可以选用较小的极限拉深系数。

下面介绍几种常用的结构形式。

(1) 无压边圈的拉深模。

对于能一次拉深成形的拉深件,其凸、凹模结构形式如图 4.12 所示。图 4.12(a) 为平端面带圆弧面凹模,适宜于大型零件。图 4.12(b) 为锥形凹模,图 4.12(c) 为渐开线形凹模,它们适用于中小型零件。后两种的凹模结构在拉深时毛坯的过渡形状呈空间曲面形状,因而增大了抗失稳能力,凹模口部对毛坯变形区的作用力也有助于毛坯产生切向压缩变形,减小摩擦阻力和弯曲变形的阻力,这些对拉深变形均是有利的(图 4.13),可以提高零件质量,并降低拉深系数。多次拉深时,其凸、凹模结构如图 4.14 所示。

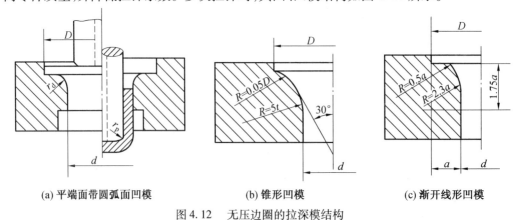

(a) 平端面带圆弧面凹模   (b) 锥形凹模   (c) 渐开线形凹模

图 4.12 无压边圈的拉深模结构

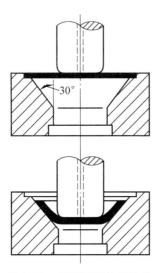

图 4.13　锥形凹模拉深特点

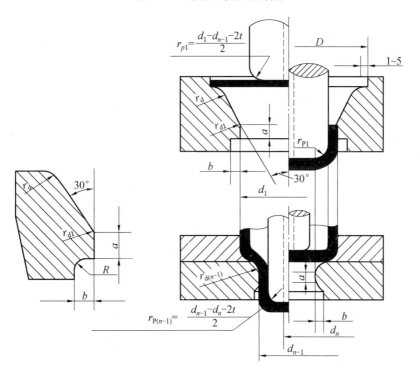

图 4.14　无压边圈的多次拉深模结构

$a = 5 \sim 10 \ \text{mm}; b = 2 \sim 5 \ \text{mm}$

（2）有压边圈的拉深模。

如图 4.15(a) 所示为常用的结构，多用于尺寸较小($d \leqslant 100 \ \text{mm}$) 的拉深件，而图 4.15(b) 为有斜角的凸模和凹模，此结构的优点是，毛坯在下一次拉深时容易定位，这样既减轻了毛坯的反复弯曲变形程度，改善了材料变形的条件，又减少了零件的变薄，同时也提高了零件侧壁的质量。它多用于尺寸较大的零件。

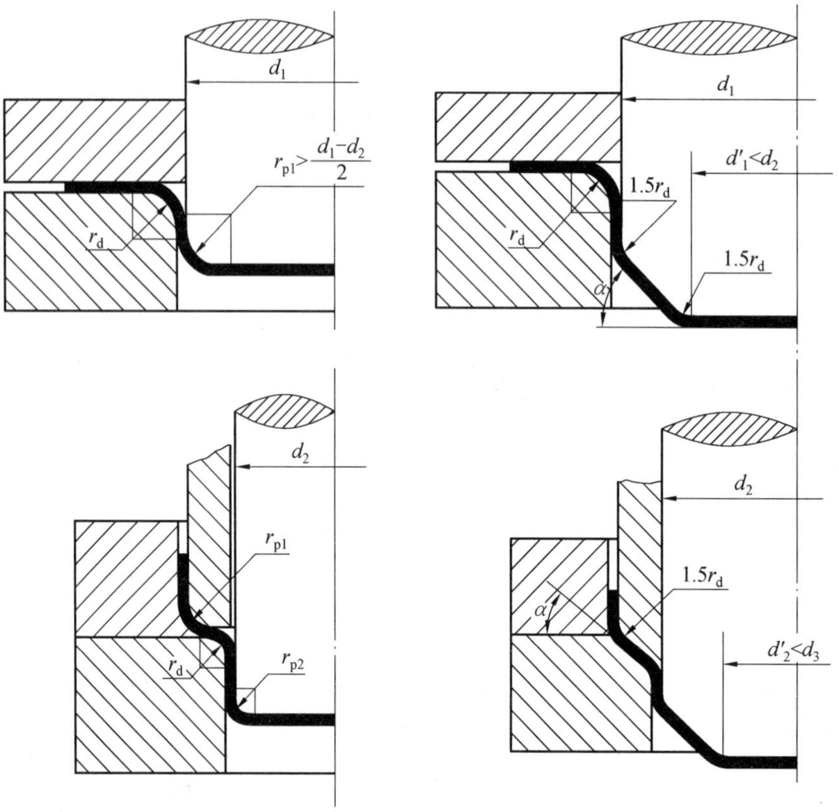

(a) 常用的结构形式　　　　　　(b) 有斜角的结构形式

图 4.15　有压边圈的多次拉深模具结构

（3）带限制圈的结构。

对不经中间热处理的多次拉深的零件,在拉深后,易在口部出现龟裂,此现象对加工硬化严重的金属,如不锈钢、耐热钢、黄铜等尤为严重。为了改善这一状况,可以采用带限制圈的结构,即在凹模上部加一毛坯限制圈或者直接将凹模壁加高,具体可参考有关资料。

3. 凸、凹模间隙

拉深模的间隙 $C = (D_d - D_p)/2$ 是指单边间隙,间隙的影响如下:

（1）拉深力。间隙越小,拉深力越大。

（2）零件质量。间隙过大,容易起皱,而且使毛坯口部的变厚得不到消除,另外,也会使零件出现锥度。间隙过小,则会使零件拉断或变薄特别严重。故间隙过大或过小均会降低零件质量。

（3）模具寿命。间隙小,则磨损加剧。

因此,确定间隙的原则是:既要考虑板材本身的公差,又要考虑毛坯口部的增厚,间隙一般都比毛坯厚度略大一些。采用压边拉深时,其间隙值可按下式计算

$$C = t_{max} + Kt \tag{4.25}$$

式中　　t_{max}——材料的最大厚度,其值 $t_{max} = t + \Delta$;

　　　　Δ——材料的正偏差;

t——材料的名义厚度;

K——增大系数,考虑材料的增厚以减小摩擦,其值见表4.16。

表4.16 增大系数 K 值

总拉深次数	拉深工序数	材料厚度 t/mm		
		0.5 ~ 2	2 ~ 4	4 ~ 6
1	一次	0.2(0)	0.1(0)	0.1(0)
2	第一次	0.3	0.25	0.2
	第二次	0.1(0)	0.1(0)	0.1(0)
3	第一次	0.5	0.4	0.35
	第二次	0.3	0.25	0.2
	第三次	0.1(0)	0.1(0)	0.1(0)
4	第一、二次	0.5	0.4	0.35
	第三次	0.3	0.25	0.2
	第四次	0.1(0)	0.1(0)	0.1(0)
5	第一、二、三次	0.5	0.4	0.35
	第四次	0.3	0.25	0.2
	第五次	0.1(0)	0.1(0)	0.1(0)

注:1. 表中数值适用于一般精度(按未注公差尺寸的极限偏差)零件的拉深工艺

2. 末次拉深工序括弧内的数值适用于较精密零件(IT11 ~ IT13 级)的拉深

材料厚度公差小或工件精度要求较高的,应取较小的间隙,在有压边圈拉深时,单边间隙数值按表4.17决定。

表4.17 有压边圈拉深时的单边间隙值

总拉深次数	拉深工序数	单边间隙 C
1	一次拉深	$(1 \sim 1.1)t$
2	第一次拉深	$1.1t$
	第二次拉深	$(1 \sim 1.05)t$
3	第一次拉深	$1.2t$
	第二次拉深	$1.1t$
	第三次拉深	$(1 \sim 1.05)t$
4	第一、二次拉深	$1.2t$
	第三次拉深	$1.1t$
	第四次拉深	$(1 \sim 1.05)t$
5	第一、二、三次拉深	$1.2t$
	第四次拉深	$1.1t$
	第五次拉深	$(1 \sim 1.05)t$

注:1. t 为材料厚度,取材料允许偏差的中间值

2. 当拉深精密零件时,最末一次拉深间隙取 $C = t$

生产实际中,当不用压边圈拉深时,考虑到起皱的可能性,间隙值可取材料厚度上限值 t_{max} 的 $1 \sim 1.1$ 倍,即 $C = (1 \sim 1.1)t_{max}$。其中较小的间隙值用于末次拉深或用于精密拉深件,较大的用于中间拉深或不太精密的拉深件。

对于精度要求高的零件,为了减小拉深后的回弹,获得高质量的表面,有时采用负间隙拉深,其间隙值可取 $C = (0.9 \sim 0.95)t$,处于材料的名义厚度和最小厚度之间。

4. 凸、凹模工作部分的尺寸及公差

(1) 凸、凹模工作部分的尺寸。

对于一次拉深件或多次拉深件的最后一道工序的拉深凸、凹模尺寸及制件的公差要求,若制件要求外形尺寸($D_{-\Delta}^{\ 0}$)时,应以凹模内径尺寸为基准进行计算,即

凹模尺寸

$$D_d = (D - 0.75\Delta)_{\ 0}^{+\delta_d} \tag{4.26}$$

凸模尺寸

$$D_p = (D - 0.75\Delta - 2C)_{-\delta_p}^{\ 0} \tag{4.27}$$

若制件要求内形尺寸($d_{\ 0}^{+\Delta}$)时,应以凸模尺寸为基准进行计算,即

凸模尺寸

$$D_p = (d + 0.4\Delta)_{-\delta_p}^{\ 0} \tag{4.28}$$

凹模尺寸

$$D_d = (d + 0.4\Delta + 2C)_{\ 0}^{+\delta_d} \tag{4.29}$$

式中　　D—— 制件外形基本尺寸,mm;

d—— 制件内形基本尺寸,mm;

Δ—— 制件公差,mm;

δ_p、δ_d—— 凸、凹模制造公差,mm;

C—— 凸、凹模间单边间隙,mm。

对于多次拉深的各中间过渡工序,其半成品毛坯的尺寸及公差不需严格限制,模具的尺寸等于毛坯的过渡尺寸,凸、凹模尺寸间隙取向没有规定。

(2) 凸、凹模的制造公差。

① 非圆形凸、凹模的制造公差可根据拉深件的尺寸精度确定。若制件的公差为 IT12、IT13 级以上,则凸、凹模的制造公差可采用 IT8、IT9 级精度;制件的公差为 IT14 级以下时,凸、凹模的制造公差可采用 IT10 级精度。凸、凹模配作时,在凸模或凹模的一方标注制造公差,另一件则按间隙配作。

② 对于圆形凸、凹模的制造公差,根据制件的材料厚度与制件直径按表 4.18 选取。表中数值用于薄钢板的中间拉深工序,而末道工序的公差值取表中数值的 $\frac{1}{5} \sim \frac{1}{4}$,拉深有色金属时取表中数值的 $\frac{1}{2}$。

表 4.18   圆形拉深模凸、凹模的制造公差   mm

材料厚度	制 件 直 径							
	≤ 10		10 ~ 50		50 ~ 200		200 ~ 500	
t	δ_d	δ_p	δ_d	δ_p	δ_d	δ_p	δ_d	δ_p
0.25	0.015	0.010	0.02	0.010	0.03	0.015	0.03	0.015
0.35	0.020	0.010	0.03	0.020	0.04	0.020	0.04	0.025
0.50	0.030	0.015	0.04	0.030	0.05	0.030	0.05	0.035
0.80	0.040	0.025	0.06	0.035	0.06	0.040	0.06	0.040
1.00	0.045	0.030	0.07	0.040	0.08	0.050	0.08	0.060
1.20	0.055	0.040	0.08	0.050	0.09	0.060	0.10	0.070
1.50	0.065	0.050	0.09	0.060	0.10	0.070	0.12	0.080
2.00	0.080	0.055	0.11	0.070	0.12	0.080	0.14	0.090
2.50	0.095	0.060	0.13	0.085	0.15	0.110	0.17	0.120
3.50	—	—	0.15	0.100	0.18	0.120	0.20	0.140

5. 凸模的通气孔

制件在拉深时,由于拉深力的作用或润滑油等因素,使得制件很容易被黏附在凸模上。制件与凸模间形成真空,会增加卸件困难,造成制件底部不平。为此,凸模应设计有通气孔(图 4.16),以便拉深后的制件容易卸脱。拉制不锈钢件或拉深大的制件,由于黏附力大,可在通气孔中通有高压气体或液体,以便拉深后将制件卸下。对于一般小型件拉深,可直接在凸模上钻出通气孔,其大小根据凸模尺寸而定,具体数值可从表 4.19 查得。

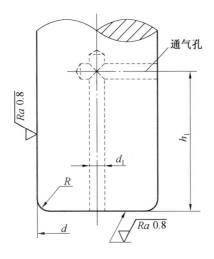

图 4.16   拉深凸模的通气孔

表 4.19 拉深凸模通气孔 mm

凸模直径 d	$\leqslant 30$	$30 \sim 50$	$50 \sim 100$	$100 \sim 200$	> 200
通气孔直径 d_1	$\leqslant 3$	5	6.5	8	9.5

通气孔的开口高度 h_1 应大于制件的高度 H，一般取

$$h_1 = H + (5 \sim 10)\,mm \tag{4.30}$$

式中　　h_1——通气孔的开口高度，mm；

　　　　H——制件的高度，mm。

第 5 章 冲模设计资料

5.1 冷冲模标准模架

表5.1~表5.9列出了冷冲模滑动导向中的后侧导柱模架和中间导柱圆形模架的规格。

表5.1 冲模滑动导向后侧导柱模架规格（摘自 GB/T 2851—2008） mm

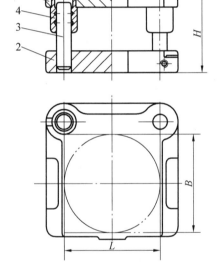

标记示例：$L = 200$ mm、$B = 125$ mm、$H = 170 \sim$ 205 mm、Ⅰ级精度的冲模滑动导向后侧导柱模架标记为

滑动导向模架 后侧导柱 200×125×170～205
Ⅰ GB/T 2851—2008

凹模周界		闭合高度（参考）H		零件件号、名称及标准编号			
				1	2	3	4
				上模座（GB/T 2855.1）	下模座（GB/T 2855.2）	导柱（GB/T 2861.1）	导套（GB/T 2861.3）
				数量/件			
				1	1	2	2
L	B	最小	最大	规格			
63	50	100	115	63×50×20	63×50×25	16×90	16×60×18
		110	125			16×100	
		110	130	63×50×25	63×50×30	16×100	16×65×23
		120	140			16×110	

续表5.1

凹模周界		闭合高度（参考）H		零件件号、名称及标准编号			
				1	2	3	4
				上模座（GB/T 2855.1）	下模座（GB/T 2855.2）	导柱（GB/T 2861.1）	导套（GB/T 2861.3）
				数量/件			
				1	1	2	2
L	B	最小	最大	规格			
63	63	100	115	63×63×20	63×63×25	16×90	16×60×18
		110	125			16×100	
		110	130	63×63×25	63×63×30	16×100	16×65×23
		120	140			16×110	
80	63	110	130	80×63×25	80×63×30	18×100	18×65×23
		130	150			18×120	
		120	145	80×63×30	80×63×40	18×110	18×70×28
		140	165			18×130	
100	63	110	130	100×63×25	100×63×30	18×100	18×65×23
		130	150			18×120	
		120	145	100×63×30	100×63×40	18×110	18×70×28
		140	165			18×130	
80	80	110	130	80×80×25	80×80×30	20×100	20×65×23
		130	150			20×120	
		120	145	80×80×30	80×80×40	20×110	20×70×28
		140	165			20×130	
100	80	110	130	100×80×25	100×80×30	20×100	20×65×23
		130	150			20×120	
		120	145	100×80×30	100×80×40	20×110	20×70×28
		140	165			20×130	
125	80	110	130	125×80×25	125×80×30	20×100	20×65×23
		130	150			20×120	
		120	145	125×80×30	125×80×40	20×110	20×70×28
		140	165			20×130	

续表 5.1

凹模周界		闭合高度（参考）H		零件件号、名称及标准编号			
				1	2	3	4
				上模座（GB/T 2855.1）	下模座（GB/T 2855.2）	导柱（GB/T 2861.1）	导套（GB/T 2861.3）
				数量/件			
				1	1	2	2
L	B	最小	最大	规格			
100	100	110	130	100×100×25	100×100×30	20×100	20×65×23
		130	150			20×120	
		120	145	100×100×30	100×100×40	20×110	20×70×28
		140	165			20×130	
125	100	120	150	125×100×30	125×100×35	22×110	22×80×28
		140	165			22×130	
		140	170	125×100×35	125×100×45	22×130	22×80×33
		160	190			22×150	
160	100	140	170	160×100×35	160×100×40	25×130	25×85×33
		160	190			25×150	
		160	195	160×100×40	160×100×50	25×150	25×90×38
		190	225			25×180	
200	100	140	170	200×100×35	200×100×40	25×130	25×85×33
		160	190			25×150	
		160	195	200×100×40	200×100×50	25×150	25×90×38
		190	225			25×180	
125	125	120	150	125×125×30	125×125×35	22×110	22×80×28
		140	165			22×130	
		140	170	125×125×35	125×125×45	22×130	22×85×33
		160	190			22×150	
160	125	140	170	160×125×35	160×125×40	25×130	25×85×33
		160	190			25×150	
		170	205	160×125×40	160×125×50	25×160	25×95×38
		190	225			25×180	

续表 5.1

凹模周界		闭合高度（参考）H		零件件号、名称及标准编号			
				1	2	3	4
				上模座（GB/T 2855.1）	下模座（GB/T 2855.2）	导柱（GB/T 2861.1）	导套（GB/T 2861.3）
				数量/件			
L	B	最小	最大	1	1	2	2
				规格			
200	125	140	170	200×125×35	200×125×40	25×130	25×85×33
		160	190			25×150	
		170	205	200×125×40	200×125×50	25×160	25×95×38
		190	225			25×180	
250		160	200	250×125×40	250×125×45	28×150	28×100×38
		180	220			28×170	
		190	235	250×125×45	250×125×55	28×180	28×110×43
		210	255			28×200	
160	160	160	200	160×160×40	160×160×45	28×150	28×100×38
		180	220			28×170	
		190	235	160×160×45	160×160×55	28×180	28×110×43
		210	255			28×200	
200	160	160	200	200×160×40	200×160×45	28×150	28×100×38
		180	220			28×170	
		190	235	200×160×45	200×160×55	28×180	28×110×43
		210	255			28×200	
250		170	210	250×160×45	250×160×50	32×160	32×105×43
		200	240			32×190	
		200	245	250×160×50	250×160×60	32×190	32×115×48
		220	265			32×210	
200	200	170	210	200×200×45	200×200×50	32×160	32×105×43
		200	240			32×190	
		200	245	200×200×50	200×200×60	32×190	32×115×48
		220	265			32×210	

续表5.1

凹模周界		闭合高度（参考）H		零件件号、名称及标准编号			
				1	2	3	4
				上模座（GB/T 2855.1）	下模座（GB/T 2855.2）	导柱（GB/T 2861.1）	导套（GB/T 2861.3）
				数量/件			
				1	1	2	2
L	B	最小	最大	规格			
250	200	170	210	250×200×45	250×200×50	32×160	32×105×43
		200	240			32×190	
		200	245	250×200×50	250×200×60	32×190	32×115×48
		220	265			32×210	
315		190	230	315×200×45	315×200×55	35×180	35×115×43
		220	260			35×210	
		210	255	315×200×50	315×200×65	35×200	35×125×48
		240	285			35×230	
250	250	190	230	250×250×45	250×250×55	35×180	35×115×43
		220	260			35×210	
		210	255	250×250×50	250×250×65	35×200	35×125×48
		240	285			35×230	
315		215	250	315×250×50	315×250×60	40×200	40×125×48
		245	280			40×230	
		245	290	315×250×55	315×250×70	40×230	40×140×53
		275	320			40×260	
400		215	250	400×250×50	400×250×60	40×200	40×125×48
		245	280			40×230	
		245	290	400×250×55	400×250×70	40×230	40×140×53
		275	320			40×260	

表 5.2 冲模滑动导向中间导柱圆形模架规格（摘自 GB/T 2851—2008）　　　　mm

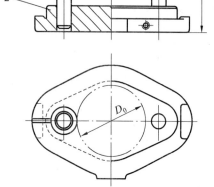

标记示例：$D_0 = 200$ mm、$H = 170 \sim 210$ mm、Ⅰ 级精度的冲模滑动导向中间导柱圆形模架标记为

滑动导向模架　中间导柱圆形 $200 \times 170 \sim 210$

Ⅰ　GB/T 2851—2008

凹模周界	闭合高度（参考）H		零件件号、名称及标准编号					
			1	2	3		4	
			上模座 (GB/T 2855.1)	下模座 (GB/T 2855.2)	导柱 (GB/T 2861.1)		导套 (GB/T 2861.3)	
			数量/件					
D_0	最小	最大	1	1	1	1	1	1
			规格					
63	100	115	63×20	63×25	16×90	18×90	16×60×18	18×60×18
	110	125			16×100	18×100		
	110	130	63×25	63×30	16×100	18×100	16×65×23	18×65×23
	120	140			16×110	18×110		
80	110	130	80×25	80×30	20×100	22×100	20×65×23	22×65×23
	130	150			20×120	22×120		
	120	145	80×30	80×40	20×110	22×110	20×70×28	22×70×28
	140	165			20×130	22×130		
100	110	130	100×25	100×30	20×100	22×100	20×65×23	22×65×23
	130	150			20×120	22×120		
	120	145	100×30	100×40	20×110	22×110	20×70×28	22×70×28
	140	165			20×130	22×130		

续表 5.2

凹模周界	闭合高度（参考）H		零件件号、名称及标准编号					
			1	2	3		4	
			上模座（GB/T 2855.1）	下模座（GB/T 2855.2）	导柱（GB/T 2861.1）		导套（GB/T 2861.3）	
			数量/件					
			1	1	1	1	1	1
D_0	最小	最大	规格					
125	120	150	125×30	125×35	22×110	25×110	22×80×28	25×80×28
	140	165			22×130	25×130		
	140	170	125×35	125×45	22×130	25×130	22×85×33	25×85×33
	160	190			22×150	25×150		
160	160	200	160×40	160×45	28×150	32×150	28×100×38	32×100×38
	180	220			28×170	32×170		
	190	235	160×45	160×55	28×180	32×180	28×110×43	32×110×43
	210	255			28×200	32×200		
200	170	210	200×45	200×50	32×160	35×160	32×105×43	35×105×43
	200	240			32×190	35×190		
	200	245	200×50	200×60	32×190	35×190	32×115×48	35×115×48
	220	265			32×210	35×210		
250	190	230	250×45	250×55	35×180	40×180	35×115×43	40×115×43
	220	260			35×210	40×210		
	210	255	250×50	250×65	35×200	40×200	35×125×48	40×125×48
	240	285			35×230	40×230		
315	215	250	315×50	315×60	45×200	50×200	45×125×48	50×125×48
	245	280			45×230	50×230		
	245	290	315×55	315×70	45×230	50×230	45×140×53	50×140×53
	275	320			45×260	50×260		
400	245	290	400×55	400×65	45×230	50×230	45×140×53	50×140×53
	275	315			45×260	50×260		
	275	320	400×60	400×75	45×260	50×260	45×150×58	50×150×58
	305	350			45×290	50×290		

续表 5.2

凹模周界	闭合高度（参考）H		零件件号、名称及标准编号					
			1	2	3		4	
			上模座（GB/T 2855.1）	下模座（GB/T 2855.2）	导柱（GB/T 2861.1）		导套（GB/T 2861.3）	
			数量/件					
D_0	最小	最大	1	1	1	1	1	1
			规格					
500	260	300	500×55	500×65	50×240	55×240	50×150×53	55×150×53
	290	325			50×270	55×270		
	290	330	500×65	500×80	50×270	55×270	50×160×63	55×160×63
	320	360			50×300	55×300		
630	270	310	630×60	630×70	55×250	60×250	55×160×58	60×160×58
	300	340			55×280	60×280		
	310	350	630×75	630×90	55×290	60×290	55×170×73	60×170×73
	340	380			55×320	60×320		

表 5.3　冲模滑动导向后侧导柱模架上模座（摘自 GB/T 2855.1—2008）　　　　mm

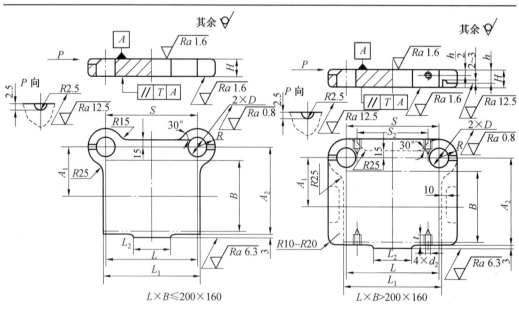

标记示例：$L=200$ mm、$B=160$ mm、$H=45$ mm 的后侧导柱上模座记为

滑动导向上模座　200×160×45　GB/T 2855.1—2008

材料 HT200　GB 9439—1988

续表5.3

凹模周界		H	h	L_1	S	A_1	A_2	R	L_2	D(H7)		d_2	t	S_2
L	B									基本尺寸	极限偏差			
63	50	20	—	70	70	45	75	25	40	25	+0.021 0	—	—	—
		25												
63	63	20		70	70									
		25												
80	63	25		90	94	50	85	28		28				
		30												
100	63	25		110	116									
		30												
80	80	25		90	94									
		30												
100	80	25		110	116	65	110	32	60	32				
		30												
125	80	25		130	130									
		30												
100	100	25		110	116									
		30												
125	100	30		130	130	75	130	35		35	+0.025 0			
		35												
160	100	35		170	170			38	80	38				
		40												
200	100	35		210	210									
		40												

续表 5.3

凹模周界 L	B	H	h	L_1	S	A_1	A_2	R	L_2	D(H7) 基本尺寸	极限偏差	d_2	t	S_2
125	125	30	—	130	130			35	60	35	+0.025 0	—	—	—
		35												
160		35		170	170	85	150	38	80	38				
		40												
200		35		210	210									
		40												
250		40		260	250				100					
		45												
160	160	40		170	170			42	80	42				
		45												
200		40		210	210	110	195							
		45												
250		45		260	250				100			M14−6H	28	150
		50												
200	200	45	30	210	210			45	80	45		M14−6H	28	120
		50												
250		45		260	250	130	235		100					150
		50												
315		45		325	305									200
		50						50	50					
250	250	45	30	260	250				100	50	+0.025 0	M16−6H	32	140
		50												
315		50		325	305	160	290			55	+0.030 0			200
		55						55						
400		50	35	410	390									280
		55												

注:压板台的形状和平面尺寸由制造厂决定

表 5.4 冲模滑动导向后侧导柱模架下模座（摘自 GB/T 2855.2—2008） mm

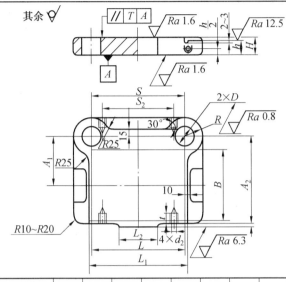

标记示例：$L = 250$ mm、$B = 200$ mm、$H = 50$ mm 的后侧导柱下模座记为

滑动导向下模座 250×200×50

GB/T 2855.2—2008

材料 HT200 GB 9439—1988

凹模周界		H	h	L_1	S	A_1	A_2	R	L_2	D（R7）		d_2	t	S_2
L	B									基本尺寸	极限偏差			
63	50	25		70	70	45	75	25	40	16				
		30												
63		25		70	70						−0.016			
		30									−0.034			
80	63	30		90	94	50	85	28		18				
		40	20											
100		30		110	116									
		40												
80		30		90	94									
		40												
100	80	30		110	116	65	110		60	20		—	—	—
		40						32						
125		30		130	130									
		40									−0.020			
100		30	25	110	116						−0.041			
		40												
125		35		130	130			35		22				
	100	40				75	130							
160		40		170	170									
		50	30					38	80	25				
200		40		210	210									
		50												

续表 5.4

凹模周界		H	h	L_1	S	A_1	A_2	R	L_2	D(R7)		d_2	t	S_2
L	B									基本尺寸	极限偏差			
125	125	35/45	25	130	130	85	150	35	60	22	−0.020 −0.041	—	—	—
160	125	40/50	30	170	170	85	150	38	80	25	−0.020 −0.041	—	—	—
200	125	40/50	30	210	210	85	150	38	80	25	−0.020 −0.041	—	—	—
250	125	45/55	30	260	250	85	150	38	100	25	−0.020 −0.041	—	—	—
160	160	45/55	35	170	170	110	195	42	80	28	−0.020 −0.041	—	—	—
200	160	45/55	35	210	210	110	195	42	80	28	−0.020 −0.041	—	—	—
250	160	50/60	35	260	250	110	195	42	100	28	−0.020 −0.041	—	—	150
200	200	50/60	40	210	210	130	235	45	80	32	−0.025 −0.050	M14−6H	28	120
250	200	50/60	40	260	250	130	235	45	80	32	−0.025 −0.050	M14−6H	28	150
315	200	55/65	40	325	305	130	235	50	100	32	−0.025 −0.050	M14−6H	28	200
250	250	55/65	45	260	250	160	290	50	100	35	−0.025 −0.050	M14−6H	28	140
315	250	60/70	45	325	305	160	290	55	40	40	−0.025 −0.050	M16−6H	32	200
400	250	60/70	45	410	390	160	290	55	40	40	−0.025 −0.050	M16−6H	32	280

注:1. 压板台的形状和平面尺寸由制造厂决定。

　　2. 安装 B 型导柱时,D(R7) 改为 D(H7)。

表 5.5 冲模滑动导向中间导柱圆形模架上模座 (摘自 GB/T 2855.1—2008)   mm

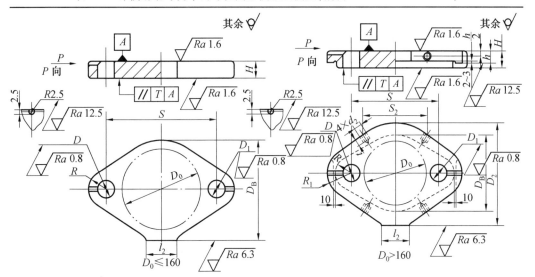

标记示例: $D_0 = 160$ mm、$H = 45$ mm 的中间导柱圆形上模座记为

滑动导向上模座   160×45   GB/T 2855.1—2008

材料 HT200   GB 9439—1988

凹模周界 D_0	H	h	D_B	D_2	S	R	R_1	l_2	D (H7) 基本尺寸	D (H7) 极限偏差	D_1 (H7) 基本尺寸	D_1 (H7) 极限偏差	d_2	t	S_2
63	20 / 25	70		100	28		50	25	+0.021 0	28	+0.021 0			
80	25 / 30	90		125			60	32		35				
100	25 / 30	—	110	—	145	35	—		32		35		—	—	—
125	30 / 35	130		170	38			35	+0.025 0	38	+0.025 0			
160	40 / 45	170		215	45		80	42		45				
200	45 / 50	30	210	280	260	50	85		45		50		M14–6H	28	180
250	45 / 50		260	340	315	55	95		50		55		M16–6H	32	220
315	50 / 55	35	325	425	390	65	115	100	60		65				280
400	55 / 60		410	510	475					+0.030 0		+0.030 0	M20–6H	40	380
500	55 / 65	40	510	620	580	70	125		65		70				480
630	60 / 75		640	758	720	76	135		70		76				600

注:压板台的形状和平面尺寸由制造厂决定

表 5.6　冲模滑动导向中间导柱圆形模架下模座（摘自 GB/T 2855.2—2008）　　　mm

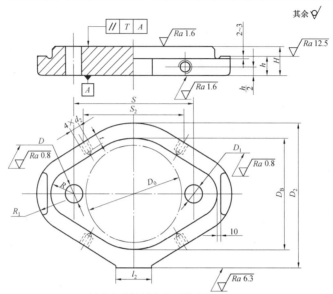

标记示例：$D_0 = 200$ mm、$H = 60$ mm 的中间导柱圆形下模座记为

滑动导向下模座　200×60　GB/T 2855.2—2008

材料 HT200　GB 9439—1988

凹模周界 D_0	H	h	D_B	D_2	S	R	R_1	l_2	D(R7) 基本尺寸	D(R7) 极限偏差	D_1(R7) 基本尺寸	D_1(R7) 极限偏差	d_2	t	S_2
63	25	20	70	102	100	28	44	50	16	−0.016 −0.034	18	−0.016 −0.034	—	—	—
	30														
80	30		90	136	125	35	58	60	20		22	−0.020 −0.041			
	40														
100	30		110	160	145		60			−0.020 −0.041					
	40														
125	35	25	130	190	170	38	68	80	22		25				
	45														
160	45	35	170	240	215	45	80		28		32				
	55														
200	50	40	210	280	260	50	85		32		35	−0.025 −0.050	M14−6H	28	180
	60														
250	55		260	340	315	55	95		35	−0.025 −0.050	40		M16−6H	32	220
	65														
315	60	45	325	425	390	65	115	100	45		50				280
	70												M20−6H	40	
400	65		410	510	475										380
	75														
500	65		510	620	580	70	125		50		55	−0.030 −0.060			480
	80														
630	70		640	758	720	76	135		55	−0.030 −0.060	76				600
	90														

注：1. 压板台的形状和平面尺寸由制造厂决定

　　2. 安装 B 型导柱时，D(R7)、D_1(R7) 改为 D(H7)、D_1(H7)

表 5.7　冲模导向装置 A 型滑动导向导柱（摘自 GB/T 2861.1—2008）　　　　mm

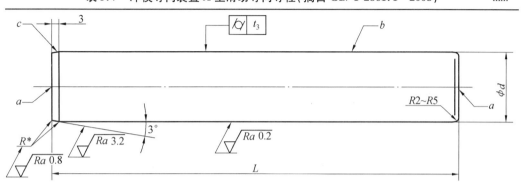

未注表面粗糙度为 Ra 6.3 μm。

a. 允许保留中心孔。

b. 允许开油槽。

c. 压入端允许采用台阶式导入结构。

注：R^* 由制造者决定

　　标记示例：$d=20$ mm、$L=120$ mm 的滑动导向 A 型导柱标记为

　　滑动导向导柱　A 20×120　　　GB/T 2861.1—2008

d			L	d			L
基本尺寸	极限偏差			基本尺寸	极限偏差		
	h5	h6			h5	h6	
16			90	32			210
			100				160
			110				180
18	0 −0.008	0 −0.011	90	35			190
			100				200
			110				210
			120				230
			130		0 −0.011	0 −0.016	180
			150				190
			160	40			200
20	0 −0.009	0 −0.013	100				210
			110				230
			120				260
			130				190
			150	45			200
			160				230

续表5.7

基本尺寸 (d)	h5	h6	L	基本尺寸 (d)	h5	h6	L
22	0 / −0.009	0 / −0.013	100	45	0 / −0.011	0 / −0.016	260
			110				290
			120	50			200
			130				220
			150				230
			160				240
			180				250
25			110				260
			130				270
			150				280
			160				290
			170				300
			180	55	0 / −0.013	0 / −0.019	220
28	0 / −0.011	0 / −0.016	130				240
			150				250
			160				270
			170				280
			180				290
			190				300
			200				320
32			150	60			250
			160				270
			170				280
			180				290
			190				300
			200				320

注:1. Ⅰ级精度模架导柱采用 d(h5)，Ⅱ级精度模架导柱采用 d(h6)。

2. 材料由制造者选定,推荐采用 20Cr、GCr15。20Cr 渗碳深度 0.8～1.2 mm,硬度 58～62HRC;GCr15 硬度 58～62HRC

3. 当 $d \leqslant 30$ mm 时,$t_3 = 0.004$ mm;当 $d > 30$ mm 时,$t_3 = 0.006$ mm。其他应符合 GB/T 12446—90 的规定

表 5.8　冲模导向装置 B 型滑动导向导柱（摘自 GB/T 2861.1—2008）　　　　mm

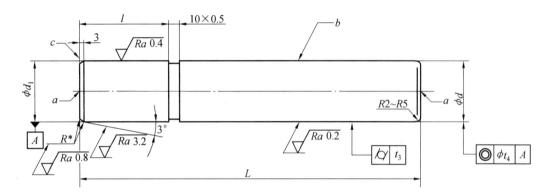

未注表面粗糙度为 Ra 6.3 μm。

a. 允许保留中心孔。

b. 允许开油槽。

c. 压入端允许采用台阶式导入结构。

注：R^* 由制造者决定

　　标记示例：$d=20$ mm、$L=120$ mm 的滑动导向 B 型导柱标记为

　　滑动导向导柱　B 20×120　　　GB/T 2861.1—2008

d			d_1		L	l
基本尺寸	偏差		基本尺寸	偏差		
	h5	h6		r6		
16			16		90	25
					100	
					100	30
					110	
18	0 −0.008	0 −0.011	18	+0.034 +0.023	90	25
					100	
					100	30
					110	
					120	
					110	40
					130	

续表5.8

基本尺寸 d	偏差 h5	偏差 h6	基本尺寸 d_1	偏差 r6	L	l
20			20		100	30
					120	30
					120	35
					110	40
					130	40
22			22		100	30
					120	30
					110	35
					120	35
					130	35
					110	40
					130	40
	0 −0.009	0 −0.013		+0.041 +0.028	130	45
					150	45
25			25		110	35
					130	35
					130	40
					150	40
					130	45
					150	45
					150	50
					160	50
					180	50
28			28		130	40
					150	40
					150	45
					170	45

续表 5.8

d			d_1		L	l
基本尺寸	偏差		基本尺寸	偏差		
	h5	h6		r6		
28	0 −0.009	0 −0.013	28	+0.041 +0.028	150	
					160	50
					180	
					180	55
					200	
32	0 −0.011	0 −0.016	32	+0.050 +0.034	150	45
					170	
					160	50
					190	
					180	55
					210	
					190	60
					210	
35			35		160	50
					190	
					180	55
					190	
					210	
					190	60
					210	
					200	65
					230	
40			40		180	55
					210	
					190	60
					200	
					210	
					230	

续表5.8

d 基本尺寸	偏差 h5	偏差 h6	d_1 基本尺寸	偏差 r6	L	l
40	0 −0.011	0 −0.016	40	+0.050 +0.034	200	65
					230	65
					230	70
					260	70
45			45		200	60
					230	60
					200	65
					230	65
					260	65
					230	70
					260	75
					260	75
					290	
50	0 −0.011	0 −0.016	50	+0.050 +0.034	200	60
					230	60
					220	65
					230	65
					240	65
					250	65
					260	65
					270	65
					230	70
					260	70
					260	75
					290	75
					250	80
					270	80
					280	80
					300	80

续表 5.8

d			d_1		L	l
基本尺寸	偏差		基本尺寸	偏差		
	h5	h6		r6		
55	$\begin{array}{c}0\\-0.013\end{array}$	$\begin{array}{c}0\\-0.019\end{array}$	55	$\begin{array}{c}0.060\\+0.041\end{array}$	220	65
					240	
					250	
					270	
					250	70
					280	
					250	75
					280	
					250	80
					270	
					280	
					300	
					290	90
					320	
60			60		250	70
					280	
					290	90
					320	

注:1. Ⅰ级精度模架导柱采用 $d(h5)$，Ⅱ级精度模架导柱采用 $d(h6)$

2. 材料由制造者选定，推荐采用 20Cr、GCr15。20Cr 渗碳深度为 0.8 ~ 1.2 mm，硬度为 58 ~ 62HRC；GCr15 硬度为 58 ~ 62HRC

3. 当 $d \leqslant 30$ mm 时，$t_3 = 0.004$ mm；当 $d > 30$ mm 时，$t_3 = 0.008$ mm。当导柱采用 $d(h5)$ 时，$t_4 = 0.006$ mm；当导柱采用 $d(h6)$ 时，$t_4 = 0.008$ mm。其他应符合 GB/T 12446—90 的规定

4. 使用这种形式的导柱时，下模座的安装孔极限偏差为 H7

表 5.9　冲模导向装置 A 型滑动导向导套（摘自 GB/T 2861.3—2008）　　mm

未注表面粗糙度为 Ra 6.3 μm。

a. 砂轮越程槽由制造者确定。

b. 压入端允许采用台阶式导入结构。

注：1. 油槽数量及尺寸由制造者确定。

　　2. R^* 由制造者决定。

标记示例：$D=20$ mm、$L=70$ mm、$H=28$ mm 的滑动导向 A 型导套标记为

滑动导向导套 A　20×70×28　GB/T 2861.3—2008

D			d(r6)		L	H
基本尺寸	偏差		基本尺寸	偏差		
	H6	H7				
16	+0.011　0	+0.018　0	25	+0.041　+0.028	60	18
					65	23
18			28		60	18
					65	23
					70	28
20	+0.013　0	+0.021　0	32	+0.050　+0.034	65	23
					70	28
22			35		65	23
					70	28
					80	
					80	33
					85	
25			38		80	28
					80	33
					85	
					90	38
					95	

续表 5.9

D 基本尺寸	偏差 H6	偏差 H7	d(r6) 基本尺寸	d(r6) 偏差	L	H
28	+0.013 0	+0.021 0	42		85	33
					90	
					95	38
					100	
					110	43
32			45	+0.050 +0.034	100	38
					105	
					110	43
					115	48
35			50		105	
					115	43
					115	48
					125	
40			55		115	43
					125	48
					140	53
45	+0.016 0	+0.025 0	60		125	48
					140	53
					150	58
50			65		125	48
					140	
					150	53
					150	58
				+0.060 +0.041	160	63
55	+0.019 0	+0.030 0	70		150	53
					160	58
				+0.062 +0.043	160	63
60			76		160	58
					170	73

注:1. Ⅰ级精度模架导套采用 D(H6),Ⅱ级精度模架导套采用 D(H7)

2. 导套压入式采用 d(r6),黏结式采用 d(d3)

3. 材料由制造者选定,推荐采用 20Cr、GCr15。20Cr 渗碳深度为 0.8 ~ 1.2 mm,硬度为 58 ~ 62HRC;GCr15 硬度为 58 ~ 62HRC

4. 当 $D \leqslant 30$ mm 时,$t_3 = 0.004$ mm;当 $D > 30$ mm 时,$t_3 = 0.006$ mm。当导套采用 D(H6)时,$t_4 = 0.005$ mm;当导套采用 D(H7)时,$t_4 = 0.008$ mm。其他应符合 GB/T 12446—90 的规定

5.2　冷冲模上有关螺钉孔的尺寸

1. 螺钉通过孔的尺寸

内六角螺钉通过孔的尺寸见表 5.10。

表 5.10　内六角螺钉通过孔的尺寸　　　　　　　　　　　　　　　mm

通过孔尺寸	螺钉						
	M6	M8	M10	M12	M16	M20	M24
d	7	9	11.5	13.5	17.5	21.5	25.5
D	11	13.5	16.5	19.5	25.5	31.5	37.5
H_{min}	3	4	5	6	8	10	12
H_{max}	25	35	45	55	75	85	95

2. 螺钉旋进的最小深度、窝座最小深度及圆柱销配合长度

螺钉旋进的最小深度、窝座最小深度及圆柱销配合长度如图 5.1 所示。

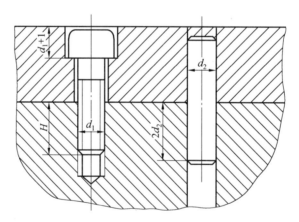

图 5.1　冷冲模螺钉、销钉的装配尺寸

对于钢 $H=d_1$；对于铸铁 $H=1.5d_1$

3. 卸料螺钉孔尺寸

卸料螺钉孔尺寸见表5.11。

表5.11 卸料螺钉孔的尺寸 mm

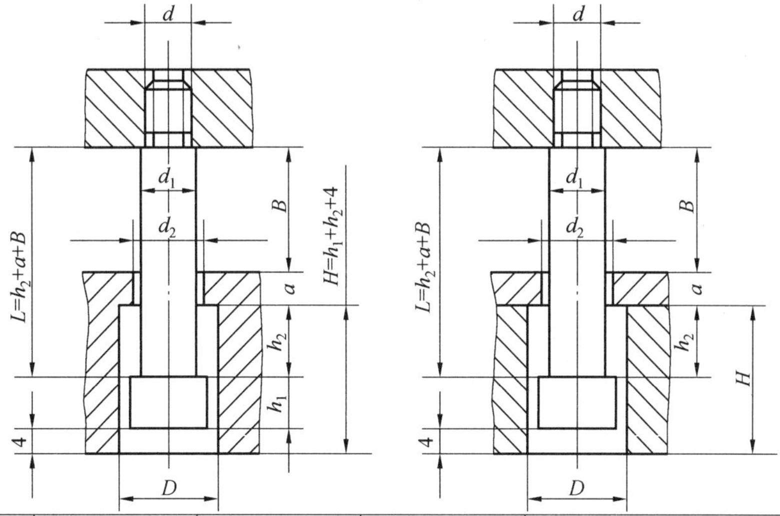

d	d_1	d_2	D	h_1	
				圆柱头卸料螺钉	内六角卸料螺钉
M4	6	6.5	12	3.5	6
M6	8	8.5	14	5	8
M8	10	10.5	16	6	10
M10	12	13	20	7	12
M12	14	15	26	8	16
M16	20	21	32	9	20
M20	24	25	38	10	24

注：$a_{min} = 0.5d_1$，使用垫板时，为垫板厚度

　　H 在扩孔情况下为 $h_1 + h_2 + 4$，如使用垫板时可全部打通

　　h_2 为卸料板行程

　　B 为弹簧（橡皮）压缩后的高度

　　扩孔的直径 D 可以按螺钉头部外径配钻，扩孔的参考数值列于表中

4. 螺孔攻螺纹前钻孔直径

（1）当螺距 $t \leqslant 1$ mm 时，钻孔直径为

$$d_0 = d_M - t$$

（2）当螺距 $t > 1$ mm 时，钻孔直径为

$$d_0 = d_M - (1.04 \sim 1.06)t$$

式中　d_0——钻孔直径，mm；

　　　　d_M——螺纹公称直径，mm。

5.3　部分冷冲模零件标准

1. 冷冲模圆凸模、圆凹模（表5.12～表5.15）

表5.12　快换圆凸模尺寸　　　　　　　　　　　　　　mm

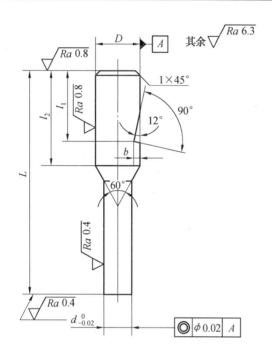

标记示例：

圆凸模(*d*)×(*L*)　GB 2863.3—81

	d	5~9	9~14	14~19	19~24	24~29
D （h6）	基本尺寸	10	15	20	25	30
	极限偏差	0 −0.009	0 −0.011	0 −0.013		
	L	65	70	75	80	85
	l_1	18	22	26	30	35
	l_2	25	30	35	40	45
	b	1.5	2	2.5	3	4

注：1. 材料：T10A　GB/T 1298—2008

　　2. 热处理：淬火 56~60HRC

　　3. 技术条件：按 GB 2870—81 的规定

表 5.13　圆凸模形式和尺寸　　　　　　　　　　　　　　　　　　　　mm

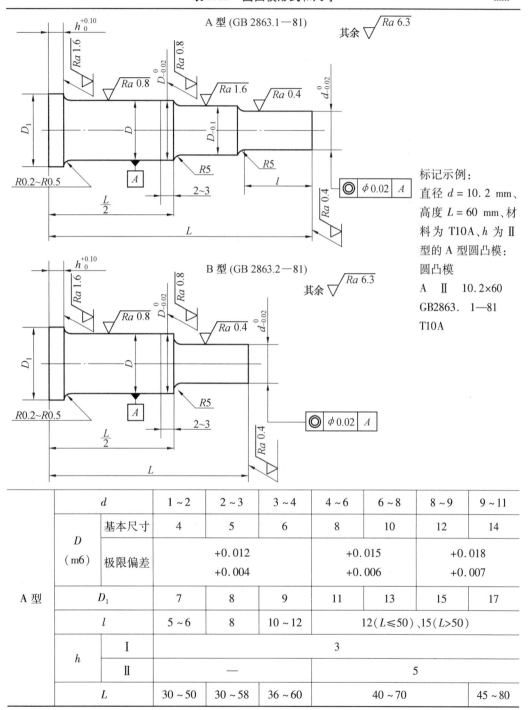

标记示例:

直径 $d = 10.2$ mm、
高度 $L = 60$ mm、材
料为 T10A、h 为 II
型的 A 型圆凸模:

圆凸模

A　II　10.2×60

GB2863.　1—81

T10A

	d		$1 \sim 2$	$2 \sim 3$	$3 \sim 4$	$4 \sim 6$	$6 \sim 8$	$8 \sim 9$	$9 \sim 11$
A 型	D（m6）	基本尺寸	4	5	6	8	10	12	14
		极限偏差	+0.012 +0.004			+0.015 +0.006		+0.018 +0.007	
	D_1		7	8	9	11	13	15	17
	l		$5 \sim 6$	8	$10 \sim 12$	$12(L \leqslant 50)$、$15(L > 50)$			
	h	I	3						
		II	—			5			
	L		$30 \sim 50$	$30 \sim 58$	$36 \sim 60$	$40 \sim 70$			$45 \sim 80$

续表 5.13

A 型	d		11~13	13~15	15~18	18~20	20~24	24~26	26~30
	D (m6)	基本尺寸	16	18	20	22	25	30	32
		极限偏差	+0.018 +0.007			+0.021 +0.008			+0.025 +0.009
	D_1		19	22	24	26	30	35	38
	l		14($L \leqslant 55$)、18($L > 55$)			15($L \leqslant 55$)、20($L \leqslant 80$)、30($L > 80$)			
	h	I	3						
		II	6						
	L		45~80	45~90		52~100			

B 型	d		3~4	4~6	6~8	8~9	9~11	11~13
	D (m6)	基本尺寸	6	8	10	12	14	16
		极限偏差	+0.012 +0.004	+0.015 +0.006			+0.018 +0.007	
	D_1		9	11	13	15	17	19
	h	I	3					
		II	—	5				6
	L		36~50	40~55				

B 型	d		13~15	15~18	18~20	20~24	24~26	26~30
	D (m6)	基本尺寸	18	20	22	25	30	32
		极限偏差	+0.018 +0.007			+0.021 +0.008		+0.025 +0.009
	D_1		22	24	26	30	35	38
	h	I	3					
		II	6					
	L		40~70			50~70		

注:1. 材料:T10A GB/T 1298—2008,9Mn2V、Cr12MoV、Cr12、CrWMn GB/T 1299—2000

2. 热处理:9Mn2V、Cr12MoV、Cr12 硬度 58~62HRC,尾部回火 40~50HRC;T10A、CrWMn 硬度 56~60HRC,尾部回火 40~50HRC

3. 技术条件:按 GB 2870—81 的规定

表 5.14　圆凹模形式和尺寸　　　　　　　　　　　　　　　　mm

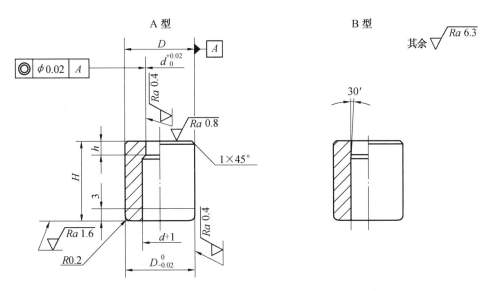

标记示例:

孔径 $d = 8.6$ mm、刃壁高度 $h = 4$ mm、高度 $H = 22$ mm、材料为 T10A 的 A 型圆凹模:

凹模　A　8.6×4×22　GB 2863.4—81　T10A

	d	1 ~ 2	2 ~ 4	4 ~ 6	6 ~ 8	8 ~ 10	10 ~ 12	12 ~ 15	15 ~ 18	18 ~ 22	22 ~ 28
D (m6)	基本尺寸	8	12	14	16	20	22	25	30	35	40
	极限偏差	+0.015 +0.006	+0.018 +0.007				+0.021 +0.008			+0.025 +0.009	
h	I	3			4		6		8		
	II	5			6		8		10		
H 范围		14、16	14 ~ 22	14 ~ 28	16 ~ 35	20 ~ 35	22 ~ 35		25 ~ 35	28 ~ 35	
H 系列		14、16、18、20、22、25、28、30、35									

注:1. 材料:T10A　GB/T 1298—2008,Cr12、9Cr12、9Mn2V、CrWMn　GB/T 1299—2000

　　2. 热处理:淬火 58 ~ 62HRC

　　3. 技术条件:按 GB 2870—81 的规定

表 5.15　带肩圆凹模形式和尺寸

mm

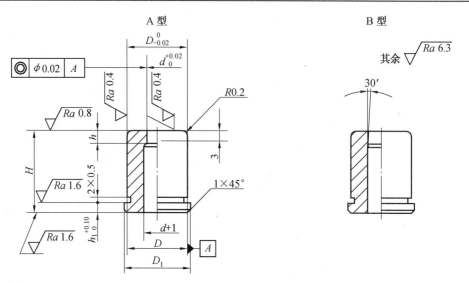

标记示例：

孔径 $d=8.6$ mm、刃壁高度 $h=6$ mm、高度 $H=22$ mm、材料为 T10A 的 A 型带肩圆凹模：

圆凹模　A　8.6×6×22　GB 2863.5—81　T10A

	d	1~2	2~4	4~6	6~8	8~10	10~12	12~15	15~18	18~22	22~28
D (m6)	基本尺寸	8	12	14	16	20	22	25	30	35	40
	极限偏差	+0.015 +0.006	+0.018 +0.007				+0.021 +0.008			+0.025 +0.009	
D_1		11	16	18	20	25	27	30	35	40	45
I	h	3			4		6		8		
	h_1	3									
II	h	5			6		8		10		
	h_1	5			6						
H 范围		14~18	16~22	16~28	18~35	20~35			28~35		
H 系列		14、16、18、20、22、25、28、30、35									

注：1. 材料：T10A　GB/T 1298—2008，Cr12、9Mn2V　GB/T 1299—2000

　　2. 热处理：淬火 58~62HRC

　　3. 技术条件：按 GB 2870—81 的规定

2. 定位(定距)零件(表 5.16 ~ 表 5.25)

表 5.16 导料板尺寸   mm

其余 $\sqrt{Ra\,6.3}$

标记示例:

长度 $L = 100$ mm、宽度 $B = 30$ mm、厚度 $H = 8$ mm、材料为 Q235 的导料板:

导料板 $100\times30\times8$

GB 2865.5—81

Q235

L	B	H	L	B	H	L	B	H	L	B	H
50	15	4	83	20	4	100	45	10	125	20	6
		6			6			12		25	6
	20	4		25	6		20	4			8
		6			8			6		30	6
63	15	4		30	6		25	6			8
		6			8			8		35	8
	20	4		35	6		30	6		40	8
		6			8			8			10
70	15	4	100	20	4	120	35	6		45	10
		6			6			8			12
	20	4		25	6		40	6		50	8
		6			8			8			10
80	20	4		30	6			10			12
		6			8		45	8	140	20	4
	25	6		35	6			10			6
		8			8			12		25	6
	30	6		40	6		50	8			8
		8			8			10		45	8
	35	6			10			12			10
		8		45	8	125	20	4			12
140	30	6			12			6		50	8
		8		50	8		35	8			10
	35	6			10			10			12
		8			12	200	40	8	240	45	10
	40	6	160	25	6			10			12
		8			8		45	8		50	10
		10		30	6			10			12
	45	8			8			12			15
		10			10		50	8		55	12
		12		35	6			10			15
	50	8			8			12		60	12
		10			10		55	10			15
		12		40	6			12		65	12

注:1. 材料:Q235 GB/T 700—2006,45 钢 GB/T 699—1999。 2. 热处理:45 钢,调质 28~32HRC

3. 技术条件:按 GB/T 2870—81 的规定 4. b^* 系设计修正量

表 5.17　冲模承料板尺寸　　　　　　　　　　　　　　　　　　　　mm

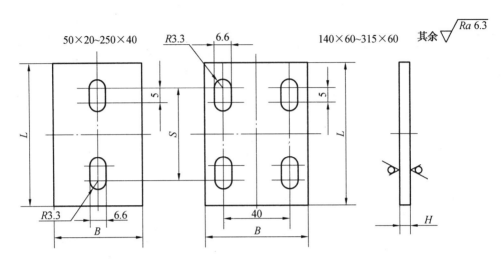

标记示例:

长度 $L=100$ mm、宽度 $B=40$ mm 的承料板:

承料板 100×40 GB 2865.6—81

L	B	H	S	L	B	H	S
50			35	160			140
63			48	200	40		175
80	20		65	250		3	225
100		2	85	140			120
125			110	160			140
140			120	200	60		175
100			85	250			225
125	40		110	280		4	250
140		3	120	315			285

注:1. 材料:Q235　GB/T 700—2006

　　2. 技术条件:按 GB 2870—81 的规定

表 5.18 冲模侧刃尺寸 mm

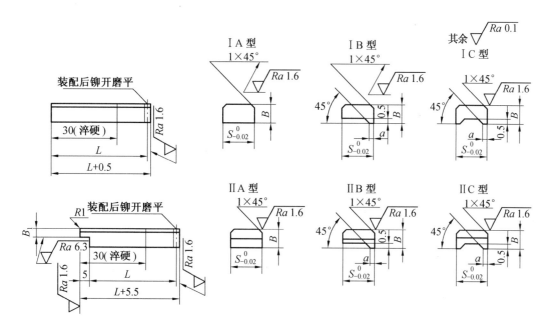

标记示例:

侧刃步距 $S=15.2$ mm、宽度 $B=10$ mm、高度 $L=50$ mm、材料为 T10A 的 ⅡA 型侧刃:

侧刃 ⅡA 15.2×10×50 GB 2865.1—81 T10A

S	5 ~ 10		10 ~ 15	15 ~ 30	30 ~ 40
B	4	6	8	10	12
B_1	2	3	4	5	6
a	1.2 ~ 1.5		2		2.5
L	45、50		50、55	50、55、60、65	55、60、65、70

注:1. 材料:T10A GB/T 1298—2008,9Mn2V、CrWMn、Cr12 GB/T 1299—2000

2. 热处理:9Mn2V、Cr12 硬度 58 ~ 62HRC;T10A、CrWMn 硬度 56 ~ 60HRC

3. 技术条件:按 GB 2870—81 的规定

表 5.19 冲模始用挡料装置中的始用挡料块 mm

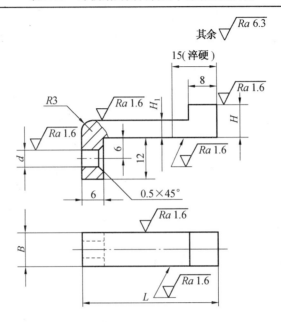

标记示例:

长度 L=45 mm、厚度 H=6 mm 的始用挡料块:

挡料块 45×6 GB 2866.1—81

L	B(f9)		H(c12、c13)		H_1(f9)		d(H7)	
	基本尺寸	极限偏差	基本尺寸	极限偏差	基本尺寸	极限偏差	基本尺寸	极限偏差
35	6	−0.010 −0.040	6	−0.070 −0.190	2	−0.006 −0.031	3	+0.010 0
40								
45								
50	8	−0.013 −0.049	8	−0.080 −0.300	4	−0.010 −0.040	4	+0.012 0
55								
60	10		10		5			
65								
70	12	−0.016 −0.059	12	−0.095 −0.365	6		6	
75								
80								
85								

注:1. 材料:45 钢 GB/T 699—1999

2. 热处理:硬度 43~48HRC

3. 技术条件:按 GB 2870—81 的规定

表 5.20　弹簧弹顶挡料装置中的弹簧弹顶挡料销尺寸　　　　　　mm

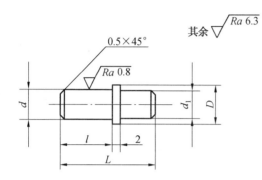

其余 $\sqrt{Ra\,6.3}$

标记示例：

$d = 6$ mm、$L = 22$ mm 的弹簧弹顶挡料销：

弹簧弹顶挡料销

$6{\times}22$　GB 2866.5—81

d (d9)		D	d_1	l	L	d (d9)		D	d_1	l	L
基本尺寸	偏差					基本尺寸	偏差				
4	−0.030 −0.060	6	3.5	10	18	10	−0.040 −0.076	12	8	18	30
				12	20					20	32
6		8	5.5	10	20	12	−0.050 −0.093	14	10	22	34
				12	22					24	36
				14	24					28	40
				16	26	16		18	14	24	36
8	−0.040 −0.076	10	7	12	24					28	40
				14	26					35	50
				16	28	20	−0.065 −0.117	23	15	35	50
				18	30					40	55
10		12	8	14	26					45	60
				16	28						

注：1. 材料：45 钢　GB/T 699—1999

2. 热处理：硬度 43~48HRC

3. 技术条件：按 GB 2870—81 的规定

表 5.21   扭簧弹顶挡料装置中的挡料销尺寸   mm

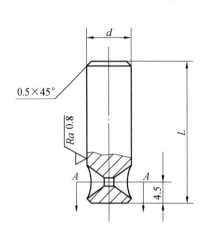
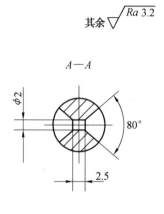

标记示例:$d=8$ mm、$L=24$ mm 的挡料销:

挡料销   8×24   GB 2866.6—81

d (d11)		L
基本尺寸	偏差	
4		18
6	−0.030 −0.105	18
		20
		22
8		22
	−0.040 −0.130	24
		28
10		28
		30

注:1. 材料:45 钢   GB/T 699—1999

2. 热处理:硬度 43～48HRC

3. 技术条件:按 GB 2870—81 的规定

表 5.22　扭簧弹顶挡料装置中扭簧的结构与尺寸　　　　mm

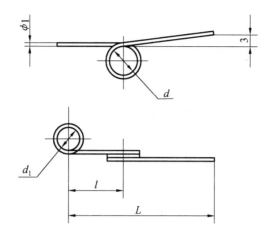

标记示例:

直径 $d=6$ mm、长度 $L=35$ mm 的弹顶挡料装置中的扭簧:

扭簧　6×35　GB 2866.6—81

d	d_1	L	l
6	4.5	30	10
		35	
8	6.5	35	15
		40	20

注:1. 材料:65Mn 弹簧钢丝　GB/T 1222—2007

　　2. 热处理:硬度 42~46HRC

表 5.23　冲模固定挡料销　　　　　　　　　mm

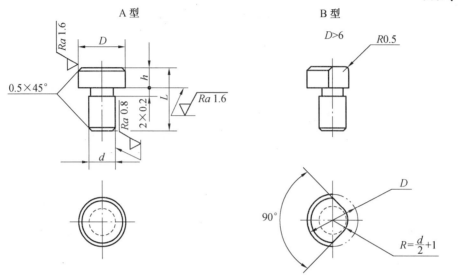

标记示例:

直径 $D=15$ mm、$d=8$ mm、高度 $h=3$ mm 的 A 型固定挡料销:

固定挡料销　A 15×8×3　GB 2866.11—81

D(h11)		d(m6)		h	L	D(h11)		d(m6)		h	L
基本尺寸	极限偏差	基本尺寸	极限偏差			基本尺寸	极限偏差	基本尺寸	极限偏差		
4	0 −0.075	3	+0.008 +0.002	2	8	15	0 −0.110	8	+0.015 +0.006	3	18
										6	
6		4		3				10		3	
8	0 −0.090		+0.012 +0.004	2	10	18		12	+0.018 +0.007	6	
10		6		3		20	0 −0.130	10	+0.015 +0.006	8	20
				5				14			
12	0 −0.110	8	+0.015 +0.006	3	14	25		12	+0.018 +0.007		22
				5				18			

注:1.材料:45 钢　GB/T 699—1999

　　2.热处理:硬度 42～46HRC

　　3.技术条件:按 GB 2870—81 的规定

表 5.24 橡胶垫弹顶挡料销 mm

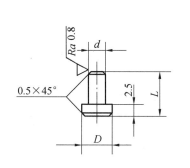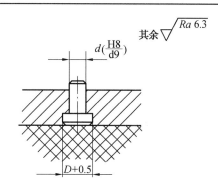

标记示例:

直径 $d=6$ mm、长度 $L=14$ mm 的橡胶垫弹顶挡料销:

挡料销 6×14 GB 2866.7—81

d (d9)		D	L	d (d9)		D	L
基本尺寸	极限偏差			基本尺寸	极限偏差		
3	−0.020 −0.045	5	8	6	−0.030 −0.060	8	14
			10				16
			12				18
			14				20
4	−0.030 −0.060	6	16	8	−0.040 −0.076	10	10
			8				16
			10				18
			12				20
			14				22
			16				24
			18			13	16
6		8	8	10			20
			12				

注:1. 材料:45 钢 GB/T 699—1999

2. 热处理:硬度 43~48HRC

3. 技术条件:按 GB 2870—81 的规定

表 5.25　A 型导正销尺寸　　　　　　　　　　　　mm

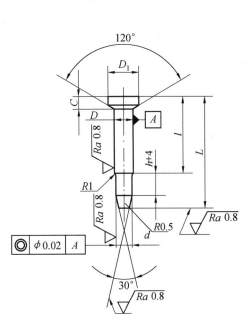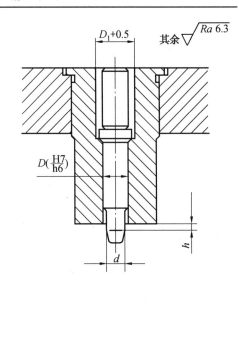

标记示例:

直径 $d=6$ mm、长度 $L=28$ mm 的 A 型导正销:

导正销　A　6×28　GB 2864.1—81

d(h6)		D(h6)		D_1	L	l	C
基本尺寸	极限偏差	基本尺寸	极限偏差				
<3	0 −0.006	5	0 −0.008	8	24	14	2
3～6	0 −0.008	7	0 −0.009	10	28	18	
6～8	0 −0.009	9		12	32	20	
8～10		11	0 −0.011	14	34	22	3
10～12	0 −0.011	13		16	36	24	

注:1. h 尺寸设计时确定

2. 材料:T8A　GB/T 1298—2008

3. 热处理:硬度 50～54HRC

4. 技术条件:按 GB 2870—81 的规定

3.卸料及压料零件(表5.26~表5.28)

表5.26 顶板尺寸   mm

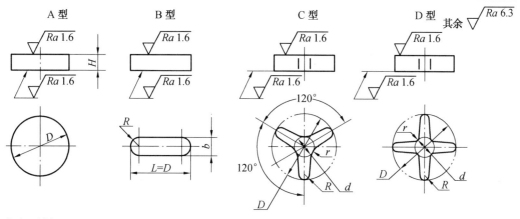

标记示例:

直径 D =40 mm 的 A 型顶板:

顶板 A 40 GB 2867.4—81

D	d	R	r	H	b
20	—	—	—	4	8
25	15	4	3	4	8
30	16	4	3	5	8
35	18	4	3	5	8
40	20	5	4	6	10
50	25	5	4	6	10
60	25	6	5	7	12
70	30	6	5	7	12
80	30	6	5	9	12
95	32	8	6	9	16
110	35	8	6	12	16
120	42	9	7	12	18
140	45	9	7	14	18
160	55	11	8	14	22
180	55	11	8	18	22
210	70	12	9	18	24

注:1.材料:45 钢 GB/T 699—1999

    2.热处理:硬度 43~48HRC

    3.技术条件:按 GB 2870—81 的规定

表 5.27 顶杆尺寸   mm

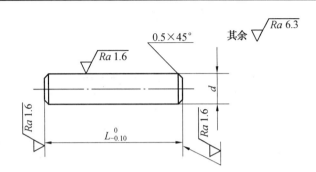

标记示例：

直径 $d=8$ mm、长度 $L=40$ mm 的顶杆：

顶杆 8×40 GB 2867.3—81

d(c11、b11)		L	d(c11、b11)		L
基本尺寸	极限偏差		基本尺寸	极限偏差	
4 6	−0.070 −0.145	15、20、25			85
		30、35、40			90
		45			95
8 10	−0.080 −0.170	25、30、35	16	−0.150 −0.260	100
		40、45、50			105
		55、60、65			110
12 16	−0.150 −0.260	35、40、45			115
		50、55、60			120
		65、70、75			125
		80			130

注：1. 当 $d \leqslant 10$ mm 时，极限偏差为 c11；当 $d > 10$ mm 时，极限偏差为 b11

2. 材料：45 钢 GB/T 699—1999

3. 热处理：硬度 43～48HRC

4. 技术条件：按 GB 2870—81 的规定

表 5.28 带肩推杆尺寸   mm

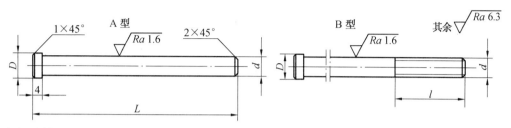

标记示例:

直径 $d=8$ mm、长度 $L=90$ mm 的 A 型带肩推杆:

推杆 A   8×90   GB 2867.1—81

d A 型	d B 型	L	D	l	d A 型	d B 型	L	D	l	d A 型	d B 型	L	D	l
6	M6	40	8	—	10	M10	100	13	30	16	M16	160	20	40
		45					110					180		
		50					120					200		
		55					130					220		
		60					140			20	M20	90	24	—
		70					150					100		
		80					160					110		
		90					170					120		
		100		20	12	M12	70	15	—			130		
		110					75					140		
		120					80					150		45
		130					85					160		
8	M8	50	10	—			90					180		
		55					100					200		
		60					110					220		
		65					120					240		
		70					130					260		
		80					140		35	25	M25	100	30	—
		90					150					110		
		100					160					120		
		110					170					130		
		120		25			180					140		
		130					190					150		
		140			16	M16	80	20	—			160		
		150					90					180		
10	M10	60	13	—			100					200		50
		65					110					220		
		70					120					240		
		75					130					260		
		80					140		40			280		
		90					150							

注:1. 材料:45 钢   GB/T 699—1999

    2. 热处理:硬度 43～48HRC

    3. 技术条件:按 GB 2870—81 的规定

4. 模板(表 5.29 ~ 5.34)

表 5.29 矩形凹模板尺寸 mm

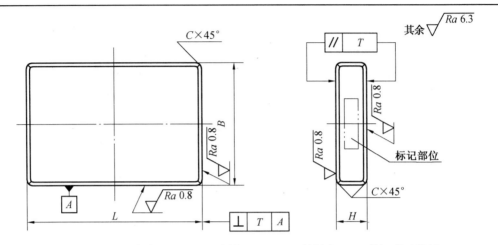

标记示例:长度 $L=125$ mm、宽度 $B=100$ mm、厚度 $H=20$ mm、材料为 T10A 的矩形凹模板:

凹模板　125×100×20 GB 2858.1—81　T10A

L	B	H	C	L	B	H	C	L	B	H	C
63	63	10		125	125	14		200	160	16	
		12				16				20	
		14				18				22	
		16				20				25	
		18				22				28	
		20				25				32	
80	80	12		(140)	125	14		250	200	18	1.5
		14				18				22	
		16				20				25	
		18				22				28	
		20				25				32	
		22	1			28	1.5			35	
100	80	12		160	(140)	14		(280)	250	20	
		14				18				25	
		16				20				28	
		18				22				32	
		20				25				35	
		22				28				40	2
125	100	14		200	(140)	14		315	250	20	
		16				18				28	
		18				20				32	
		20				22				35	
		22				25				40	
		25				28				45	

注:1. 括号内的尺寸尽可能不采用

2. 材料:T10A　GB/T 1298—2008,Cr12、CrWMn、9Mn2V、Cr12MoV　GB/T 1299—2000

3. 热处理:硬度自定

4. 技术条件:按 GB 2870—81 的规定

表 5.30 矩形模板尺寸   mm

本标准一般适用于凸模固定板、卸料板、空心垫板、凹模框等。

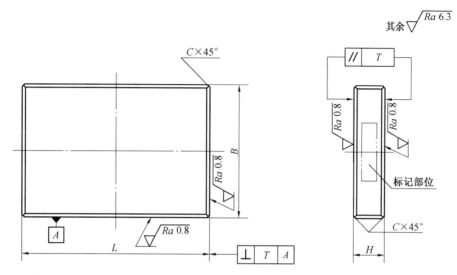

标记示例:长度 $L=125$ mm、宽度 $B=100$ mm、厚度 $H=20$ mm、材料为 Q235 的矩形模板:

模板 125×100×20 GB 2858.2—81 Q235

L	B	H	C	L	B	H	C	L	B	H	C
		6				10				14	
		8				12				16	
63	63	10		125	125	14		200	160	18	
		12	1			16	1.5			20	1.5
		14		(140)	(140)	18		250	200	22	
80	80	16				20				25	
		18				22				28	
		8				12				18	
		10				14				20	
100	80	12		160	125	16		(280)		22	
		14	1			18	1.5		250	25	2
125	100	16		200	160	20		315		28	
		18				22				32	
		20				25				35	

注:1. 括号内的尺寸尽可能不采用

2. 材料:Q235 GB/T 700—2006,45 钢 GB/T 699—1999

3. 热处理:45 钢硬度自定

4. 技术条件:按 GB 2870—81 的规定

表 5.31   圆形凹模板尺寸   mm

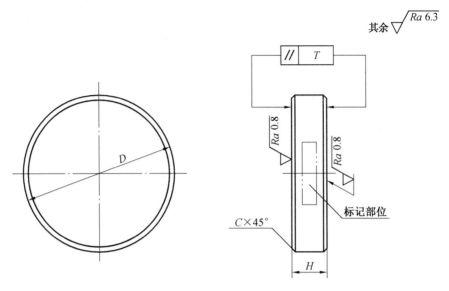

标记示例:

直径 D = 100 mm、厚度 H = 16 mm、材料为 T10A 的圆形凹模板:

凹模板   100×16   GB 2858.4—81   T10A

D	H	C	D	H	C	D	H	C	D	H	C
63	10	1	（140）	18	1.5	250	28	2	（280）	40	2
	12			22			32			45	
80	14		160	25			35			20	
	16			28			40			28	
100	18		200	32		（280）	20		315	32	
	20			35			28			35	
125	22		250	20	2		32			40	
	25			25			35			45	

注:1. 括号内的尺寸尽可能不采用

2. 材料:T10A   GB/T 1298—2008,9Mn2V、Cr12MoV、Cr12、CrWMn   GB/T 1299—2000

3. 热处理:硬度自定

4. 技术条件:按 GB 2870—81 的规定

表 5.32 圆形模板尺寸 mm

本标准适用于凸模固定板、卸料板、空心垫板、凹模框等。

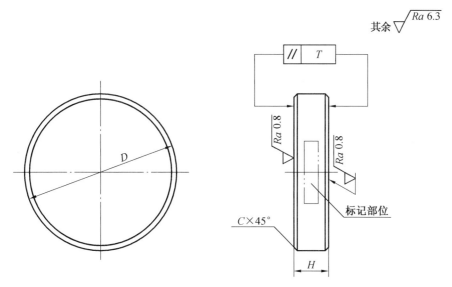

标记示例：

直径 $D=100$ mm、厚度 $H=20$ mm、材料为 45 钢的圆形模板：

模板 100×20 GB 2858.5—81 45 钢

D	H	C	D	H	C	D	H	C
	10			12			20	
	12			14			22	
63	14		（140）	16		200	25	
80	16	1	160	18	1.5	250	28	2
100	18		200	20		（280）	32	
125	20		250	22		315	35	
	22			25			40	

注:1. 括号内的尺寸尽可能不用

2. 材料:Q235 GB/T 700—88,45 钢 GB/T 699—1999

3. 热处理:45 钢硬度自定

4. 技术条件:按 GB 2870—81 的规定

表 5.33　圆形垫板尺寸　　　　　　　　　　　　　　mm

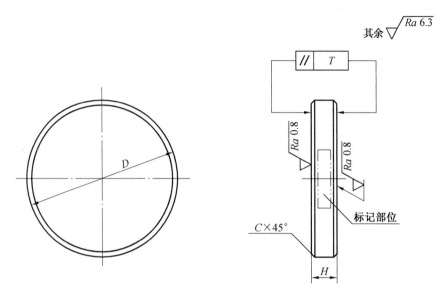

标记示例:

直径 D=100 mm、厚度 H=6 mm、材料为 45 钢的圆形垫板:

垫板　100×6　GB 2858.6—81　45 钢

D	63		80		100		125		160		200		250		315	
C	1								1.5				2			
H	4	6	4	6	4	6	6	8	8	10	8	10	10	12	10	12

注:1. 材料:45 钢　GB/T 699—1999,T7A　GB/T 1298—2008

　　2. 热处理:硬度自定

　　3. 技术条件:按 GB 2870—81 的规定

表 5.34 矩形垫板尺寸 mm

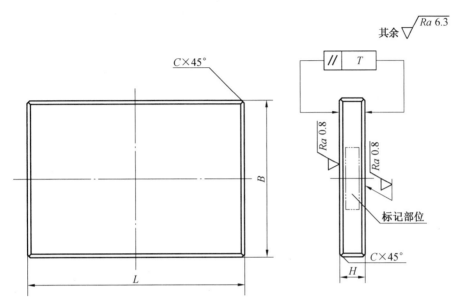

标记示例:长度 $L=100$ mm、宽度 $B=80$ mm、厚度 $H=6$ mm、材料为 T7A 的矩形垫板:

垫板 100×80×6 GB 2858.3—81 T7A

L	B	H	C	L	B	H	C	L	B	H	C
63	63	4		250	(140)	8		250		8	
		6				10				10	
80	63	4		160		8		(280)	200	10	1.5
		6				10				12	
100	80	4		200		8		315		10	
		6	1		160	10	1.5			12	
(140)	100	6		250		8		250		10	
		8				10				12	
160	125	6		(280)		8		(280)	250	10	2
		8				10				12	
200	(140)	6		200	200	8		315		10	
		8				10				12	

注:1. 括号内的尺寸尽可能不用

2. 材料:45 钢 GB/T 699—1999,T7A GB/T 1298—2008

3. 热处理:硬度自定

4. 技术条件:按 GB 2870—81 的规定

5. 固定零件(表5.35~表5.39)

表5.35 通用钢板模座尺寸 mm

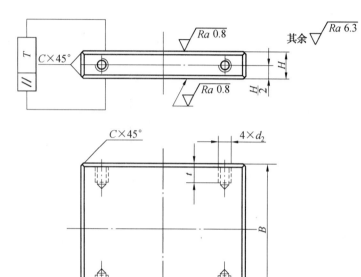

标记示例:

长度 L =125 mm、宽度 B = 80 mm、厚度 H = 20 mm、材料为 Q235 的矩形上模座:

上模座 125×80×20

GB 2857.3—81 Q235

L	B	H	C	d_2	t	S_2	L	B	H	C	d_2	t	S_2
63	50	16					250		30				
63									35				
80	63						(280)		30				
100		20					315	160	35		—	—	—
80							355		30				
100									35	1.5			
125	80		1	—	—	—	400		35				
(140)									40				
160							200		30				120
100		25					250						160
125								200	35		M14	28	
(140)	100						(280)		30				200
160									35				
200													

续表 5.35

L	B	H	C	d_2	t	S_2	L	B	H	C	d_2	t	S_2
250	100	25	1	—	—	—	315	200	35	1.5	M16	32	220
		30							40				
(280)							355		35				240
125	125	25							40				
(140)							400		35				300
160									40				
200		30					250	250	35				160
250							(280)		40				200
(280)									35				
315		35					315						220
(140)	(140)	25	1.5				400		40				300
160		30					(280)	(280)					200
		25					315			2	M20	40	220
200		30					400						300
250		35					500		50				400
(280)		30					315	315					220
315		35					400						300
355		30					500						400
160	160	35					630						500
200							400	400	60				300
							500						400
							630						500
							500	500					400

注:1. 材料:Q235　GB/T 700—2006

2. 技术条件:按 GB 2870—81 的规定

表 5.36　压入式模柄尺寸　　　　　　　　　　　　　mm

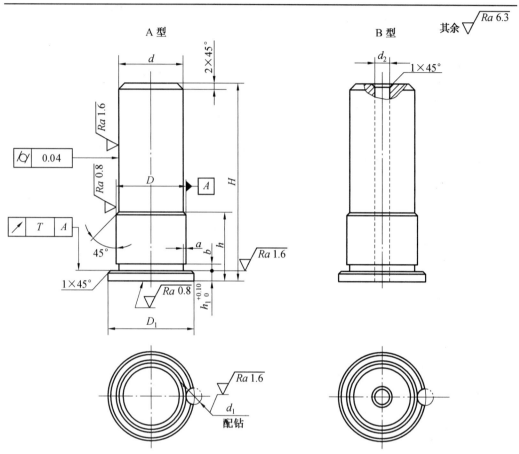

标记示例:

直径 $d=30$ mm、高度 $H=73$ mm、材料为 Q235 的 A 型压入式模柄:

模柄　A　30×73　GB 2862.1—81　Q235

d(d11)		D(m6)		D_1	H	h	h_1	b	a	d_1(H7)		d_2
基本尺寸	偏差	基本尺寸	偏差							基本尺寸	偏差	
20		22		29	68	20						
					73	25						
			+0.021		78	30						
25	−0.065 −0.195	26	+0.008	33	68	20	4	2	0.5	6	+0.012 0	7
					73	25						
					78	30						
					83	35						
∗30		32	0.025 +0.009	39	73	25	5					11
					78	30						
					83	35						
					88	40						

续表 5.36

d(d11) 基本尺寸	偏差	D(m6) 基本尺寸	偏差	D_1	H	h	h_1	b	a	d_1(H7) 基本尺寸	偏差	d_2
32	−0.080 −0.240	34	+0.025 +0.009	42	73	25	5	3	1	6	+0.012 0	11
					78	30						
					83	35						
					88	40						
35		38		46	85	25						
					90	30						
					95	35						
					100	40						
					105	45						
38		40		48	90	30	6			6	+0.012 0	13
					95	35						
	−0.080 −0.240		+0.025 +0.009		100	40		3				
					105	45						
					110	50						
*40		42		50	90	30						
					95	35						
					100	40						
					105	45						
					110	50						
*50		52		61	95	35						
					100	40						
					105	45				1		
					110	50						
					115	55						
					120	60						
*60		62		71	110	40	8			8		17
					115	45						
					120	50						
					125	55						
					130	60						
					135	65					+0.015 0	
	−0.100 −0.290		+0.030 +0.011		140	70		4				
*76		78		89	123	45						
					128	50						
					133	55						
					138	60						
					143	65	10			10		21
					148	70						
					153	75						
					158	80						

注:1. 材料:Q235、Q275　GB/T 700—2006

2. 带"*"号的规格优先使用

3. 技术条件:按 GB 2870—81 的规定

表 5.37 凸缘模柄尺寸   mm

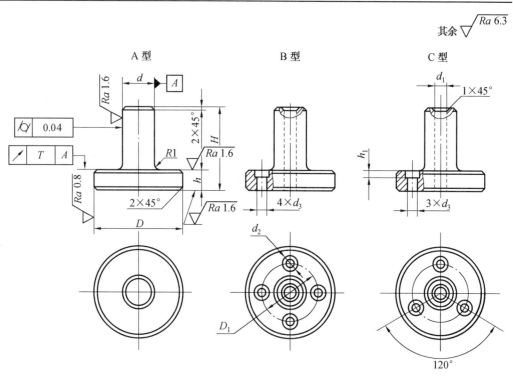

标记示例:

直径 $d=40$ mm、$D=85$ mm、材料为 Q235 的 A 型凸缘模柄:

模柄 A 40×85 GB 2862.3—81 Q235

d(d11)		D(h6)		H	h	d_1	D_1	d_2	d_3	h_1
基本尺寸	极限偏差	基本尺寸	极限偏差							
30	−0.065 −0.195	75	0 −0.019	64	16	11	52	15	9	9
40	−0.080 −0.240	85	0 −0.022	78	18	13	62	18	11	11
50		100				17	72			
60	−0.100 −0.290	115	0 −0.025	90	20		87	22	13.5	13
76		136		98	22	21	102			

注:1.材料:Q235、Q275 GB/T 700—2006

    2.技术条件:按 GB 2870—81 的规定

表 5.38　槽形模柄尺寸　　　　　　　　　　　　　　　　　　　mm

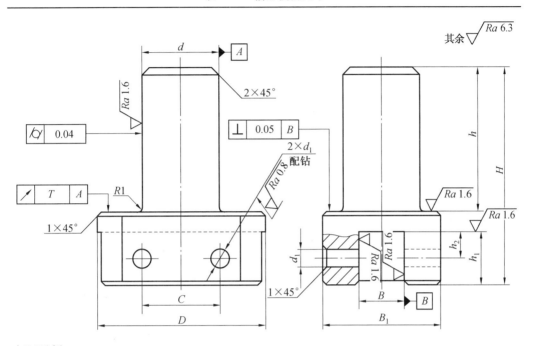

标记示例:

直径 $d = 25$ mm、宽度 $B = 10$ mm、材料为 Q235 的槽形模柄:

模柄　25×10　GB 2862.4—81　Q235

d(d11)		D	H	h	h_1	h_2	B(H7)		B_1	d_1(H7)		C
基本尺寸	极限偏差						基本尺寸	极限偏差		基本尺寸	极限偏差	
20		45	70		14	7	6	+0.012 0	30		+0.012 0	20
25	−0.065 −0.195	55	75	48	16	8	10	+0.015 0	40	6		25
30		70	85		20	10	15	+0.018 0	50	8		30
40	−0.080 −0.240	90	100	60	22	11	20	+0.021 0	60		+0.015 0	35
50		110	115		25	12	25		70	10		45
60	−0.100 −0.290	120	130	70	30	15	30		80			50
							35	+0.025 0				

注:1. 材料: Q235、Q275　GB/T 700—2006

　　2. 技术条件:按 GB 2870—81 的规定

表 5.39　旋入式模柄尺寸　　　　　　　　　　　　　　　　　mm

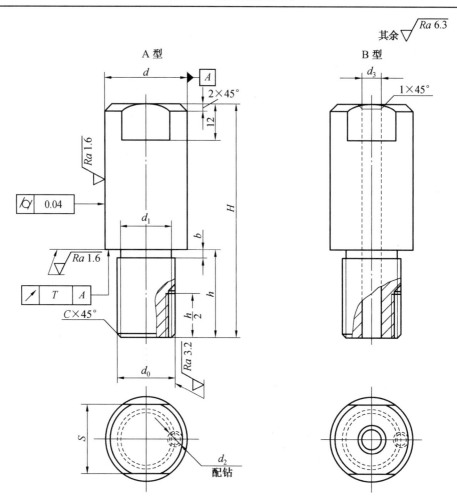

标记示例:

直径 $d=30$ mm、高度 $H=78$ mm、材料为 Q235 的 A 型旋入式模柄:

模柄　A　25×10　GB 2862.4—81　Q235

d (d11)	基本尺寸	20			25			30			32		35			38
	极限偏差	−0.065 −0.195									−0.080 −0.240					
d_0		M18×1.5			M20×1.5						M24×2					
H		64	68	73	68	73	78	73	78	83	73	78	83	85	90	95	100	90
h		16	20	25	20	25	30	25	30	35	25	30	35	25	30	35	40	30

续表5.39

S (h13)	基本尺寸	17	19	24	27	30
	极限偏差	0 / −0.270	0 / −0.330			
d_1		16.5		18.5		21.5
d_3		7			11	13
d_2		M6				
b		2.5				3.5
C		1				1.5

d (d11)	基本尺寸	38			40				50				60					
	极限偏差	−0.080 / −0.240							−0.100 / −0.290									
d_0		M30×2							M42×3									
H		95	100	105	90	95	100	105	95	100	105	110	110	115	120	125	130	
h		35	40	45	30	35	40	45	35	40	45	50	40	45	50	55	60	

S (h13)	基本尺寸	32	41	50
	极限偏差	0 / −0.390		
d_1		27.5		38.5
d_3		13		17
d_2		M6		M8
b		3.5		4.5
C		1.5		2

注:1. 螺纹基本尺寸按《普通螺纹基本尺寸》(GB/T 196—2003),公差按《普通螺纹公差》(GB/T 197—2003)Ⅱ级精度

2. 材料:Q235、Q275 GB/T 700—2006

3. 技术条件:按 GB 2870—81 的规定

6. 其他零件(表5.40 ~ 表5.42)

表5.40 小导套尺寸   mm

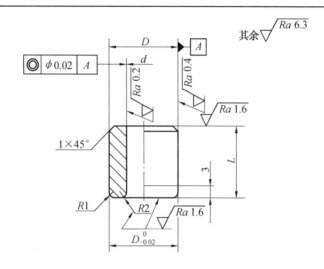

标记示例:

直径 $d=12$ mm、长度 $L=16$ mm 的小导套:

小导套 12×16 GB 2861.9—81

d(H7)		D(r6)		L	d(H7)		D(r6)		L
基本尺寸	极限偏差	基本尺寸	极限偏差		基本尺寸	极限偏差	基本尺寸	极限偏差	
10	+0.015 0	16		8	16	+0.018 0	22		14
				10					16
				12					18
			+0.034 +0.023	14				+0.041 +0.028	20
12		18		10	18		26		16
				12					18
	+0.018 0			14					20
				16					22
14		20	+0.041 +0.028	12	20	+0.021 0	28		18
				14					20
				16					22
				18					25

注:1. 材料:20钢 GB/T 699—1999

   2. 热处理:渗碳深度为 0.8~1.2 mm,硬度为 58~62HRC

   3. 技术条件:按 GB 2870—81 的规定

表 5.41　A 型小导柱尺寸　　　　　　　　　　mm

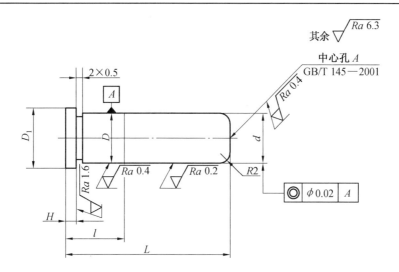

标记示例：

直径 $d=14$ mm、长度 $L=50$ mm 的 A 型小导柱：

小导柱　A 14×50　GB 2861.4—81

d(h6) 基本尺寸	极限偏差	D(m6) 基本尺寸	极限偏差	D_1	L	l	H	d(h6) 基本尺寸	极限偏差	D(m6) 基本尺寸	极限偏差	D_1	L	l	H
10	0 −0.009	10	+0.015 +0.006	13	35 40 45 50	14	3	16	0 −0.011	16	+0.018 +0.007	19	50 55 60 70	20	3
12	0 −0.011	12	+0.018 +0.007	15	40 45 50 55	16	3	18		18		22	55 60 65 70	22	5
14		14		17	45 50 55 60	18		20	0 −0.013	20	+0.021 +0.008	24	60 65 70 80	25	5

注：1. 材料：20 钢　GB/T 699—1999

　　2. 热处理：渗碳深度为 0.8～1.2 mm，硬度为 58～62HRC

　　3. 技术条件：按 GB 2870—81 的规定

表 5.42　限位柱尺寸　　　　　　　　　　　　　　　mm

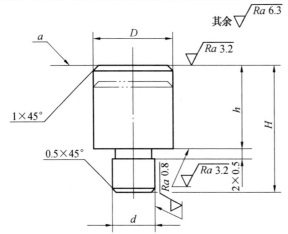

标记示例：

直径 D = 16 mm、高度 h = 15 mm

的限位柱：

限位柱　16×15　GB 2869.2—81

D	d(r6)		h	H	D	d(r6)		h	H
	基本尺寸	极限偏差				基本尺寸	极限偏差		
12	6	+0.023 +0.015	10	18	25	12		20	32
			15	23				25	37
			20	28				30	42
			25	33				35	47
			30	38				45	57
16	8	+0.028 +0.019	15	25				55	67
			20	30	30	14	+0.034 +0.023	30	46
			25	35				40	56
			30	40				50	66
			35	45				60	76
20	10		20	30	40	18		65	85
			25	35				75	95
			30	40				85	105
			35	45				95	115
			40	50				105	125
			50	60				115	135

注:1. a 面按实际需要修磨

2. 材料:45 钢　GB/T 699—1999

3. 热处理:硬度 43~48HRC

4. 技术条件:按 GB 2870—81 的规定

5.4 冷冲模常用螺钉与销钉

冷冲模零件的连接和紧固常用圆柱头内六角螺钉和沉头螺钉,零件的定位常用圆柱销,见表 5.43 ~ 表 5.45。

表 5.43 内六角圆柱头螺钉(摘自 GB/T 70.1—2008) mm

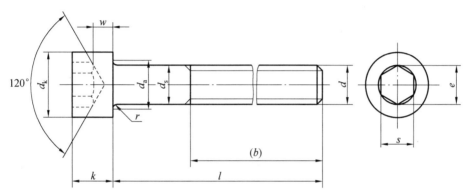

标记示例

螺纹规格 $d=$ M8、公称长度 $l=20$ mm、性能等级为 8.8 级、表面氧化的 A 级内六角圆柱头螺钉的标记:

螺钉 GB/T 70.1 M8 × 20

螺纹规格 d	M1.6	M2	M2.5	M3	M4	M5	M6	M8
螺距 p	0.35	0.4	0.45	0.5	0.7	0.8	1	1.25
b(参考)	15	16	17	18	20	22	24	28
d_k(max)[①]	3.00	3.80	4.50	5.50	7.00	8.50	10.00	13.00
d_k(max)[②]	3.14	3.98	4.68	5.68	7.22	8.72	10.22	13.27
d_a(max)	2	2.6	3.1	3.6	4.7	5.7	6.8	9.2
d_s(max)	1.60	2.00	2.50	3.00	4.00	5.00	6.00	8.00
e(min)	1.73	1.73	2.3	2.87	3.44	4.58	5.72	7.78
k(max)	1.6	2	2.5	3	4	5	6	8
r(min)	0.1	0.1	0.1	0.1	0.2	0.2	0.25	0.4
s(公称)	1.5	1.5	2	2.5	3	4	5	6
w(min)	0.55	0.55	0.85	1.15	1.4	1.9	2.3	3.3
商品规格长度 l	2.5 ~ 16	3 ~ 20	4 ~ 25	5 ~ 30	6 ~ 40	8 ~ 50	10 ~ 60	12 ~ 80
全螺纹长度 l	2.5 ~ 16	3 ~ 16	4 ~ 20	5 ~ 20	6 ~ 20	8 ~ 20	10 ~ 30	12 ~ 35

续表 5.43

螺纹规格 d	M10	M12	(M14)	M16	M20	M24	M30	M36
螺距 p	1.5	1.75	2	2	2.5	3	3.5	4
b(参考)	32	36	40	44	52	60	72	84
d_k(max)[①]	16.00	18.00	21.00	24.00	30.00	36.00	45.00	54.00
d_k(max)[②]	16.27	18.27	21.33	24.33	30.33	36.39	45.39	54.46
d_a(max)	11.2	13.7	15.7	17.7	22.4	26.4	33.4	39.4
d_s(max)	10.00	12.00	14.00	16.00	20.00	24.00	30.00	36.00
e(min)	9.15	11.43	13.72	16	19.44	21.73	25.15	30.85
k(max)	10.00	12.00	14.00	16.00	20.00	24.00	30.00	36.00
r(min)	0.4	0.6	0.6	0.6	0.8	0.8	1	1
s(公称)	8	10	12	14	17	19	22	27
w(min)	4	4.8	5.8	6.8	8.8	10.4	13.1	15.3
商品规格长度 l	16 ~ 100	20 ~ 120	25 ~ 140	25 ~ 160	30 ~ 200	40 ~ 200	45 ~ 200	55 ~ 200
全螺纹长度 l	16 ~ 40	20 ~ 50	25 ~ 55	25 ~ 60	30 ~ 70	40 ~ 80	45 ~ 100	55 ~ 110

螺纹规格 d	M42	M48	M56	M64
螺距 p	4.5	5	5.5	6
b(参考)	96	106	124	140
d_k(max)[①]	63.00	72.00	84.00	96.00
d_k(max)[②]	63.46	72.46	84.54	96.54
d_a(max)	45.6	52.6	63	71
d_s(max)	42.00	48.00	56.00	64.00
e(min)	36.57	41.13	46.83	52.53
k(max)	42.00	48.00	56.00	64.00
r(min)	1.2	1.6	2	2
s(公称)	32	36	41	46
w(min)	16.3	17.5	19	22
商品规格长度 l	60 ~ 300	70 ~ 300	80 ~ 300	90 ~ 300
全螺纹长度 l	60 ~ 130	70 ~ 150	80 ~ 160	100 ~ 180

l 系列(公称)	2.5,3,4,5,6,8,10,12,16,20,25 ,30,35,40,45,50, 55,60,65,70,80,90, 100,110,120,130,140,150,160,180,200,220,240,260,280,300

技术条件	材料	力学性能等级	螺纹公差	产品等级	表面处理
	Q235,15,35,45	$d < 3$ mm 或 $d > 39$ mm 时根据协议;3 mm ≤ d ≤ 39 mm 时选 8.8、10.9、12.9	12.9 级为 5 g、6 g,其他等级为 6 g	A	氧化或镀锌钝化

注:①光滑头部　②滚花头部

括号内规格尽可能不采用

表 5.44　开槽沉头螺钉（摘自 GB/T 68—2000）　　　　　　　　　　　　mm

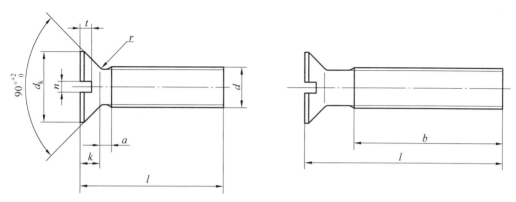

标记示例

螺纹规格 d＝M5、公称长度 l＝20 mm、性能等级为 4.8 级、不经表面处理的开槽沉头螺钉：

螺钉 GB/T 68　M5 × 20

螺纹规格 d	M1.6	M2	M2.5	M3	（M3.5）	M4	M5	M6	M8	M10
螺距 p	0.35	0.4	0.45	0.5	0.6	0.7	0.8	1	1.25	1.5
a(max)	0.7	0.8	0.9	1	1.2	1.4	1.6	2	2.5	3
b(min)	25	25	25	25	38	38	38	38	38	38
d_k(max)	3	3.8	4.7	5.5	7.3	8.4	9.3	11.3	15.8	18.3
k(max)	1	1.2	1.5	1.65	2.35	2.7	2.7	3.3	4.65	5
n(公称)	0.4	0.5	0.6	0.8	1	1.2	1.2	1.6	2	2.5
r(max)	0.4	0.5	0.6	0.8	0.9	1	1.3	1.5	2	2.5
t(min)	0.32	0.4	0.5	0.6	0.9	1	1.1	1.2	1.8	2
商品规格长度 l	2.5 ~ 16	3 ~ 20	4 ~ 25	5 ~ 30	6 ~ 35	6 ~ 40	8 ~ 50	8 ~ 60	10 ~ 80	12 ~ 80
全螺纹长度 l	2.5 ~ 30	3 ~ 30	4 ~ 30	5 ~ 30	6 ~ 45	6 ~ 45	8 ~ 45	8 ~ 45	10 ~ 45	12 ~ 45
l 系列	2.5,3,4,5,6,8,10,12,（14）,16,20,25,30,40,45,50,（55）,60,（65）,70,（75）,80									

技术条件	材料		钢	螺纹公差:6g	产品等级:A
	力学性能等级		4.8、5.8		
	表面处理		不经处理		

注:括号内的规格尽可能不采用

表 5.45 不淬硬钢和奥氏体不锈钢普通圆柱销(摘自 GB/T 119.1—2000) mm

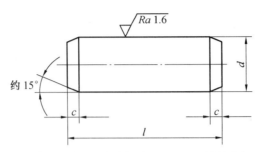

标记示例:公称直径 $d=6$ mm、其公差为 m6、公称长度 $l=30$ mm,材料为钢,不经淬火、不经表面处理的圆柱销,标记为

销 GB/T 119.1 6m6 × 30

公称直径 $d=6$ mm、其公差为 m6、公称长度 $l=30$ mm、材料为 A1 组奥氏体不锈钢、表面简单处理的圆柱销,标记为

销 GB/T 119.1 6m6 × 30−A1

d(m6/h8)	0.6	0.8	1	1.2	1.5	2	2.5	3	4	5
$c\approx$	0.12	0.16	0.2	0.25	0.3	0.35	0.4	0.5	0.63	0.8
商品规格 l	2~6	2~8	4~10	4~12	4~16	6~20	6~24	8~30	8~40	10~50
d(m6/h8)	6	8	10	12	16	20	25	30	40	50
$c\approx$	1.2	1.6	2.0	2.5	3.0	3.5	4	5	6.3	8.0
商品规格 l	12~60	14~80	18~95	22~140	26~180	35~200	50~200	60~200	80~200	95~200
l 系列	2,3,4,5,6,8,10,12,14,16,18,20,22,24,26,28,30,32,35,40,45,50,55,60,65,70,75,80,85,90,95,100,120,140,160,180,200									
技术条件	硬度	不淬硬钢为 125~245 HV30;奥氏体不锈钢为 210~280 HV30								
	表面粗糙度	公差为 m6,$Ra\leqslant0.8$ μm;公差为 h8,$Ra\leqslant1.6$ μm								
	表面处理	钢:不经处理;氧化;磷化;镀锌钝化。不锈钢:简单处理								

注:1.d 的其他公差,由供需双方协议

2.公称长度大于 200 mm,按 20 mm 递增

5.5 圆柱螺旋压缩弹簧

弹簧的主要参数见表5.46、表5.47。

表5.46 圆柱形螺旋压缩弹簧尺寸规格

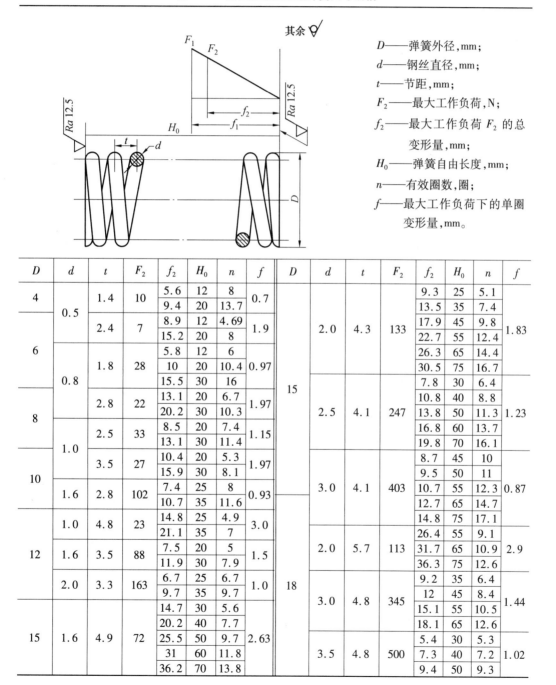

D——弹簧外径,mm;

d——钢丝直径,mm;

t——节距,mm;

F_2——最大工作负荷,N;

f_2——最大工作负荷 F_2 的总变形量,mm;

H_0——弹簧自由长度,mm;

n——有效圈数,圈;

f——最大工作负荷下的单圈变形量,mm。

D	d	t	F_2	f_2	H_0	n	f
4	0.5	1.4	10	5.6	12	8	0.7
				9.4	20	13.7	
		2.4	7	8.9	12	4.69	1.9
				15.2	20	8	
6	0.8	1.8	28	5.8	12	6	0.97
				10	20	10.4	
				15.5	30	16	
		2.8	22	13.1	20	6.7	1.97
				20.2	30	10.3	
8	1.0	2.5	33	8.5	20	7.4	1.15
				13.1	30	11.4	
		3.5	27	10.4	20	5.3	1.97
				15.9	30	8.1	
10	1.6	2.8	102	7.4	25	8	0.93
				10.7	35	11.6	
	1.0	4.8	23	14.8	25	4.9	3.0
				21.1	35	7	
12	1.6	3.5	88	7.5	20	5	1.5
				11.9	30	7.9	
	2.0	3.3	163	6.7	25	6.7	1.0
				9.7	35	9.7	
15	1.6	4.9	72	14.7	30	5.6	2.63
				20.2	40	7.7	
				25.5	50	9.7	
				31	60	11.8	
				36.2	70	13.8	

D	d	t	F_2	f_2	H_0	n	f
15	2.0	4.3	133	9.3	25	5.1	1.83
				13.5	35	7.4	
				17.9	45	9.8	
				22.7	55	12.4	
				26.3	65	14.4	
				30.5	75	16.7	
	2.5	4.1	247	7.8	30	6.4	1.23
				10.8	40	8.8	
				13.8	50	11.3	
				16.8	60	13.7	
				19.8	70	16.1	
	3.0	4.1	403	8.7	45	10	0.87
				9.5	50	11	
				10.7	55	12.3	
				12.7	65	14.7	
				14.8	75	17.1	
18	2.0	5.7	113	26.4	55	9.1	2.9
				31.7	65	10.9	
				36.3	75	12.6	
	3.0	4.8	345	9.2	35	6.4	1.44
				12	45	8.4	
				15.1	55	10.5	
				18.1	65	12.6	
	3.5	4.8	500	5.4	30	5.3	1.02
				7.3	40	7.2	
				9.4	50	9.3	

续表 5.46

左半部

D	d	t	F_2	f_2	H_0	n	f
18	3.5	4.8	500	11.6	60	11.4	1.02
				12.6	65	12.4	
				13.7	70	13.5	
20	2.0	6.7	102	20.5	40	5.5	3.73
				26.1	50	7.0	
				31.7	60	8.5	
				37.3	70	10	
				42.8	80	11.5	
				48.4	90	13	
	3.5	5.3	460	8.9	40	6.5	1.38
				11.5	50	8.4	
				14.2	60	10.3	
				16.8	70	12.2	
	4.0	5.3	650	7.6	45	7.4	1.04
				9.5	55	9.2	
				11.5	65	11.1	
				12.4	70	12	
22	2.5	6.6	174	18.3	40	5.5	3.32
				23.2	50	7	
				28.2	60	8.5	
				33.2	70	10	
	3.5	5.7	420	10.7	40	6.1	1.76
				13.9	50	7.9	
				16.9	60	9.6	
				20	70	11.4	
	4.0	5.7	600	9.3	45	6.8	1.37
				11.8	55	8.6	
				14.2	65	10.4	
				15.3	70	11.2	
25	4.0	6.4	533	11.7	45	6.1	1.92
				14.7	55	7.7	
				17.7	65	9.2	
				20.5	75	10.7	
	4.5	6.5	751	8	40	5.1	1.58
				10.5	50	6.7	
				12.9	60	8.2	
				15.3	70	9.7	

右半部

D	d	t	F_2	f_2	H_0	n	f
25	5.0	6.6	945	8.7	55	7.2	1.22
				10.6	65	8.7	
				12.4	75	10.2	
				13.4	80	11	
30	4.0	8.0	455	31.2	85	9.9	3.16
				37.2	100	11.8	
				45.1	120	14.3	
				53	140	16.8	
	4.5	7.7	632	12.8	45	5	2.56
				16.1	55	6.3	
				19.4	65	7.6	
				24.3	80	9.5	
	5.0	7.6	808	11.3	50	5.6	2.02
				13.9	60	6.9	
				16.7	70	8.3	
	5.5	7.6	924	9.9	55	6.2	1.6
				12	65	7.5	
				14	75	8.8	
	6.0	7.8	1 312	9.1	60	6.5	1.4
				10.9	70	7.8	
				12.7	80	9.1	
35	5.0	8.9	706	18	60	5.9	3.06
				21.4	70	7.0	
				24.7	80	8.1	
				31.8	100	10.4	
	6.0	8.8	1 150	11.2	55	5.2	2.17
				13.8	65	6.4	
				16.2	75	7.5	
				19.9	90	9.2	
40	6.0	9.9	1 020	16.1	60	5.2	3.1
				19.2	70	6.2	
				22.3	80	7.2	
				31.6	110	10.2	
				50.5	170	16.3	
	8.0	10.2	2 700	9.0	65	5.1	1.76
				10.7	75	6.1	

续表 5.46

D	d	t	F_2	f_2	H_0	n	f	D	d	t	F_2	f_2	H_0	n	f
40	8.0	10.2	2 700	12.5	85	7.1	1.76	60	10	15.6	3 600	21.5	90	4.8	4.5
				14.2	95	8.1						27	114	6.0	
				16.9	110	9.6						36	140	8.0	
				20.2	130	11.5						47.2	180	10.5	
				23.9	150	13.6						64.8	240	14.4	
45	6.0	11.3	918	24.3	75	5.8	4.2		10	21.9	2780	45.7	120	4.8	9.52
				28.1	85	6.7						62.8	160	6.6	
				34	100	8.1						80	200	8.4	
				41.1	120	9.8						104.7	260	11	
				70.9	200	16.9									
50	8.0	12	2 210	17.9	80	5.6	3.2	80	12	20.9	4720	31.4	110	4.4	7.14
				20.8	90	6.5						42.8	150	6.0	
				28.8	120	9.0						61.4	200	8.6	
				39.36	160	12.3									
				49.9	200	15.6						89.2	280	12.5	
				60.8	240	19									
60	8.0	14.5	1 890	26	85	5.0	5.2	90	12	24.1	4 240	49.4	140	5.1	9.68
				31.2	100	6.0						64.9	180	6.7	
				38.5	120	7.4						81.3	220	8.4	
				53	160	10.2									
				67.6	200	13						104.5	280	10.8	
				85.3	250	16.4									

表 5.47 强力弹簧尺寸规格   mm

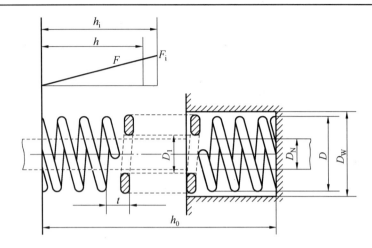

标记示例：

$D_W = 32$ mm、$h_0 = 50$mm 的强力弹簧 $\phi 32 \times 50$

组别	序号	安装尺寸		弹簧几何尺寸		规定值		参考值				常数
		窝座	心轴	外径	内径	自由高度	50 万次		100 万次		≤10 万次		c
		D_W	D_N	D	D_1	h_0	h_i	F_i/N	h_i	F_i/N	h_i	F_i/N	N/mm
A	1	10	5.2	9.0	5.2	30	7.5	100	6.0	90	11.1	150	
	2					40	10.0		8.0		14.8		
	3					50	12.5		10.0		18.5		
	4					63	15.8		12.6		23.3		
B	5	13	7	12	7	30	7.5	180	6.0	160	11.1	280	
	6					40	10.0		8.0		14.8		
	7					50	12.5		10.0		18.5		
	8					63	15.8		12.6		23.3		
C	9	16	8.7	15	8.8	40	10.0	320	8.0	250	14.8	480	
	10					50	12.5		10.0		18.5		
	11					63	15.8		12.6		23.3		
	12					80	20.0		16.0		29.6		
D	13	20	10.0	19	10	40	10.0	540	8.0	440	14.8	800	
	14					50	12.5		10.0		18.5		
	15					63	15.8		12.6		23.3		
	16					80	20.0		16.0		29.6		
	17					100	25.0		20.0		37.0		

续表 5.47

组别	序号	安装尺寸		弹簧几何尺寸			规定值		参考值				常数
		窝座	心轴	外径	内径	自由高度	50 万次		100 万次		≤10 万次		c
		D_W	D_N	D	D_1	h_0	h_i	F_i/N	h_i	F_i/N	h_i	F_i/N	N/mm
E	18	25	12.5	24	12.6	40	10.0	840	8.0	650	14.8	1 250	
	19					50	12.5		10.0		18.5		
	20					63	15.8		12.6		23.3		
	21					80	20.0		16.0		29.6		
	22					100	25.0		20.0		37.0		
F	23	32	16	30.5	17.5	40	10.0	1 920	8.0	1 540	14.8	2 850	
	24					50	12.5		10.0		18.5		
	25					63	15.8		12.6		23.3		
	26					80	20.0		16.0		29.6		
	27					100	25.0		20.0		37.0		
	28					125	31.3		25.0		46.3		
	29					150	37.5		30.0		55.5		
G	30	40	21	38.5	22.5	50	12.5	2 450	10	1 970	18.5	3 500	
	31					63	15.8		12.6		23.3		
	32					80	20		16		29.6		
	33					100	25		20		37.0		
	34					150	37.5		30		55.5		
	35					200	50		40		74		
	36					250	62.5		50		92.5		
H	37	50	26	48.5	27.5	63	15.8	3 450	12.6	2 760	23.3	4 900	
	38					80	20		16		29.6		
	39					100	25		20		37		
	40					150	37.5		30		55.5		
	41					200	50		40		74.0		
	42					250	62.5		50		92.5		
	43					300	75		60		111		

续表 5.47

组别	序号	安装尺寸		弹簧几何尺寸			规定值		参考值				常数
		窝座	心轴	外径	内径	自由高度	50 万次		100 万次		≤10 万次		c
		D_W	D_N	D	D_1	h_0	h_i	F_i/N	h_i	F_i/N	h_i	F_i/N	N/mm
I	44	60	31	58.5	32.5	80	20	4 350	16	3 500	29.6	6 200	
	45					100	25		20		37.0		
	46					150	37.5		30		55.5		
	47					200	50		40		74		
	48					250	62.5		50		92.5		
	49					300	75		60		111		

5.6　冲压设备参数

1. 开式压力机的主要参数(表5.48)

表5.48　开式压力机的主要参数

名　称			量　　　值														
公称压力/kN			40	63	100	160	250	400	630	800	1 000	1 250	1 600	2 000	2 500	3 150	4 000
发生公称压力时滑块距下极点距离/mm			3	3.5	4	5	6	7	8	9	10	10	12	12	13	13	15
滑块行程	固定行程/mm		40	50	60	70	80	100	120	130	140	140	160	160	200	200	250
	调节行程/mm		40	50	60	70	80	100	120	130	140	140	160	—	—	—	—
			6	6	8	8	10	10	12	12	16	20					
标准行程次数(不小于)/(次·分钟⁻¹)			200	160	135	115	100	80	70	60	60	50	40	40	30	30	25
快速型	发生公称压力时滑块距下极点距离/mm		1	1	1.5	1.5	2	2	2.5	2.5	3	—	—	—	—	—	—
	滑块行程/mm		20	20	30	30	40	40	50	50	60	—	—	—	—	—	—
	行程次数(不小于)/(次·分钟⁻¹)		400	350	300	250	200	200	150	150	120	—	—	—	—	—	—
最大闭合高度	固定台和可倾/mm		160	170	180	220	250	300	360	380	400	430	450	450	500	500	550
	活动台位置	最低/mm	—	—	—	300	360	400	460	480	500	—	—	—	—	—	—
		最高/mm	—	—	—	160	180	200	220	240	260	—	—	—	—	—	—
闭合高度调节量/mm			35	40	50	60	70	80	90	100	110	120	130	130	150	150	170

续表 5.48

名　称		量　值														
公称压力/kN		40	63	100	160	250	400	630	800	1000	1250	1600	2000	2500	3150	4000
标准型	滑块中心到机身距离(喉深)/mm	100	110	130	160	190	220	260	290	320	350	380	380	425	425	480
	工作台尺寸/mm　左右	280	315	360	450	560	630	710	800	900	970	1120	1120	1250	1250	1400
	工作台尺寸/mm　前后	180	200	240	300	360	420	480	540	600	650	710	710	800	800	900
	工作台孔尺寸/mm　左右	130	150	180	220	260	300	340	380	420	460	530	530	650	650	700
	工作台孔尺寸/mm　前后	60	70	90	110	130	150	180	210	230	250	300	300	350	350	400
	工作台孔尺寸/mm　直径	100	110	130	160	180	200	230	260	300	340	400	400	460	460	530
	立柱间距离(不小于)/mm	130	150	180	220	260	300	340	380	420	460	530	530	650	650	700
加大型	滑块中心到机身距离(喉深)/mm	—	—	—	—	290	—	350	—	425	—	480	—	—	—	—
	工作台尺寸/mm　左右	—	—	—	—	800	—	970	—	1250	—	1400	—	—	—	—
	工作台尺寸/mm　前后	—	—	—	—	540	—	650	—	800	—	900	—	—	—	—
	工作台孔尺寸/mm　左右	—	—	—	—	380	—	460	—	650	—	700	—	—	—	—
	工作台孔尺寸/mm　前后	—	—	—	—	210	—	250	—	350	—	400	—	—	—	—
	工作台孔尺寸/mm　直径	—	—	—	—	260	—	310	—	460	—	530	—	—	—	—
	立柱间距离(不小于)/mm	—	—	—	—	380	—	460	—	650	—	700	—	—	—	—
活动台压力机滑块中心到机身紧固工作台平面的距离/mm		—	—	—	150	180	210	250	270	300	—	—	—	—	—	—
模柄孔尺寸(直径×深度)/(mm×mm)		$\phi30\times50$			$\phi50\times70$			$\phi60\times75$			$\phi70\times80$			T 形槽		
工作台板厚度/mm		35	40	50	60	70	80	90	100	110	120	130	130	150	150	170
垫板厚度/mm		30	30	35	40	50	65	80	100	100	100					
倾斜角(不小于)/(°)		30	30	30	30	30	30	30	30	25	25	25				

2. 闭式单点压力机的主要参数（表5.49）

表5.49 闭式单点压力机的主要参数

公称压力/kN	公称压力行程/mm	滑块行程/mm		滑块行程次数/(次·分钟$^{-1}$)		最大闭合高度/mm	闭合高度调节量/mm	导轨间距离/mm	滑块底面前后尺寸/mm	工作台板尺寸/mm	
		Ⅰ型	Ⅱ型	Ⅰ型	Ⅱ型					左右	前后
1 600	13	250	200	20	32	450	200	880	700	800	800
2 000	13	250	200	20	32	450	200	980	800	900	900
2 500	13	315	250	20	28	500	250	1 080	900	1 000	1 000
3 150	13	400	250	16	28	500	250	1 200	1 020	1 120	1 120
4 000	13	400	315	16	25	550	250	1 330	1 150	1 250	1 250
5 000	13	400	—	12	—	550	250	1 480	1 300	1 400	1 400
6 300	13	500	—	12	—	700	315	1 580	1 400	1 500	1 500
8 000	13	500	—	10	—	700	315	1 680	1 500	1 600	1 600
10 000	13	500	—	10	—	850	400	1 680	1 500	1 600	1 600
12 500	13	500	—	8	—	850	400	1 880	1 700	1 800	1 800
16 000	13	500	—	8	—	950	400	1 880	1 700	1 800	1 800
20 000	13	500	—	8	—	950	400	1 880	1 700	1 800	1 800

3. 闭式双点压力机的主要参数（表5.50）

表5.50 闭式双点压力机的主要参数

公称压力/kN	公称压力行程/mm	滑块行程/mm	滑块行程次数/(次·min^{-1})	最大闭合高度/mm	闭合高度调节量/mm	导轨间距离①/mm	滑块底面前后尺寸/mm	工作台板尺寸/mm	
								左右①	前后
1 600	13	400	18	600	250	1 980	1 020	1 900	1 120
2 000	13	400	18	600	250	2 430	1 150	2 350	1 250
2 500	13	400	18	700	315	2 430	1 150	2 350	1 250
3 150	13	500	14	700	315	2 880	1 400	2 800	1 500
4 000	13	500	14	800	400	2 880	1 400	2 800	1 500
5 000	13	500	12	800	400	3 230	1 500	3 150	1 600
6 300	13	500	12	950	500	3 230	1 500	3 150	1 600
8 000	13	630	10	1 250	600	$\frac{3\ 230}{4\ 080}$	1 700	$\frac{3\ 150}{4\ 000}$	1 800
10 000	13	630	10	1 250	600	$\frac{3\ 230}{4\ 080}$	1 700	$\frac{3\ 150}{4\ 000}$	1 800
12 500	13	500	10	950	400	$\frac{3\ 230}{4\ 080}$	1 700	$\frac{3\ 150}{4\ 000}$	1 800
16 000	13	500	10	950	400	$\frac{5\ 080}{6\ 080}$	1 700	$\frac{5\ 000}{6\ 000}$	1 800
20 000	13	500	8	950	400	$\frac{5\ 080}{7\ 580}$	1 700	$\frac{5\ 000}{7\ 500}$	1 800
25 000	13	500	8	950	400	7 580	1 700	7 500	1 800
31 500	13	500	8	950	400	$\frac{7\ 580}{10\ 080}$	1 900	$\frac{7\ 500}{10\ 000}$	2 000
40 000	13	500	8	950	400	10 080	1 900	10 000	2 000

注：①分母数为大规格尺寸

4. 闭式上传动双动拉深压力机的主要参数(表 5.51)

表 5.51 闭式上传动双动拉深压力机的主要参数

主要技术规格	型号			
公称压力/kN	JA45-100	JA45-200	JA45-315	JB46-315
内滑块	1 000	2 000	3 150	3 150
外滑块	630	1 250	3 150	3 150
滑块行程/mm				
内滑块	420	670	850	850
外滑块	260	425	530	530
滑块行程次数/(次·分钟$^{-1}$)	15	8	5.5 ~ 9	10,低速 1
内外滑块闭合高度调节量/mm	100	165	300	500
最大闭合高度/mm				
内滑块	580	770	900	1 300
外滑块	530	665	850	1 000
立柱间距离/mm	950	1 620	1 930	3 150
工作台板尺寸/(mm×mm×mm)(前后×左右×厚)	900×930×100	1 400×1 540×160	1 800×1 600×220	1 900×3 150×250
滑块底平面尺寸 前后×左右/(mm×mm)				
内滑块	560×560	900×960	1 000×1 000	1 300×2 500
外滑块	850×850	1 350×1 420	1 550×1 600	1 900×3 150
气垫顶出力/kN	100	80	120	500
气垫行程/mm	210	315	400	440
主电机功率/kW	22	30	75	100

5. 精压机的主要参数(表 5.52)

表 5.52 精压机的主要参数

公称压力/kN	滑块行程/mm	公称压力行程/mm	滑块行程次数/(次·分钟$^{-1}$)	最大闭合高度/mm	闭合高度调节量/mm	导轨间距离/mm	滑块底平面尺寸 前后×左右/(mm×mm)	工作台板尺寸 前后×左右/(mm×mm)
4 000	130	2	50	400	15	660	400×620	660×640
8 000	125	1.5	26	340	15	600	410×715	800×720
12 500	120	2	25	400	15	780	640×750	1 010×980
20 000	200	3	18	620	15	1 030	850×900	1 300×1280

6. 四柱万能液压机的主要参数(表 5.53)

表 5.53　四柱万能液压机的主要参数

型号	技术参数						
	公称压力/kN	滑块行程/mm	顶出力/kN	工作台尺寸前后×左右×距地面高/(mm×mm×mm)	工作行程速度/(mm·s⁻¹)	活动横梁至工作台最大距离/mm	流体工作压力/MPa
Y32-50	500	400	75	490×520×800	16	600	20
YB32-63	630	400	95	490×520×800	6	600	25
Y32-100A	1 000	600	165	600×600×700	20	850	21
Y32-200	2 000	700	300	760×710×900	6	1 100	20
Y32-300	3 000	800	300	1 140×1 210×700	4.3	1 240	20
YA32-315	3 150	800	630	1 160×1 260	8	1 250	25
Y32-500	5 000	900	1 000	1 400×1 400	10	1 500	25
Y32-2000	20 000	1 200	1 000	2 400×2 000	5	800～2 000	26

7. 曲柄压力机的打料杆参数

在进行工艺及模具设计时,有时需要知道曲柄压力机的打料横杆尺寸及横杆孔尺寸和位置,部分参数见表 5.54。

表 5.54　部分压力机的打料杆等参数

压机型号	公称压力/kN	横杆断面尺寸长×宽/(mm×mm)	横杆孔尺寸长×宽/(mm×mm)	横杆孔距滑块下底面的距离/mm
J23-16	160	35×15	70×20	62
J23-40	400	50×18	90×25	70
JC23-63	630	60×25	110×35	85
J23-80	800	70×30	130×35	80
J11-100	1 000	50×20	95×23	90

第6章 冲压工艺与模具设计实例

一种汽车玻璃升降器外壳零件如图6.1所示。零件材料为08钢板,料厚1.5 mm,生产批量为中批量。

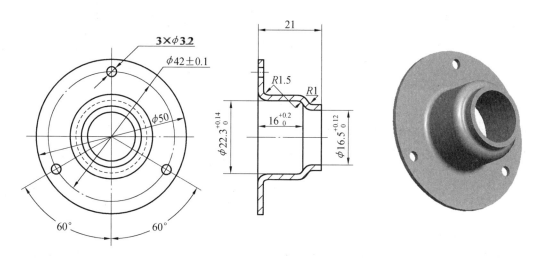

图6.1 玻璃升降器外壳

下面以该零件为典型实例,介绍冲压工艺过程设计的具体内容、步骤,以及模具结构设计的方法和结果。

6.1 读产品图及分析其冲压工艺性

该零件是汽车车门玻璃升降器的外壳,图中所示位置是其装在升降器上的位置。从技术要求和使用条件来看,该零件具有较高的精度要求、刚度和强度。因为零件所标注的尺寸中,$\phi 22.3^{+0.14}_{0}$、$\phi 16.5^{+0.12}_{0}$ 及 $16^{+0.2}_{0}$ 为IT11 ~ IT12级精度,三个小孔 $\phi 3.2$ 的中心位置精度为IT10;外形最大尺寸为 $\phi 50$。属于小型零件。料厚为1.5 mm。

分析其结构工艺性。因该零件为轴对称旋转体,故落料片肯定是圆形,冲裁工艺性很好,且三个小孔直径为料厚的2倍,冲孔的工艺性好。零件为带法兰边穿底的圆筒形拉深件,且 $\dfrac{d_\mathrm{f}}{d}$、$\dfrac{h}{d}$ 都不太大,拉深工艺性较好,但圆角半径 $R1$ 及 $R1.5$ 偏小,可安排一道整形工序最后达到。

三个小孔中心距的精度,可通过采用IT6 ~ IT7级制模精度及以 $\phi 22.3$ 内孔定位,予以保证。

底部 $\phi 16.5$ 部分的成形,能有三种方法:第一种是采用阶梯形零件拉深后车削加工;第二种是拉深后冲切;第三种是拉深后在底部先冲一预加工小孔,然后翻边。如图6.2所示,此三种方案中,第一种的方案质量高,但生产效率低,且费料。像该零件这样高度尺寸要求不高的情况下,一般不宜采用。第二种方案其效率比车底要高,但还存在一个问题是要求其前道拉深工序的底部圆角半径接近零,这又带来了加工的麻烦。翻边的方案生产效率高且能节约原材料,但口端质量稍差。由于该零件对这一部分的高度和孔口端部质量要求不高,而 $\phi16.5^{+0.12}_{0}$ 和 $R1$ 两个尺寸正好是用翻边可以保证的。所以,比较起来,采用第三种方案更为合理、经济。

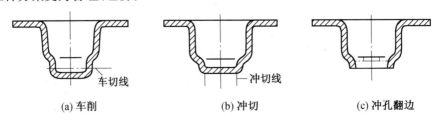

(a) 车削　　　　　　　　(b) 冲切　　　　　　　　(c) 冲孔翻边

图 6.2　底部成形方案

该外壳零件的冲压生产要用到的冲压加工基本工序有:落料、拉深(可能多次)、冲三小孔、冲底孔、翻边、切边和整形等。用这些工序的组合可以提出多种不同的工艺方案。

6.2　分析计算确定工艺方案

1. 计算毛坯尺寸

计算毛坯尺寸需先确定翻边前的半成品尺寸。翻边前如需要拉成阶梯零件,则要核算翻边的变形程度。$\phi16.5$ 处的高度尺寸为 $H = 21\ \text{mm} - 16\ \text{mm} = 5\ \text{mm}$,根据翻边公式,翻边的高度 H 为

$$H = \frac{d_1}{2}(1 - K) + 0.43r_d + 0.72t$$

经变换后

$$K = 1 - \frac{2}{d_1}(H - 0.43r_d - 0.72t) = 1 - \frac{2}{18}(5 - 0.43 \times 1 - 0.72 \times 1.5) = 0.61$$

经计算,翻边出高度 $H = 5$ 时,翻边系数达 $K = 0.61$。由此可知其预加工小孔孔径

$$d_0 = d_1 K = 18\ \text{mm} \times 0.61 = 11\ \text{mm}$$

由 $\frac{t}{d_0} = \frac{1.5}{11} = 0.136$ 查表(《冲压手册》低碳钢的极限翻边系数 $K_{\min}$)可知,当采用圆柱形凸模,预加工小孔为冲制时,其极限翻边系数 $K_{\min} = 0.50 < K = 0.61$,即一次能翻边出竖边 $H = 5\ \text{mm}$ 的高度。故翻边前,该外壳半成品可不为阶梯形,其翻边前的半成品形状和尺寸如图 6.3 所示。

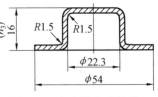

图 6.3　翻边前半成品件

根据工件的相对凸缘直径 $\frac{d_f}{d} = \frac{50}{23.8} = 2.1$,查表 4.2 可知,切边余量 $\Delta R = 1.8\ \text{mm}$,故切边前的凸缘直径为 $d_F = d_f + 2\Delta R = 50\ \text{mm} + 3.6\ \text{mm} \approx 54\ \text{mm}$。于是,该零件的坯料直径可按式(4.4)计算,即

$$D = \sqrt{d_F^2 + 4dh - 3.44Rd}\,(尺寸按材料厚度中线尺寸计算) =$$
$$\sqrt{54^2 + 4 \times 23.8 \times 16 - 3.44 \times 2.25 \times 23.8}\ \text{mm} \approx 65\ \text{mm}$$

2. 计算拉深次数

零件的总拉深系数为 $m_总 = \dfrac{23.8}{65} = 0.366$，其相对凸缘直径 $\dfrac{d_F}{d} = \dfrac{54}{23.8} = 2.27 > 1.4$，所以，属于宽凸缘件拉深。根据 $\dfrac{t}{D} \times 100 = \dfrac{1.5}{65} \times 100 = 2.3$，查表 4.7 可知，第一次允许的拉深系数 $m_1 = 0.37$。因为 $m_总 < m_1$，所以一次拉深不出来，需多次拉深。

零件的相对高度 $h/d = 16/23.8 = 0.67$，查表 4.10 得第一次允许的拉深高度 $h_1/d_1 = 0.28$，由于 $\dfrac{h}{d} > \dfrac{h_1}{d_1}$，也说明该零件不能一次拉出。

初选 $\dfrac{d_F}{d_1} = 1.1$，查表 4.7 和表 4.8 得第一次允许的拉深系数 $m_1 = 0.50$，以后各次拉深系数 $m_2 = 0.73, m_3 = 0.75, \cdots\cdots$

因为 $m_1 \cdot m_2 = 0.5 \times 0.73 = 0.365 \leqslant m_总 = 0.366$，故用两次拉深可以成功。

但考虑到两次拉深系数均为极限拉深系数，且难以达到零件所要求的圆角半径 $R1.5$，故在第二次拉深后，还要有一道整形工序。

在这种情况下，可考虑分三次拉深，在第三次拉深中兼实施整形工序。这样，既不需增加模具数量，又可减少前两次拉深的变形程度，以保证稳定地生产。于是，拉深系数可调整为 $m_1 = 0.561, m_2 = 0.808, m_3 = 0.807$。满足 $m_总 = m_1 \cdot m_2 \cdot m_3 = 0.561 \times 0.808 \times 0.807 = 0.366$ 的要求。

三次拉深的拉深系数也可以用等差法或等比法确定。

3. 确定工艺方案

根据以上分析和计算，可以进一步明确该零件的冲压加工需包括以下基本工序：落料、首次拉深、二次拉深、三次拉深（兼整形）、冲 $\phi11$ 孔、翻边（兼整形）、冲三个 $\phi3.2$ 孔和切边。根据这些基本工序，可拟出如下 5 种工艺方案：

方案一　落料与首次拉深复合，其余按基本工序（图 6.4）。

方案二　落料与首次拉深复合（图 6.4(a)），冲 $\phi11$ 底孔与翻边复合（图 6.5(a)），冲三个小孔 $\phi3.2$ 与切边复合（图 6.5(b)），其余按基本工序。

方案三　落料与首次拉深复合，冲 $\phi11$ 底孔与冲三小孔 $\phi3.2$ 复合（图6.6(a)），翻边与切边复合（图6.6(b)），其余按基本工序。

方案四　落料、首次拉深与冲 $\phi11$ 底孔复合（图6.7），其余按基本工序。

方案五　采用带料连续拉深或在多工位自动压力机上冲压。

分析比较上述五种工艺方案，可以看到：

方案二　冲 $\phi11$ 孔与翻边复合，由于模壁厚度较小（$a = \dfrac{16.5 - 11}{2}$ mm $= 2.75$ mm），小于要求的最小壁厚（3 mm），模具容易损坏。冲三个 $\phi3.2$ 小孔与切边复合，也存在模壁太薄的问题 $a = \dfrac{50 - 42 - 3.2}{2}$ mm $= 2.4$ mm，模具也容易损坏。

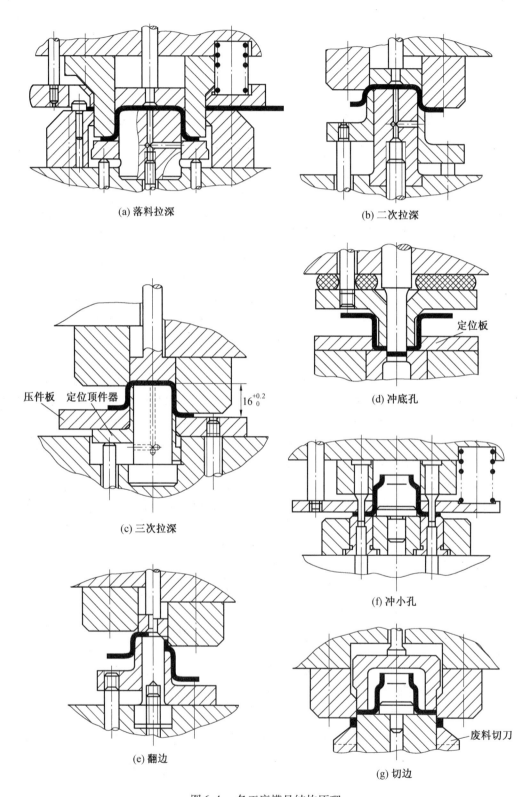

图 6.4 各工序模具结构原理

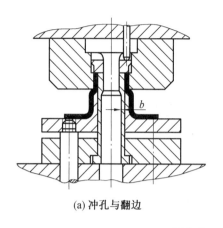

(a) 冲孔与翻边

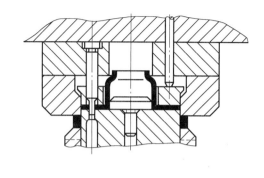

(b) 冲小孔与切边

图 6.5 方案二部分模具结构原理

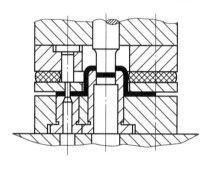

(a) 冲底孔与冲小孔

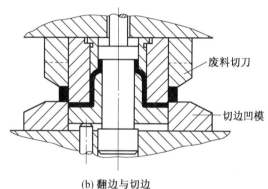

(b) 翻边与切边

图 6.6 方案三部分模具结构原理

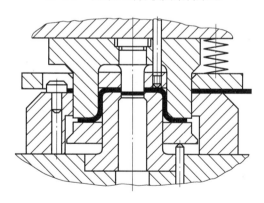

图 6.7 方案四部分模具结构图

方案三 虽然解决了上述模壁太薄的矛盾,但冲 ϕ11 底孔与冲 ϕ3.2 小孔复合及翻边与切边复合时,它们的刃口都不在同一平面上,而且磨损快慢也不一样,这会给修磨带来不便,修磨后要保持相对位置也有困难。

方案四 落料、首次拉深与冲 ϕ11 底孔复合,冲孔凹模与拉深凸模做成一体,也给修磨造成困难。特别是冲底孔后再经二次和三次拉深,孔径一旦变化,将会影响到翻边的高度尺寸和翻边口缘质量。

方案五　采用带料连续拉深或多工位自动压力机冲压,可获得高的生产率,而且操作安全,也避免了上述方案所指出的缺点,但这一方案需要专用压力机或自动送料装置,而且模具结构复杂,制造周期长,生产成本高,因此,只有在大量生产中才较适宜。

方案一没有上述的缺点,但其工序复合程度和生产率均较低。不过单工序模具结构简单,制造费用低,对中小批量生产是合理的,因此决定采用第一方案。本方案在第三次拉深和翻边工序中,可以调整冲床滑块行程,使之在行程临近终了时,模具可对工件起到整形作用(图6.4(c)、6.4(e)),故无需单做整形工序。

6.3　主要工艺参数的计算

1.确定排样、裁板方案

这里毛坯直径 $\phi65$ 不算太小,考虑到操作方便,排样采用单排。取其搭边数值:条料两边 $a = 2$ mm,进距方向 $a_1 = 1.5$ mm。于是有:

进距　$h = D + a_1 = 65 + 1.5$ mm $= 66.5$ mm

条料宽度　$b = D + 2a = 65 + 2 \times 2 = 69$ mm

板料规格拟选用　$1.5 \times 900 \times 1\ 800$(钢板)

若用纵裁,裁板条数　$n_1 = \dfrac{B}{b} = \dfrac{900}{69} = 13$ 条余 3 mm

每条个数　$n_2 = \dfrac{A - a_1}{h} = \dfrac{1\ 800 - 1.5}{66.5} = 27$ 个余 3 mm

每板总个数　$n_总 = n_1 \times n_2 = 13 \times 27 = 351$ 个

材料利用率　$\eta_总 = \dfrac{351 \times \dfrac{\pi}{4}(65^2 - 11^2)}{900 \times 1\ 800} \times 100\% = 69.8\%$

若横裁,条数　$n_1 = \dfrac{A}{b} = \dfrac{1\ 800}{69} = 26$ 条余 6 mm

每条个数　$n_2 = \dfrac{B - a_1}{h} = \dfrac{900 - 1.5}{66.5} = 13$ 个余 34 mm

每板总个数　$n_总 = n_1 \times n_2 = 26 \times 13 = 338$ 个

材料利用率　$\eta_总 = \dfrac{338 \times \dfrac{\pi}{4}(65^2 - 11^2)}{900 \times 1\ 800} \times 100\% = 67.2\%$

由此可见,纵裁有较高的材料利用率,且该零件没有纤维方向性的考虑,故决定采用纵裁。

计算零件的净重 G 及材料消耗定额质量 G_0

$$G = Ft\rho = \{\dfrac{\pi}{4}[65^2 - 11^2 - 3 \times 3.2^2 - (54^2 - 50^2)] \times 10^{-2} \times 1.5 \times 10^{-1} \times$$

$$7.85\} \ g \approx 33.8 \ g$$

式中　ρ—— 密度,低碳钢取 $\rho = 7.85$ g/cm^3。

[　]内第一项为毛坯面积,第二项为底孔废料面积,第三项为三个小孔面积,第四项即(　)内为切边废料面积。

$$G_0 = \frac{A \times B \times t \times \rho}{351} = \frac{90 \times 180 \times 0.15 \times 7.85}{351} \text{ g} = 54 \text{ g} = 0.054 \text{ kg}$$

2. 确定各中间工序尺寸

在凸缘件的多次拉深中,为了保证以后拉深时凸缘不参加变形,首次拉深时,拉入凹模的材料应比零件最后拉深部分所需材料多一些(按面积计算),但升降器外壳相对厚度较大,可不考虑多拉材料。

(1) 首次拉深。

首次拉深直径　$d_1 = 0.561 \times 65$ mm $= 36.5$ mm(中径)

凹模圆角半径由式(4.23) 计算,式中 $t = 1.5$ mm,$D = 65$ mm,$D_d = d_1 + 1.5$ mm $= 36.5 + 1.5$ mm $= 38$ mm,则

$$r_{d1} = 0.8\sqrt{(D - D_d)t} = 0.8\sqrt{(65 - 38) \times 1.5} \text{ mm} = 5.1 \text{ mm}$$

由于增加了一次拉深工序,使各次拉深工序的变形程度有所减小,故允许首次拉深时凹模圆角半径选用较小值,这里取 $r_{d1} = 5$ mm,而冲头圆角半径取 $r_{p1} = 0.8\, r_{d1} = 4$ mm。

于是,首次拉深圆角半径为 $R_1 = r_{d1} + t/2 = (5 + 1.5/2)$ mm $= 5.75$ mm,$R = r_{p1} + t/2 = (4 + 1.5/2)$ mm $= 4.75$ mm。

由于首次拉深时凹模圆角半径不等于冲头圆角半径,故首次拉深高度按式(4.3) 计算

$$h_1 = \frac{D^2 - d_F^2 + 1.72d_1(R + R_1) + 0.56(R^2 - R_1^2)}{4d_1} =$$

$$\frac{65^2 - 54^2 + 1.72 \times 36.5(4.75 + 5.75) + 0.56(4.75^2 - 5.75^2)}{4 \times 36.5} \text{ mm} = 13.4 \text{ mm}$$

实际生产中取 $h_1 = 13.8$ mm,如图6.8 所示。

(2) 二次拉深。

$$d_2 = m_2 \times d_1 = 0.808 \times 36.5 \text{ mm} = 29.5 \text{ mm(中径)}$$

取 $r_{d2} = r_{p2} = 2.5$ mm,于是拉深圆角半径 $R_1 = R = (2.5 + 1.5/2)$ mm $= 3.25$ mm。

由于第二次拉深时凹模圆角半径等于冲头圆角半径,故第二次拉深高度按式(4.4) 计算

$$h_2 = \frac{D^2 - d_F^2 + 3.44Rd_2}{4d_2} = \frac{65^2 - 54^2 + 3.44 \times 3.25 \times 29.5}{4 \times 29.5} \text{ mm} = 13.9 \text{ mm}$$

h_2 的计算值与生产实际相符,如图6.9 所示。

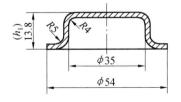

图6.8　首次拉深件

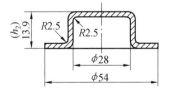

图6.9　第二次拉深件

（3）三次拉深（兼整形）。

$$d_3 = m_3 \times d_2 = 0.807 \times 29.5 \text{ mm} = 23.8 \text{ mm}$$

取 $r_{d3} = r_{p3} = 1.5$ mm，达到零件要求，因该道工序兼有整形作用，故这样设计是合理的。

$h_3 = 16$ mm，如图 6.10（c）所示。

（4）其余各中间工序均按零件要求尺寸而定，详见图 6.10。

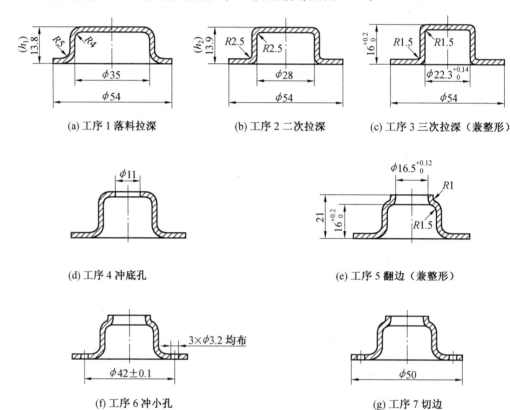

(a) 工序 1 落料拉深　　　　(b) 工序 2 二次拉深　　　　(c) 工序 3 三次拉深（兼整形）

(d) 工序 4 冲底孔　　　　　　　　(e) 工序 5 翻边（兼整形）

(f) 工序 6 冲小孔　　　　　　　　(g) 工序 7 切边

图 6.10　外壳冲压工序图

3. 计算工艺力、选设备

（1）落料拉深工序。

落料力按公式（3.11）计算

$$P_{\text{冲}} = 1.3Lt\tau = 1.3Lt0.8R_{\text{m}} = LtR_{\text{m}} = \pi DtR_{\text{m}} = (3.14 \times 65 \times 1.5 \times 400) \text{ N} = 122\,460 \text{ N}$$

式中，$R_{\text{m}} = 400$ MPa（由表 3.5 查得）。

卸料力按公式（3.14）计算

$$P_{\text{卸}} = K_{\text{卸}} P_{\text{冲}} = 0.04 \times 122\,460 \text{ N} \approx 4\,898 \text{ N}$$

式中，$K_{\text{卸}} = 0.04$（由表 3.6 查得）。

拉深力按公式（4.14）计算

$$P_{\text{拉}} = \pi d_1 t R_{\text{m}} K_1 = (3.14 \times 36.5 \times 1.5 \times 400 \times 0.75) \text{ N} \approx 51\,575 \text{ N}$$

式中，$K_1 = 0.75$（由表 4.13 查得）。

压边力按照防皱最低压边力公式（式 4.12）计算

$$Q = \frac{\pi}{4}\left[D^2 - (d_1 + 2r_{d1})^2\right]q =$$

$$\left\{\frac{\pi}{4}\left[65^2 - (36.5 + 2 \times 5.75)^2\right] \times 2.5\right\} \text{ N} \approx 3\,770 \text{ N}$$

式中，$q = 2.5$ MPa（由表 4.12 查得）。

对于这种落料拉深复合工序，选择设备吨位时，既不能把以上四个力加起来（再乘个系数值）作为设备的吨位，也不能仅按落料力或拉深力（再乘个系数）作为设备吨位。应该根据压力机说明书中所给出的允许工作负荷曲线做出判断和选择。经查，该复合工序的工艺力可在 160 kN 压力机上得到。但现场条件只有 250 kN、350 kN、630 kN 和 800 kN 的压力机，故选用 250 kN 压力机，其压力就足够了（工厂实际选用 350 kN 压力机。因 250 kN 压力机任务较多，而 350 kN 压力机任务少）。

（2）第二次拉深工序。

拉深力

$$P_{拉} = \pi d_2 t R_m K_2 = (3.14 \times 29.5 \times 1.5 \times 400 \times 0.52) \text{ N} \approx 28\,901 \text{ N}$$

式中，$K_2 = 0.52$（由表 4.14 查得）。

由于第二次拉深系数较大（$m_2 = 0.808$），并且毛坯相对厚度足够大（$\frac{t}{d_1} \times 100 = \frac{1.5}{36.5} \times 100 = 4.1$），故可不用压边圈（由表 4.11 查得），这道工序的压边圈实际上起定位与顶件的作用。

顶件力按拉深力的 10% 计算

$$P_{顶} = 0.1P_{拉} = (0.1 \times 28\,901) \text{ N} \approx 2\,890 \text{ N}$$

总压力

$$P_{总} = P_{拉} + P_{顶} = 28\,901 + 2\,890 \text{ N} = 31\,791 \text{ N}$$

显然，总压力很小，但根据现场条件，只可选用 250 kN 压力机。

（3）第三次拉深兼整形工序。

拉深力

$$P_{拉} = \pi d_3 t R_m K_2 = (3.14 \times 23.8 \times 1.5 \times 400 \times 0.52) \text{ N} \approx 23\,316 \text{ N}$$

其整形力按下式计算

$$P_{整} = Fq = \left\{\frac{\pi}{4}\left[(54^2 - 25.3^2) + (22.3 - 2 \times 1.5)^2\right] \times 100\right\} \text{ N} \approx 207\,899 \text{ N}$$

式中，$q = 100$ MPa（见《冲压手册》）。

顶件力按拉深力的 10% 计算

$$P_{顶} = 0.1P_{拉} = 0.1 \times 23\,316 \text{ N} \approx 2\,332 \text{ N}$$

对于这种复合工序，由于整形力最大，且在临近下死点位置时发生，符合压力机的工作负荷曲线，故可按整形力大小选择压力机，即可选 250 kN 压力机（工厂实际上安排在 630 kN 压力机上）。

（4）冲 $\phi 11$ 孔工序。

冲孔力

$$P_{冲} = 1.3\pi dt\tau = 1.3\pi dt0.8R_{m} = \pi dtR_{m} = (3.14 \times 11 \times 1.5 \times 400)\ N = 20\ 724\ N$$

卸料力

$$P_{卸} = K_{卸}P_{冲} = (0.04 \times 20\ 724)\ N \approx 829\ N$$

推件力按公式（3.15）计算

$$P_{推} = nK_{推}P_{冲} = (5 \times 0.055 \times 20\ 724)\ N \approx 5\ 699\ N$$

式中，$K_{推} = 0.055$（由表3.6查得）。$n = 5$，同时卡在凹模内的零件（或废料）数目（设凹模刃口直壁高度 $h = 8\ mm$，$n = \dfrac{h}{t} = \dfrac{8}{1.5} \approx 5$）。

总压力

$$P_{总} = P_{冲} + P_{卸} + P_{推} = (20\ 724 + 829 + 5\ 699)\ N = 27\ 252\ N$$

显然，只要选63 kN压力机即可，但根据条件只可选250 kN压力机。

（5）翻边兼整形工序。

翻边力按下式计算

$$P_{翻} = 1.1\pi t(d_1 - d_0)R_{eL} = [1.1 \times 3.14 \times 1.5 \times (18 - 11) \times 196]\ N \approx 7\ 108\ N$$

式中，$R_{eL} = 196\ MPa$，由《冲压手册》查得。

顶件力按翻边力的10%计算

$$P_{顶} = 0.1 \times 7\ 108\ N \approx 711\ N$$

整形力

$$P_{整} = Fq = \left[\frac{\pi}{4}(22.3^2 - 16.5^2) \times 100\right]\ N \approx 17\ 666\ N$$

同理，按整形力选择设备，也只需63 kN压力机，这里选用250 kN压力机。

（6）冲三个 $\phi 3.2$ 孔工序。

冲孔力

$$P_{冲} = 3 \times 1.3\pi dt\tau = 3\pi dtR_{m} = (3 \times 3.14 \times 3.2 \times 1.5 \times 400)\ N \approx 18\ 086\ N$$

卸料力

$$P_{卸} = K_{卸}P_{冲} = (0.04 \times 18\ 086)\ N \approx 723\ N$$

推件力

$$P_{推} = nK_{推}P_{冲} = (5 \times 0.055 \times 18\ 086)\ N \approx 4\ 974\ N$$

总压力

$$P_{总} = P_{冲} + P_{卸} + P_{推} = (18\ 086 + 723 + 4\ 974)\ N = 23\ 783\ N$$

选250 kN压力机。

（7）切边工序。

$$P_{冲} = 1.3\pi Dt\tau = \pi DtR_{m} = (3.14 \times 50 \times 1.5 \times 400)\ N = 94\ 200\ N$$

设有两把废料切断刀，所需切断废料压力

$$P'_{冲} = [1.3 \times (54 - 50) \times 1.5 \times 0.8 \times 400]\ N = 2\ 496\ N$$

故总压力

$$P_{总} = P_{冲} + P'_{冲} = (94\ 200 + 2\ 496)\ N = 96\ 696\ N$$

选用250 kN压力机（工厂安排350 kN压力机）。

6.4 编写冲压工艺过程卡

在确定了工艺方案,计算了各工序的工艺参数,并根据初步确定的模具结构和企业实际设备情况选择了冲压设备后,需要填写冲压工艺卡片。

表 6.1 所示工艺卡片实例包含了冲压工艺的基本内容。不同企业的冲压工艺卡片所包含的内容有所不同,有的企业所用的冲压工艺卡片的内容还包括各工序所需的操作人数、操作位置与方法、生产节拍、工序件的转运方式、所用材料及下料方法等内容。

表 6.1 冲压工艺卡片实例

厂		冷冲压工艺卡片	零件名称	
车间			玻璃升降器 制动机构外壳	
零件草图		材料排样	名称 牌号	08 钢
			材料 形状 尺寸	1.5 ±0.11× 1 800× 900

工序	工序说明	加工草图	设备 型号名称	模具 名称图号
0	剪床下料			
1	落料与首次拉深		350 kN 压力机	落料拉深 复合模
2	二次拉深		250 kN 压力机	拉深模
3	三次拉深(带整形)		630 kN 压力机	拉深模

续表 6.1

工序	工序说明	加工草图	设备	模具
			型号名称	名称图号
4	冲 $\phi 11$ 底孔	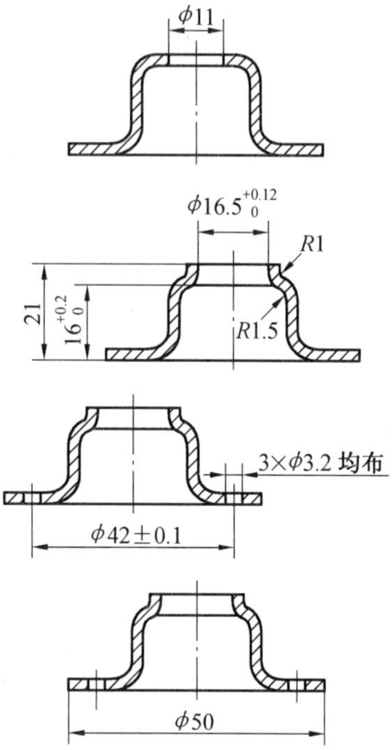 $\phi 11$	250 kN 压力机	冲孔模
5	翻边(带整形)	$\phi 16.5^{+0.12}_{0}$ $R1$ 21 $16^{+0.2}_{0}$ $R1.5$	250 kN 压力机	翻边模
6	冲 3 个小孔 $\phi 3.2$	$3 \times \phi 3.2$ 均布 $\phi 42 \pm 0.1$	250 kN 压力机	冲孔模
7	切边		350 kN 压力机	切边模
8	检验	$\phi 50$		

设计: 　　　　校对: 　　　　　审核: 　　　　　批准:

6.5 模具结构设计

根据确定的工艺方案、零件的形状特点、精度要求、所选设备的主要技术参数和模具制造条件以及安全生产等选定其冲模的类型及结构形式。下面仅介绍第一工序的落料拉深复合模的设计。其他各工序所用模具的设计从略。

1. 模具结构形式选择

采用落料、拉深复合模,首先要考虑落料凸模(兼拉深凹模)的壁厚是否过薄。本例凸凹模壁厚 $b = \dfrac{65 - 38}{2}$ mm = 13.5 mm,能保证足够强度,故可采用复合模。

落料、拉深复合模常采用如图 6.4(a)所示的典型结构,即落料采用正装式,拉深采用倒装式。模座下的缓冲器兼作压边与顶件,另设有弹性卸料和刚性推件装置。这种结构的优点是操作方便、出件畅通无阻、生产率高,缺点是弹性卸料装置使模具结构较复杂,特别是拉深深度大、料较厚、卸料力大的情况,需要较多、较长的弹簧,使模具结构复杂。

为了简化上模部分,可采用刚性卸料板(图 6.11),其缺点是拉深件留在刚性卸料板内,不易出件,带来操作上的不便。对于本例,由于拉深深度不算大,材料也不厚,因此采用弹性卸料较合适。

考虑到装模方便,模具采用后侧布置的导柱导套模架。

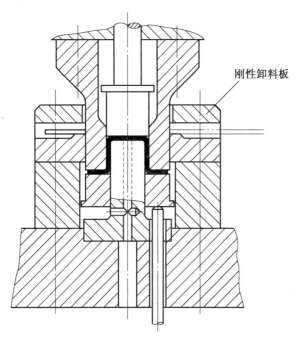

刚性卸料板

图 6.11 采用刚性卸料板的落料拉深复合模

2. 模具工作部分尺寸计算

(1)落料。圆形凸模和凹模,可分开加工。按式(3.22)、(3.23)计算工作部分尺寸。所落下的料(即为拉深件坯料)按未注公差的自由尺寸,按 IT14 级取极限偏差,故落料件的尺寸取为 $\phi 65_{-0.74}^{\ 0}$。于是,凸凹模直径尺寸为

$$D_d = (D - X\Delta)_0^{+\delta_d} = (65 - 0.5 \times 0.74)_0^{+0.03} \text{ mm} = 64.63_0^{+0.03} \text{ mm}$$

$$D_p = (D - X\Delta - 2C_{\min})_{-\delta_p}^{\ 0} = (65 - 0.5 \times 0.74 - 0.132)_{-0.02}^{\ 0} \text{ mm} = 64.50_{-0.02}^{\ 0} \text{ mm}$$

式中　　X——按表 3.12 选取的(根据 $\Delta = 0.74$,查得 $X = 0.5$);

δ_d、δ_p——按表 3.11 选取的($\delta_d = 0.03, \delta_p = 0.02$);

$2C_{\min}$、$2C_{\max}$——按表 3.9 选取的($2C_{\min} = 0.132, 2C_{\max} = 0.24$)。

再按 $\delta_d + \delta_p = 0.03 + 0.02 = 0.05 < 2C_{\max} - 2C_{\min} = 0.24 - 0.132 = 0.108$,核验上述设计计算是恰当的。

落料凹模的外形尺寸确定:由式(3.38)取凹模壁厚为 30 ~ 40 mm,实际取为 32.5 mm。

(2)拉深。首次拉深件按未注公差的极限偏差考虑,按 IT14 级取极限偏差,且因零件是标注内形尺寸,故拉深件的内径尺寸取为 $\phi 35_0^{+0.62}$。

由式(4.28)、式(4.29)有

$$D_p = (d + 0.4\Delta)_{-\delta_p}^{\ 0} = (35 + 0.4 \times 0.62)_{-0.06}^{\ 0} \text{ mm} = 35.25_{-0.06}^{\ 0} \text{ mm}$$

$$D_d = (d + 0.4\Delta + 2C)_0^{+\delta_d} = (35 + 0.4 \times 0.62 + 2 \times 1.8)_0^{+0.09} \text{ mm} = 38.85_0^{+0.09} \text{ mm}$$

式中,C 按表 4.17 选取(取 $C = 1.2t = 1.2 \times 1.5$ mm $= 1.8$ mm);δ_p、δ_d 按表 4.18 选取。

3. 选用标准模架、确定闭合高度及总体尺寸

(1) 由凹模外形尺寸 $\phi130$,选后侧滑动导柱导套模架,再按其标准选择具体结构尺寸。

上模座　160 mm × 160 mm × 40 mm　HT200　硬度 170 ~ 220HB

下模座　160 mm × 160 mm × 45 mm　ZG310 - 570　硬度 24 ~ 28HRC

导　柱　28 mm × 150 mm　　　　20 钢　硬度 58 ~ 62HRC(渗碳)

导　套　28 mm × 100 mm × 38 mm　20 钢　硬度 58 ~ 62HRC(渗碳)

压入式模柄　$\phi40$ mm × 100 mm　Q235

模具闭合高度　最大 200 mm,最小 160 mm

该副模具没有漏料问题,故不必考虑漏料孔尺寸。

(2) 模具的实际闭合高度,一般为

$H_模$ = 上模座厚度 + 垫板厚度 + 冲头长度 + 凹模厚度 + 凹模垫块厚度 +
下模座厚度 - 冲头进入凹模深度

该副模具因上模部分未用垫板、下模部分未用凹模垫块(经计算,模板上所受到的压应力小于模座材料所允许的压应力,故允许这种设计);如果冲头(这里具体指凸凹模)的长度设计为 65,凹模(落料凹模)厚度设计为 48,则该模具的实际闭合高度为

$H_模$ = 上模座厚度 + 冲头长度 + 凹模厚度 + 下模座厚度 -
(凹模与凸模的刃面高度差 + 拉深件高 - t) =
$40 + 65 + 48 + 45 - (1 + 13.8 - 1.5)$ mm $= 184.7$ mm ≈ 185 mm

查设备参数表开式压力机规格知,250 kN 压力机最大闭合高度为:固定台和可倾式最大闭合高度为 250(封闭高度调节量 70),活动台式最大为 360 mm,最小为 180 mm,该压力机的垫板厚度为 50 mm。

模具闭合高度满足 $H_{max} - 5 \geqslant H_模 \geqslant H_{min} + 10$,即

$$250 - 50 - 5 \geqslant 185 \geqslant (250 - 50 - 70) + 10$$

故闭合高度设计合理。

(3) 由于该零件落料、拉深均为轴对称形状,故不必进行压力中心的计算。

(4) 确定该模具装配图的 3 个外形尺寸:长为 254 mm、宽为 240 mm、闭合高度为 185 mm,如图 6.12 所示。然后对工作零件、标准零件及其他零件进行具体结构设计。当然,如果在具体结构设计中涉及上述 3 个总体尺寸需要调整,也属于冲模结构设计中的正常过程。

4. 模具零件的结构设计(在主要工艺设计及模具总体设计之后进行)

(1) 落料凹模(图 6.13(a))。

① 内、外形尺寸和厚度(已定);

② 需有 3 个以上螺纹孔,以便与下模座固定;

③ 要有 2 个与下模座同时加工的销钉孔;

④ 有 1 个挡料销用的销孔;

⑤ 标注尺寸精度、形位公差及粗糙度。

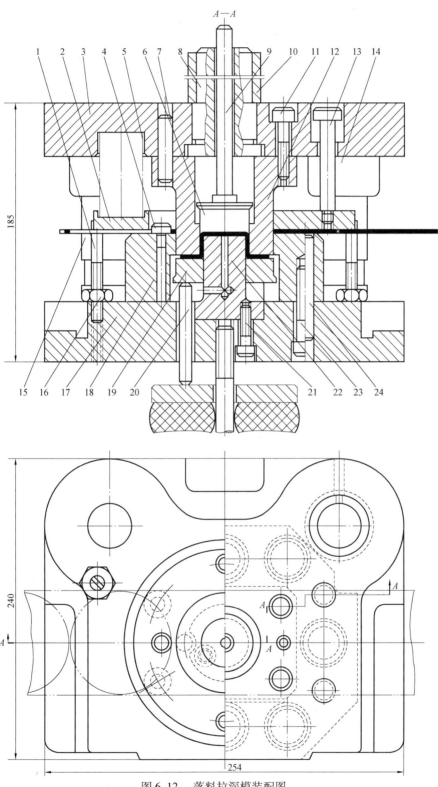

图 6.12 落料拉深模装配图

（2）拉深凸模（图6.14(b)）。

① 设计外形尺寸（工作尺寸已定）；

② 一般有出气孔，可查表4.19确定孔径（工厂实取$\phi4$）；

③ 需有3个以上螺纹孔，以便与下模座固定（工厂实际用两个螺钉紧固，其设计不很合理）；

④ 标注尺寸精度、形位公差及粗糙度。

（3）凸凹模（图6.14(a)）。

① 设计内、外形尺寸（工作部分尺寸已定）；

② 需有3个以上螺纹孔，以便与上模座固定；

③ 要有2个与上模座同时配作的销钉孔；

④ 标注尺寸精度、形位公差及粗糙度。

（4）弹性卸料板（图6.13(b)）。

① 内形与凸凹模（或凸模）间隙配合，外形视弹簧或橡皮的数量、大小而定；

② 需有3个以上螺纹孔与卸料螺钉配合；

③ 如不是橡皮而是用弹簧卸料时，需加工出坐稳弹簧的沉孔；

④ 厚度一般为10 mm左右；

⑤ 如模具用挡料销挡料定位，注意留空挡料钉头部位置。

（5）顶料板（该模具兼作压边圈）（图6.14(c)）。

① 内形与拉深冲头间隙配合，外形受落料凹模内孔限制；

② 一般与顶料杆（3根以上）、橡皮等构成弹性顶料系统；

③ 顶料杆的长度 = 下模座厚 + 落料凹模厚 − 顶料板厚。

（6）打料块（图6.12）。

① 前部外形与拉深凹模间隙配合且后部必须更大；

② 一般与打料杆联合使用，靠两者的自重把工件打出来；

③ 打料杆的长度 = 凸凹模高 − 打料块厚 + 上模座厚 + 滑块模柄孔深 + 5 ~ 10 mm；

（7）其他零部件。可查国标或根据具体结构进行设计，内容从略。

5. 设计结果

由以上设计计算，并经绘图设计，该外壳零件的落料拉深模装配图如图6.12所示，其部分零件图如图6.13、图6.14所示。

表6.2列出了该复合模的零件明细表。

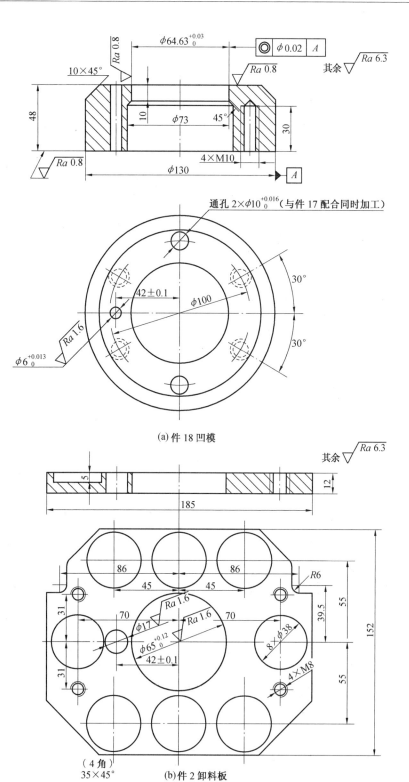

(a) 件 18 凹模

(b) 件 2 卸料板

图 6.13 部分零件图 1

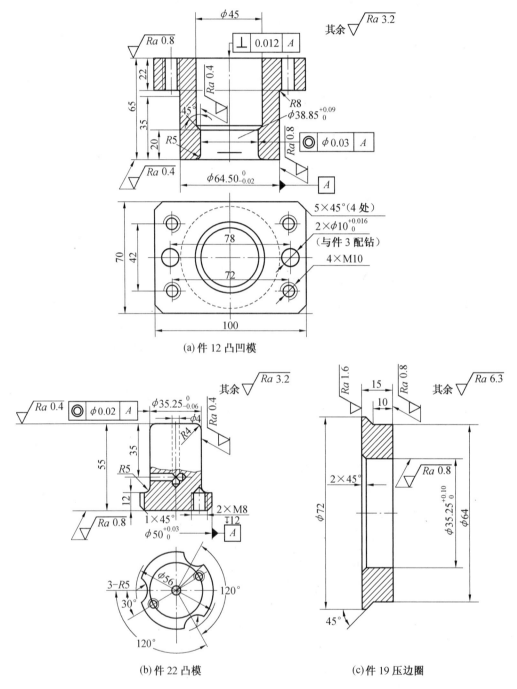

(a) 件 12 凸凹模

(b) 件 22 凸模

(c) 件 19 压边圈

图 6.14　部分零件图 2

表 6.2 零件明细表

件号	名　　称	数量	材料	规　　格	标　　准	热　处　理
1	螺栓销	2	35	M10×70		30～35HRC
2	卸料板	1	Q275	185×152×12		
3	上模座	1	HT200	160×160×40	GB/T 2855.1—2008	退火
4	挡料销	1	T8			50～54HRC
5	弹簧	8	65Mn	$\phi5 \times \phi28 \times 85$	GB/T 1358—2009	40～45HRC
6	打料块	1	40	$\phi38.7 \times 25$		40～45HRC
7	圆柱销	2	45	$\phi10 \times 50$	GB/T 119.2—2000	28～38HRC
8	模柄	1	Q235	B40×100	GB 2862.1—81Q235	
9	打料杆	1	45	A12×160	GB 2867.1—81	43～48HRC
10	模柄套*	1	Q235	$\phi50 \times 70$		
11	内六角螺钉	4	45	M10×40	GB/T 70.1—2008	8.8 级
12	凸凹模	1	Cr12	70×100×65		60～62HRC
13	卸料板螺钉	4	45	10×60	GB 2867.6—81	35～40HRC
14	导套	2	20	A28×100×38	GB/T 2861.3—2008	渗碳58～62HRC
15	导柱	2	20	B28×150	GB/T 2861.1—2008	渗碳58～62HRC
16	螺母	2	45	M10	GB/T 41—2000	5 级
17	下模座	1	ZG310-570	160×160×45	GB/T 2855.2—2008	退火
18	凹模	1	T10A	$\phi130 \times 48$		60～62HRC
19	压边圈	1	45	$\phi72 \times 15$		56～58HRC
20	推销	3	T8A	$\phi8 \times 80$		45～50HRC
21	内六角螺钉	2	45	M8×30	GB/T 70.1—2008	8.8 级
22	凸模	1	T10A	$\phi50 \times 55$		60～62HRC
23	内六角螺钉	4	45	M10×50	GB/T 70.1—2008	8.8 级
24	圆柱销	2	45	$\phi10 \times 70$	GB/T 119.2—2000	28～38HRC

注：*本冲模在 J23-40 型压力机上工作时才用模柄套并加垫板 65 mm 两块

第2篇 塑料注射模设计

第7章 塑料注射模设计概述

塑料成形工艺设计和模具设计是综合利用塑料成形工艺知识和模具设计知识制订塑件成形工艺规程和设计模具的过程。正确合理地设计塑料成形工艺和模具对制品质量和效益起着关键性的作用。

7.1 塑料注射模设计的步骤与方法

1.明确任务书要求,收集有关资料

学生拿到设计任务书后,首先认真研究任务书,分析设计题目,明确设计内容和要求,并仔细阅读塑料模设计指导方面的教材,了解塑料模设计的目的、内容、要求和步骤。然后在教师指导下拟定工作进度计划,收集有关图册、手册等资料。

如果有条件,应深入到有关工厂了解所设计零件的用途、结构、性能,以及在整个产品中的装配关系、技术要求、生产批量、采用的塑料成形设备型号和规格、模具制造的设备型号和规格、标准化等情况,以备设计模具时使用。

2.塑料成形工艺分析及工艺方案的制订

(1)塑料成形工艺性分析。在明确了设计任务、收集了有关资料的基础上,了解所用塑料是热塑性还是热固性塑料、树脂名称,分析任务所提出的成形方法是否恰当;分析制件塑料的成形工艺性能(流动性、收缩性、吸湿性、结晶性、热敏性、固化特性、腐蚀性、压缩比和比容等),收集具体数据;分析塑件的技术要求、结构工艺性及经济性是否符合塑料成形工艺要求。若不合适,可提出自己的修改意见,取得指导教师的同意后做出必要的修改或更换设计任务书。

(2)制订工艺方案,填写塑料成形工艺卡片。首先在工艺分析的基础上,确定塑件的总体加工工艺方案,然后确定塑料成形工艺方案,它是制订塑件加工工艺过程的核心。

在确定塑料成形工艺方案时,可设计若干种方案,最后对各种可能的工艺方案分析比较,综合其优缺点,选出一种最佳方案,将其内容填入工艺卡中。

3.确定成形方案及模具类型

(1)确定成形方案。根据对塑件的形状、尺寸、精度和表面质量要求的分析结果,确定所需的成形方案,包括确定成形位置、分型面、型腔的数目及布置、成形零件的结构、流道形式(冷或者热流道)、排气方式、塑件侧孔同时成形还是后续加工、侧凹(或侧台)的脱模方式、推出方式等。

①选择成形位置。由于成形位置在很大程度上影响模具结构的复杂性,因此应合理安排塑件在塑料模中的方位。

②确定分型面的数目和形状。虽然在塑料制品设计阶段,分型面已经考虑或者选定,但在模具设计阶段还应再次校核,从模具结构及成形工艺性的角度分析分型面选择的合理性,即分型面的位置要有利于模具加工、排气、脱模、成形操作、塑件的表面质量等。

③型腔的数目及布置。通常根据经济性、塑件精度、注塑机的最大注射量和锁模力来确定型腔数量。模具型腔数确定后,应考虑型腔的布置。型腔在模板内的排布既要使模板外形尺寸小,又要考虑到浇注系统的平衡,另外还要注意型腔的布置与冷却管道、推杆布置的协调问题。注塑机的料筒中心一般与定模板的几何中心重合,由此确定了主流道中心位置。按照各型腔到主流道的相对位置,型腔的排列方式有环形排布、串联排布和对称排布等。

④凹模和型芯的结构。确定采用整体式还是组合式凹模和型芯,选定凹模和型芯的材料、热处理和表面粗糙度的技术要求,确定其表面处理和加工方法等。

⑤确定脱模方式。特别注意侧凹(或侧台)制品的脱模方式,考虑采用侧向分型抽芯机构还是采用强制脱模。如果有抽芯,还要确定抽芯的方式,是斜导柱式、液压式、还是气动方式。

⑥确定浇注系统。注射模浇注系统可分为普通浇注系统和热流道浇注系统,两类浇注系统各有优缺点,应综合考虑各种因素(塑料的特点,塑件的结构工艺性和精度等级,产品的尺寸大小、批量大小和工期的长短,以及经济性)选择合适的浇注系统。普通浇注系统包括主流道、分流道、浇口、冷料穴。普通浇注系统的设计重点是浇注系统的平衡、浇口位置和尺寸。

⑦确定排气系统。确定排气方式、排气槽的位置和尺寸大小。

⑧选择推出方式。一般动、定模分模后,塑件留在动模的型芯上,可利用推杆、推管、推件板、组合式推出。对于定模脱模不良的塑件,由于拉伤、白化等现象的出现,以及塑件的特殊形状,塑件留在定模或动模上均有可能时,就必须在定模上设计推出机构。

⑨确定型腔和型芯的加热或冷却方式。可采用油、加热管、水蒸气进行加热;采用水、油、压缩空气和自然冷却。确定加热、冷却管道的布局结构和加热元件的安装部位。

(2)确定模具类型。

在成形方案的基础上确定模具的类型,若为压缩成形,压缩模选用移动式、固定式或是半固定式,还要考虑是单腔还是多型腔,采用溢式、不溢式还是半溢式等。若为注射成形,注射模采用单分型面还是多分型面,是否需要侧向分型抽芯,考虑在立式机、卧式机还是角式机上安装和使用等。

4. 成形工艺计算及设计

(1)注射量计算。通常是以塑件实际需要的注射量初选某一公称注射量的注射机型号,一般先进行计算。对于形状不规则的塑件,可以利用 Pro/E 软件计算塑件体积。

(2)浇注系统设计计算。就设计注射模而言,浇注系统设计是进行模具设计的第一步。浇注系统设计完成后才能估算型腔压力和注射时间,进行锁模力校核,从而进一步校核所选择的注射机是否符合要求。浇注系统设计计算包括浇道布置,主流道、分流道和浇口断面尺寸计算,浇注系统压力降计算和型腔压力校核。

(3)成形零件工作尺寸计算。凹模和型芯的径向尺寸及高度尺寸计算较为简单,可按相关公式进行计算。为计算方便,对塑件尺寸进行换算,对于轴类尺寸取其最大尺寸作为公称尺寸,对于孔类尺寸取其最小尺寸作为公称尺寸。计算工作尺寸时要考虑塑料的收缩率、模具制造公差和模具的磨损。

(4)模具冷却与加热系统计算。冷却系统计算包括冷却时间和冷却参数计算。冷却时间计算有 3 种方法,根据塑料制品形状和塑料性能选择适当的公式进行计算即可。冷却参数包括传热面积、冷却水孔总长度和冷却水孔数目的计算及冷却水流动状态的校核、冷却水入口与出口处温度差的校核。模具采用加热管加热时主要是加热功率计算,采用油和水蒸气加热时需要计算加热时间和加热参数。加热参数计算主要包括传热面积、加热管道总长度和管道数目的计算。

(5)注射压力、锁模力、安装尺寸校核。待模具总图设计好后,对成形设备的有关工艺参数及装模尺寸进行校核。如压缩模用的液压机的公称压力、推出力、封闭高度、活动压板的行程、液压机立柱或框架之间的距离、工作台面尺寸、工作台面上的 T 形槽位置和推出机构的行程等。另外,还应确定压缩模是否还要设计上下卸模架等。

校核注射机注射压力和锁模力能否满足塑料成形要求,开模行程、推杆位置和推出行程是否满足取件要求。还需校核注射机的装模尺寸(如拉杆间距、最大模厚与最小模厚、定位孔、喷嘴孔直径和喷嘴前端球面半径、螺孔等)是否合乎要求,最终确定注射机型号和规格。

5.模具结构设计

(1)确定型腔壁厚及支承板厚度。在压缩及注射时要求型腔和支承板在高压(20～50 MPa)的塑料熔体作用下,不发生碎裂或变形。一般根据模具材料的机械性能,按照理论公式的计算方法,确定型腔壁厚及支承板厚度,或者按照经验公式、数据确定。再根据型腔壁厚确定凹模(模板)周界尺寸(长×宽)。在确定凹模(模板)周界尺寸时要注意:①浇注系统的布置,特别是一模多腔的型腔布置和浇道布置;②凹模上螺孔的布置位置;③凹模(模板)外形尺寸尽量按国家标准选取。

(2)结构件的设计。结构零件是指模架和用于安装、定位、导向以及成形时完成各种动作的零件,如定位圈、浇口套、推板复位弹簧、支承柱、推板限位钉、拉料杆、密封圈、推杆、推板先复位机构、三板模定距分型机构和紧固螺钉等。

按照型腔、型芯的结构形式、脱模动作、浇注形式确定标准模架结构的组合形式(型号),然后根据定、动模板的周界尺寸(宽×长)选取系列,分析模块受力部位,进行强(刚)度的计算,在规定的模板厚度范围内确定各模板厚度和导柱长度,以确定模架的规格。

根据设计和计算的注射模的主要尺寸,选取标准零件,包括定位圈、浇口套、支承柱、推杆、弹簧、螺钉、密封圈等零件。

在完成以上工作的基础上,绘制模具完整的结构草图,确定模具轮廓尺寸和零部件的主要结构尺寸。绘图步骤为先画俯视图(顺序为:画模架、型腔、浇注系统、冷却管道、支承柱、推出机构),再画主视图。

（3）绘制模具装配图。绘制模具装配图的基本方法是将初步拟定的结构方案在图纸上具体化，一般先从分型面及主流道开始，再画型腔，由成形零件向其他结构零件展开，主视图、俯视图和侧视图应同步进行。

由于总装配图的设计过程比较复杂，一般先画模具装配图草图，经指导教师同意后再画正式图。

（4）绘制零件图。装配图画好后，即可画零件图。一般模具装配图中的非标准模具零件均应画零件图，有些标准零件（如定、动模座板）需补加工的地方太多时，也要求画出零件图，并标注加工部位的尺寸公差。但是由于课程设计的时间有限，只画成形零件图2～3张，成形零件包括凹模、凸模、型芯、螺纹型芯、螺纹型环、镶件等，具体由指导教师指定。

（5）编写技术文件。塑料模课程设计要求编写的技术文件包括：设计说明书、塑料成形工艺卡和成形零件机械加工工艺过程卡。可按本章有关要求认真编写。

7.2　塑料注射模设计要求

1.塑料注射模装配图

塑料注射模装配图用来表明注射模结构、工作原理、组成注射模的全部零件及其位置和装配关系。绘图之前要确定装配图的图纸幅面、绘图比例、视图数量布置及方式。一般情况下，注射模装配图用主视图和俯视图表示，若仍不能表达清楚时，再增加其他视图。一般按1∶1比例绘制注射模装配图。注射模装配图上要标明必要的尺寸和技术要求，还要填写标题栏和零件明细表。

（1）主视图。按注射模正对着操作者方向绘制（注射模若为卧式，可按立式绘制），主视图放在图样的上面偏左，采取剖面画法，在浇注系统的流道和型腔中充满塑料，断面涂黑或画十字剖面线。主视图是模具装配图的主体部分，尽量在主视图上将模具结构表达清楚，力求将型芯和型腔形状画完整。

（2）俯视图。俯视图通常布置在图样下面偏左，与主视图相对应。将模具沿注射方向"分开"动定模，沿注射方向分别从上往下看分开的定模和动模，绘制俯视图。俯视图上应表达注射模零件的平面布置、型腔或型芯的轮廓形状，习惯上将定模部分拿去，只反映模具的动模俯视可见部分；或将定模的左半部分去掉，只画动模，而右半部分保留定模画俯视图。

（3）其他视图。当主视图和俯视图未完整或表达不清楚时，可采用其他视图以弥补表达的不足。一般情况下，装配图中的每种零件至少应在视图中出现一次。

（4）模具装配图中的画法。模具装配图中的画法一般按照国家机械制图标准的规定执行，但也应参照模具行业习惯和特殊画法。

①在注射模图样中，为了减少局部视图，在不影响剖视图表达剖面迹线通过部分结构的情况下，可将剖面迹线以外部分旋转或平移到剖视图上。

②螺钉和销钉可以各画一半。当剖视图中螺钉和销钉不易表达时，也可在俯视图中引出件号。在俯视图中内六角螺钉和圆柱销分别用双圆（螺钉头外径和窝孔）和单圆表示。

③塑料模具中的推出复位弹簧、抽芯复位弹簧、闭锁弹簧一般均采用简化画法,可用双点画线表示。当弹簧数量较多时,在俯视图上可只绘制一个,其余只绘制窝座。

④可用涂色、符号、阴影线区别直径尺寸大小不同的各组孔。

⑤外形倒角可以不画。

(5)装配图尺寸标注。装配图上应标注必要的尺寸,如模具闭合高度尺寸(应为动、定模座板的外端面,不含定位圈的厚度)、模具外形尺寸、特征尺寸(与成形设备配合的尺寸,如定位圈外径、推出孔尺寸)、安装尺寸(安装在成形设备上螺钉孔中心距)、极限尺寸(活动零件起止点),不标注配合尺寸、形位公差。

(6)塑料产品图。塑料产品图(亦称塑件图)通常画在图样的右上角,要注明塑料产品图的塑料名称、颜色、透明度、尺寸、公差等。塑料产品图应按比例绘制,一般与模具图的比例一致,特殊情况下可放大或缩小,它的方位应与模具中成形的塑件方位一致,若不一致,必须用箭头指明注射方向。

(7)标题栏和明细表。标题栏和明细表布置在总图右下角,若图面不够,可另立一页,其格式应符合国家机械制图标准的(GB/T 10609.1—89,GB/T 10609.2—89),零件明细表应包括零件序号、名称、数量、材料、热处理、标准零件代号及规格、备注等内容,模具图中所有零件都应填写在明细表中。

(8)技术要求。装配图的技术要求布置在图纸下部适当位置,其内容包括:

①对动、定模装配工艺的要求,如分型面的贴合间隙,动、定模的平行度要求。

②对模具某些结构的性能要求,如导向部件、推出机构、抽芯机构、冷却系统等的装配要求。

③模具的使用说明。

④所选的成形设备型号。

⑤其他,按本行业国标或厂标执行。

2. 注射模零件图

零件图的绘制和标注应符合国家机械制图标准的的规定,要注明所有尺寸、公差、形位公差、表面粗糙度,在技术要求中,要注明材料、热处理要求及其他技术要求。

3. 塑料注射工艺卡和成形零件机械加工工艺过程卡

(1)塑料注射工艺卡。塑料注射工艺卡一般包括以下内容。

①塑料制品的概况,包括简图、质量、壁厚、投影面积、外形尺寸、有无侧凹和嵌件等。

②塑料制品所用塑料的概况,如品名、出产厂家、颜色、干燥情况等。

③必要的注射机数据,如动、定模压板尺寸、模具最大空间、螺杆类型、额定功率等。

④压力与行程图。

⑤注射成形条件,包括加料筒各段温度、注射温度、模具温度、冷却介质温度、锁模力、螺杆背压、注射压力、注射速度、循环周期(注射、固化、冷却、开模时间)等。

(2)成形零件机械加工工艺过程卡。成形零件机械加工工艺过程卡指凹模、凸模、型芯等零件的机械加工工艺过程,包括该零件的整个工艺路线,经过的车间,各工序名称、工序内容,以及使用的设备和工艺装备。若采用成形磨削加工,应绘出成形磨削工序图。若采用电火花线切割加工,应编制数控程序。

4.设计说明书

工艺文件和设计图样完成后,设计者还要编写设计计算说明书进一步表达设计思想、设计方法以及设计结果等。设计计算说明书的主要内容有:

(1)目录。

(2)设计任务书及产品图。

(3)序言。

(4)制件的工艺性分析。

(5)塑件工艺方案拟订。

(6)注射量、成形零件工作尺寸计算。

(7)成形设备选择。

(8)模具结构形式的比较选择。

(9)模具零件的选用、设计及必要的计算。

(10)加热和冷却系统计算。

(11)其他需要说明的问题。

(12)参考资料。

说明书中应附注射模结构等必要的简图。引用的数据及计算公式要注明来源,并说明式中各符号所代表的意义和单位(一律采用法定计量单位)。主要参数、尺寸、规格和计算结果,可在右侧计算结果栏中列出。

参考资料必须是学生在注射模设计中真正阅读过和运用过的,文献按照在正文中出现的顺序排列。各类文献的书写格式如下:

①图书类的参考文献。

[序号]著作权人.书名(版次).出版地:出版单位,出版时间:引用部分起止页码.

②翻译图书类的参考文献。

[序号]著作权人.书名.译者(版次).出版地:出版单位,出版时间:引用部分起止页码.

③期刊类的参考文献。

[序号]著作权人.文章名.期刊名,年,卷(期):引用部分起止页码.

在说明书中引用所列参考资料时,只需在方括号里注明其序号及页数,如:见文献[6]P135。

7.3 塑料注射模设计题目汇编

1.碗

如图7.1所示,材料为PP,大批量生产,塑件精度为MT5。

2.线圈骨架

如图7.2所示,材料为PE,大批量生产,塑件精度为MT5。

3.后盖板

如图7.3所示,材料为ABS,大批量生产,塑件精度为MT4。

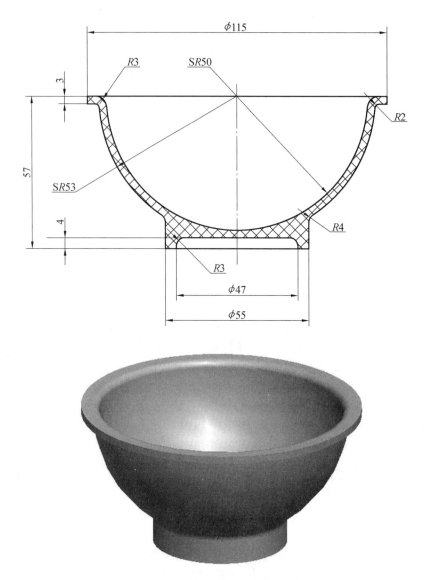

图 7.1 碗

4.穿线盒

如图 7.4 所示,材料为 PP,大批量生产,塑件精度为 MT4,未注壁厚及底厚均为3 mm。

5.罩盖

如图 7.5 所示,材料为 ABS,大批量生产,塑件精度为 MT4。

6.盖

如图 7.6 所示,材料为 PE,大批量生产,塑件精度为 MT4。

7.弹簧上座

如图 7.7 所示,材料为 PA6,大批量生产,塑件精度为 MT4。

8.包装盒

如图 7.8 所示,材料为 HDPE,大批量生产,塑件精度为 MT5。

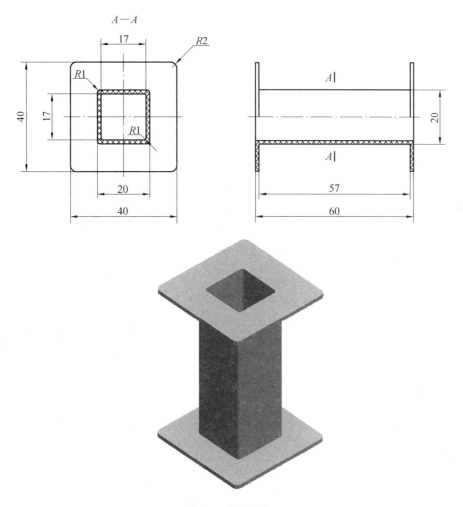

图 7.2　线圈骨架

9. 隔套

如图 7.9 所示,材料为 PA1010,大批量生产,塑件精度为 MT4。

10. 防护罩

如图 7.10 所示,材料为 LDPE,大批量生产,塑件精度为 MT5。

11. 调整垫

如图 7.11 所示,材料为 PA6,大批量生产,塑件精度为 MT4。

12. 保护套

如图 7.12 所示,材料为 HDPE,大批量生产,塑件精度为 MT5。

13. 下弹簧座

如图 7.13 所示,材料为 PA6,大批量生产,塑件精度为 MT3。

14. 灭火器桶座

如图 7.14 所示,材料为 ABS,大批量生产,塑件精度为 MT2,未注圆角为 $R3$,未注壁厚及底厚为 4 mm。

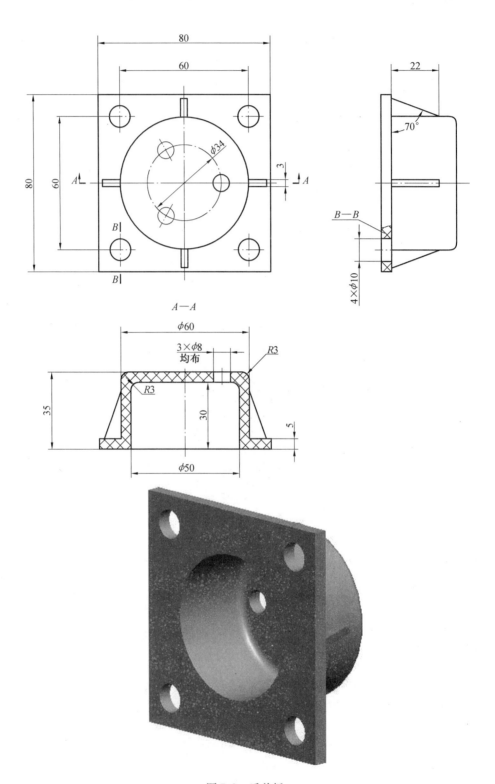

图 7.3 后盖板

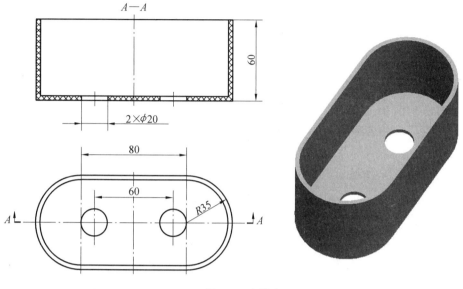

图 7.4 穿线盒

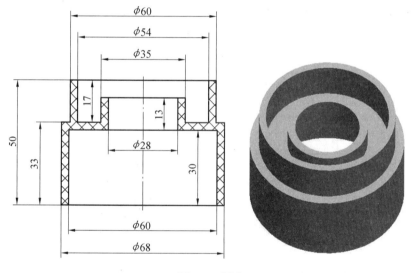

图 7.5 罩盖

15. 罩体

如图 7.15 所示,材料为 PS,大批量生产,塑件精度为 MT2,球顶厚度为 3 mm。

16. 壳体

如图 7.16 所示,材料为 ABS,大批量生产,塑件精度为 MT3。

17. 瓶盖

如图 7.17 所示,材料为 PA1010,大批量生产,塑件精度为 MT3。

18. 支承盘

如图 7.18 所示,材料为 ABS,大批量生产,塑件精度为 MT2。

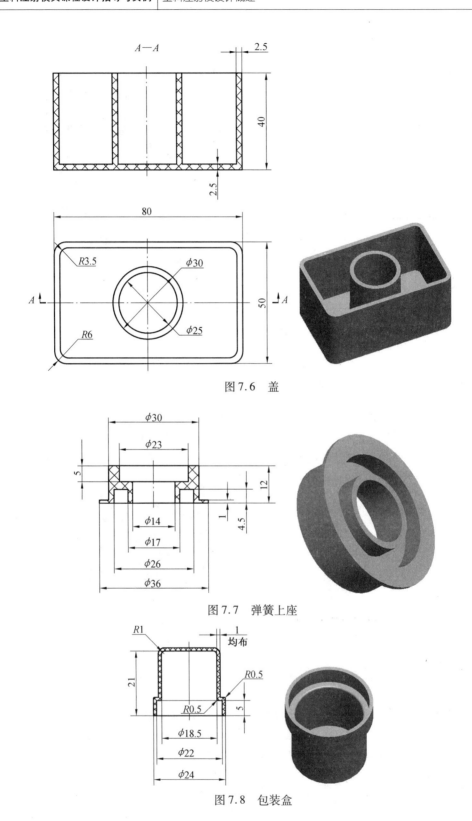

图 7.6 盖

图 7.7 弹簧上座

图 7.8 包装盒

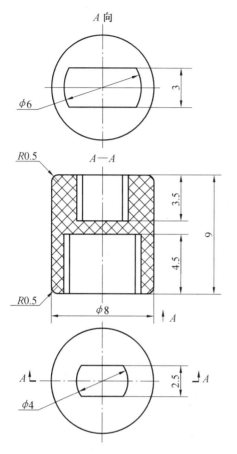

图 7.9 隔套

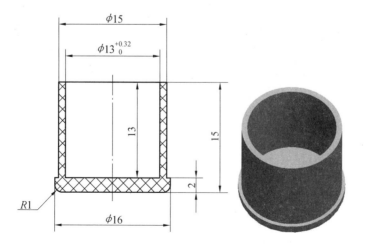

图 7.10 防护罩

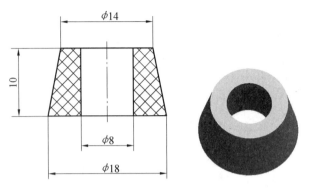

图 7.11　调整垫

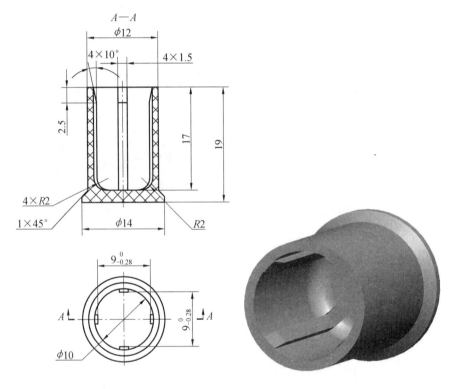

图 7.12　保护套

19. 穿线盒

如图 7.19 所示,材料为 ABS,大批量生产,塑件精度为 MT3,厚度为 1 mm。

20. 连轴套

如图 7.20 所示,材料为 PA66,大批量生产,塑件精度为 MT4,未注圆角半径为 1 mm。

21. 冷水壶盖

如图 7.21 所示,材料为 HDPE,大批量生产,塑件精度为 MT5,未注底厚及壁厚为3 mm。

22. 防护罩

如图 7.22 所示,材料为 PS,大批量生产,塑件精度为 MT4。

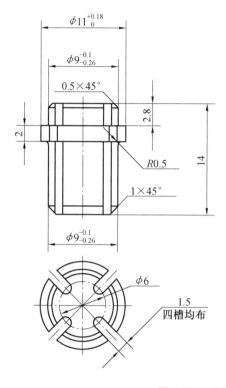

图 7.13 下弹簧座

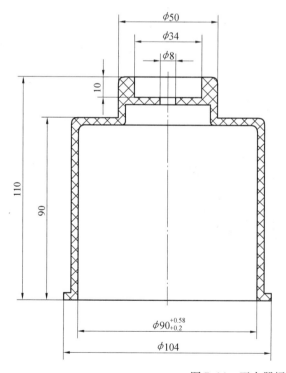

图 7.14 灭火器桶座

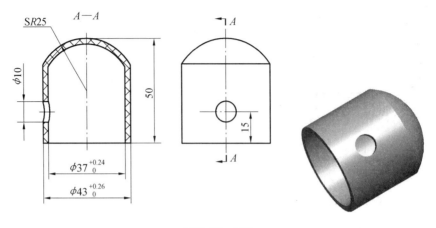

图 7.15 罩体

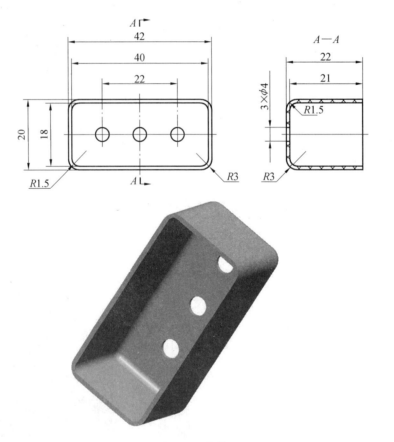

图 7.16 壳体

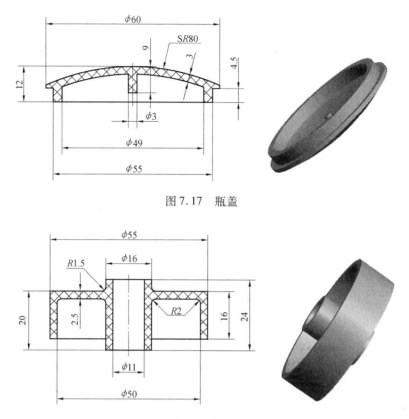

图 7.17 瓶盖

图 7.18 支承盘

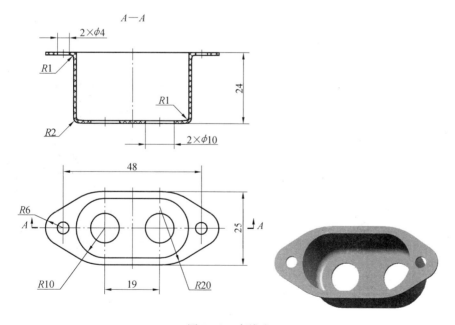

图 7.19 穿线盒

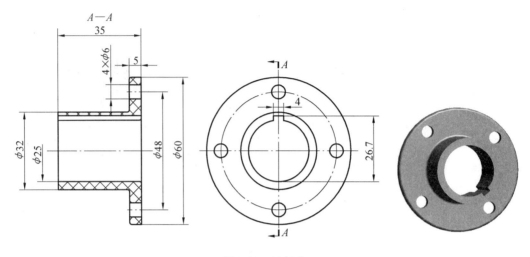

图 7.20　连轴套

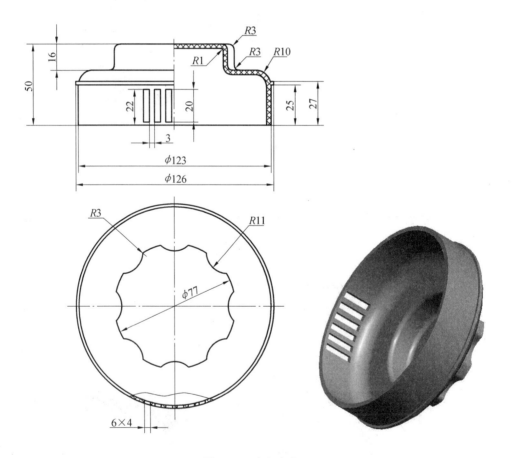

图 7.21　冷水壶盖

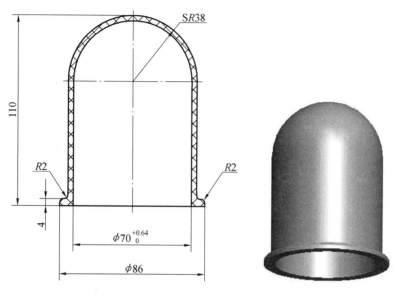

图 7.22 防护罩

23. 药瓶盖

如图 7.23 所示,材料为 PP,大批量生产,塑件精度为 MT4。

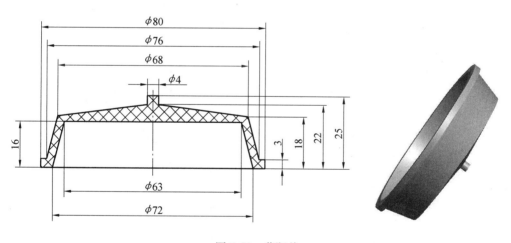

图 7.23 药瓶盖

24. 底座盖

如图 7.24 所示,材料为 PC,大批量生产,塑件精度为 MT4,未注圆角半径为 1 mm,未注倒角为 0.5×45°。

25. 齿轮

如图 7.25 所示,材料为 POM,大批量生产,塑件精度为 MT4。齿轮的模数为 1.75,齿数为 15。

26. 滚轮

如图 7.26 所示,材料为 PA66,大批量生产,塑件精度为 MT5,未注圆角半径为 1 mm。

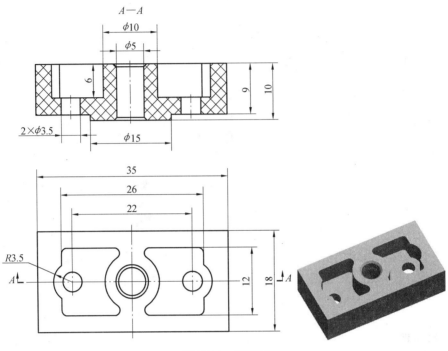

图 7.24 底座盖

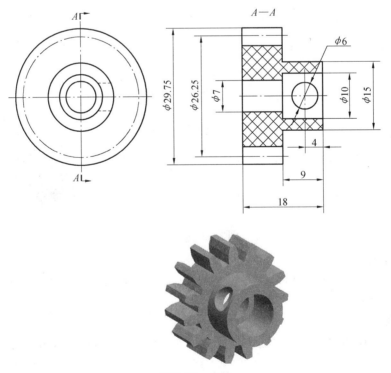

图 7.25 齿轮

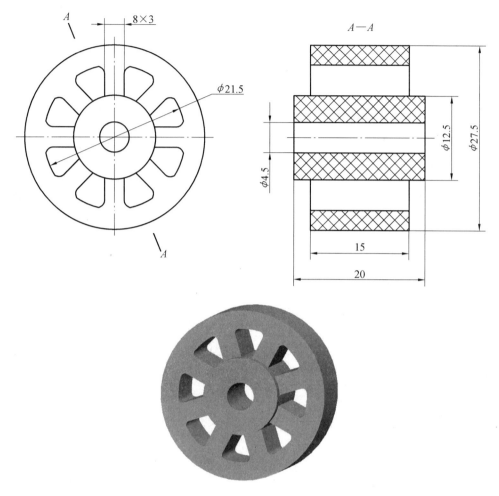

图 7.26 滚轮

27.仪表盖

如图 7.27 所示,材料为 PP,大批量生产,塑件精度为 MT3,未注壁厚及底厚均为 2.5 mm,未注圆角半径为 1 mm。

28.罩盖板

如图 7.28 所示,材料为 HDPE,大批量生产,塑件精度为 MT5,未注圆角半径为3 mm。

29.盖塞

如图 7.29 所示,材料为 PS,大批量生产,塑件精度为 MT3。

30.骨架

如图 7.30 所示,材料为 ABS,大批量生产,塑件精度为 MT5,壁厚均为 1.5 mm。

31.壳体

如图 7.31 所示,材料为 PS,大批量生产,塑件精度为 MT5,壁厚均匀,脱模斜度为 30′~1°,未注圆角半径为 2 mm。

32.瓶盖

如图 7.32 所示,材料为 PP,大批量生产,塑件精度为 MT4,未注圆角半径为 1 mm。

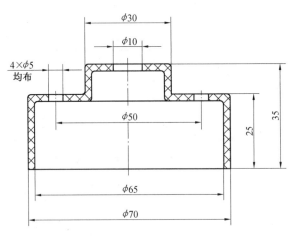

图 7.27　仪表盖

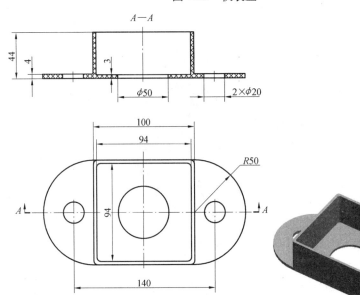

图 7.28　罩盖板

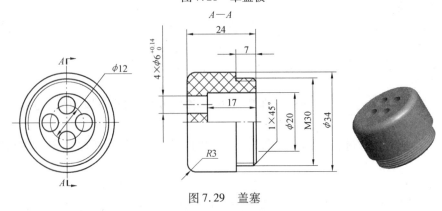

图 7.29　盖塞

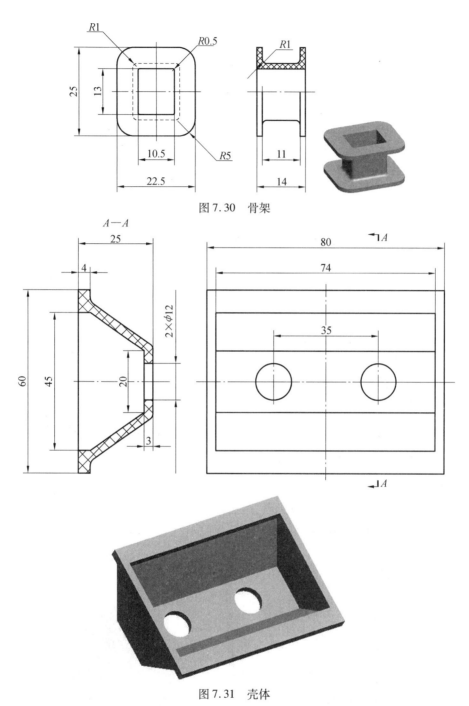

图 7.30 骨架

图 7.31 壳体

33. 外壳

如图 7.33 所示,材料为 ABS,大批量生产,塑件精度为 MT4,壁厚要求均匀。

34. 桶

如图 7.34 所示,材料为 PP,大批量生产,塑件精度为 MT5,壁厚及底厚均为 2 mm,未注圆角半径为 1 mm,未注倒角为 1×45°。

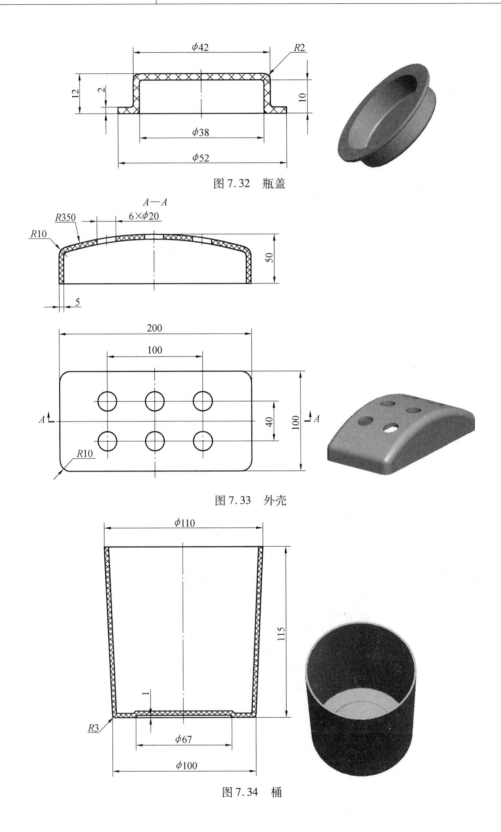

图 7.32　瓶盖

图 7.33　外壳

图 7.34　桶

35. 桶盖

如图 7.35 所示,材料为 PP,大批量生产,塑件精度为 MT5,未注塑件厚度为 4 mm。

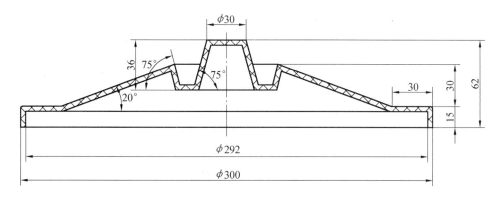

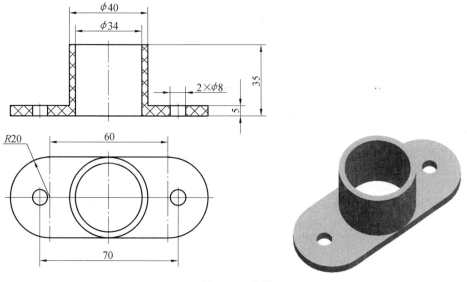

图 7.35 桶盖

36. 套管

如图 7.36 所示,材料为 ABS,大批量生产,塑件精度为 MT4。

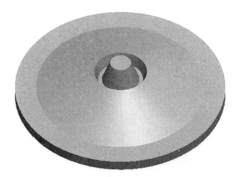

图 7.36 套管

37. 罩盖

如图 7.37 所示,材料为 LDPE,大批量生产,塑件精度为 MT5,未注壁厚为 3 mm。

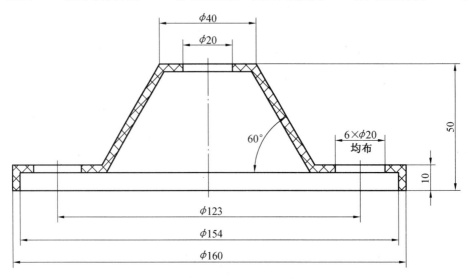

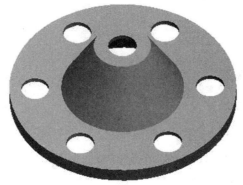

图 7.37 罩盖

38. 锁盖

如图 7.38 所示,材料为 PP,大批量生产,塑件精度为 MT5。

39. 防尘盖

如图 7.39 所示,材料为 PE,颜色为黄色,大批量生产,塑件精度为 MT5。

40. 轴套

如图 7.40 所示,材料为 PC,大批量生产,塑件精度为 MT4。

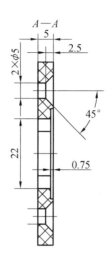

图 7.38 锁盖

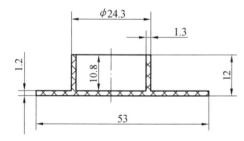

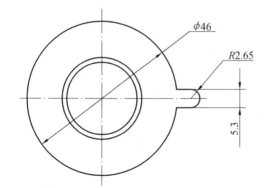

图 7.39 防尘盖

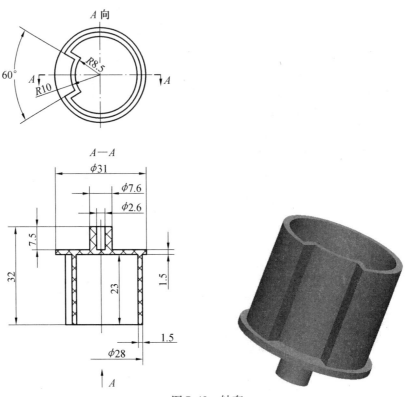

图 7.40　轴套

41.U 形座

如图 7.41 所示,材料为 PC,颜色为黑色,大批量生产,塑件精度为 MT5。

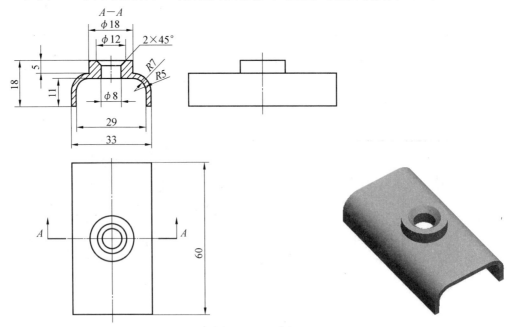

图 7.41　U 形座

42. 塑料盒

如图 7.42 所示,材料为 ABS,大批量生产,未注塑件精度为 MT5。

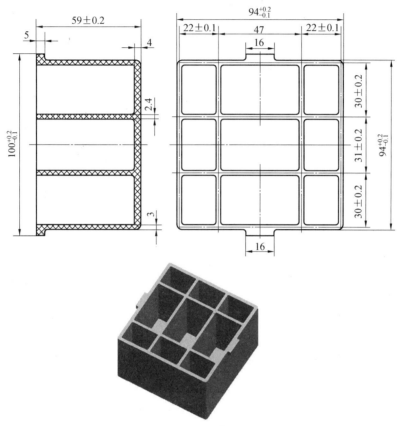

图 7.42　塑料盒

43. 塑料端盖

如图 7.43 所示,材料为 HIPS,大批量生产,未注塑件精度为 MT5。

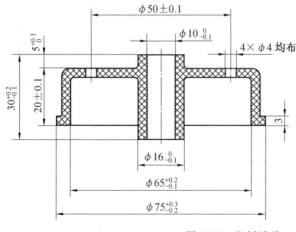

图 7.43　塑料端盖

44. 多孔塑料罩

如图 7.44 所示,材料为 LDPE,大批量生产,未注塑件精度为 MT5。

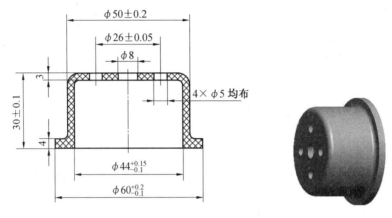

图 7.44 多孔塑料罩

45. 塑料把手

如图 7.45 所示,材料为 PP,大批量生产,未注塑件精度为 MT5。

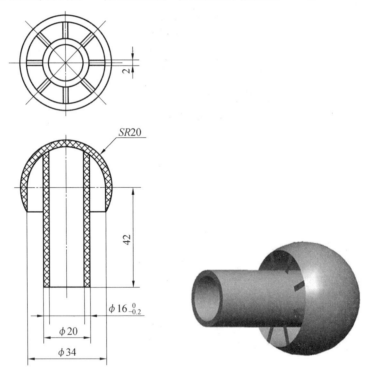

图 7.45 塑料把手

46. 方形壳体

如图 7.46 所示,材料为 ABS,大批量生产,塑件精度为 MT5。

47. 矩形座

如图 7.47 所示,材料为 PP,大批量生产,塑件精度为 MT5。

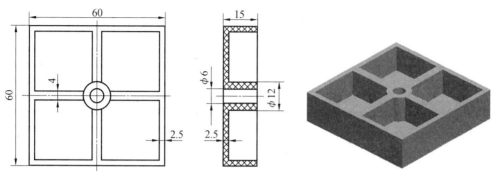

图 7.46 方形壳体

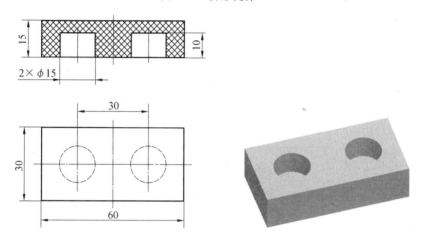

图 7.47 矩形座

48. 底座

如图 7.48 所示,材料为 ABS,大批量生产,塑件精度为 MT5。

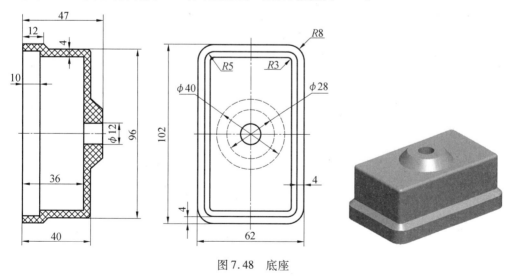

图 7.48 底座

49.支架

如图 7.49 所示,材料为 ABS,大批量生产,未注塑件精度为 MT5。

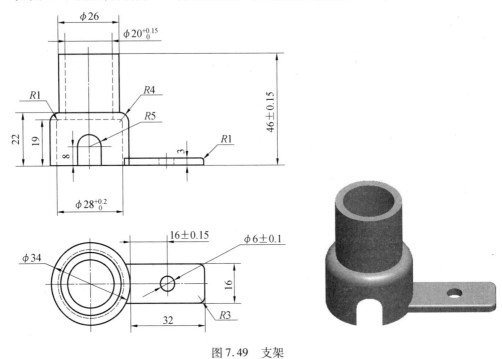

图 7.49　支架

50.电器盖

如图 7.50 所示,材料为 PE,大批量生产,塑件精度为 MT5。

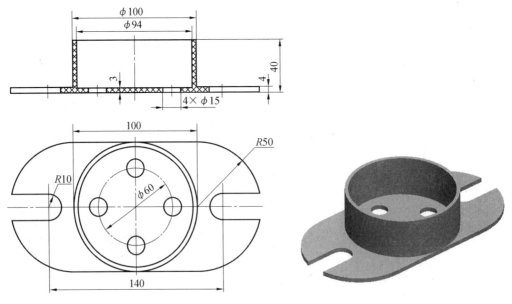

图 7.50　电器盖

51. 支架

如图 7.51 所示,材料为 ABS,大批量生产,塑件精度为 MT5。

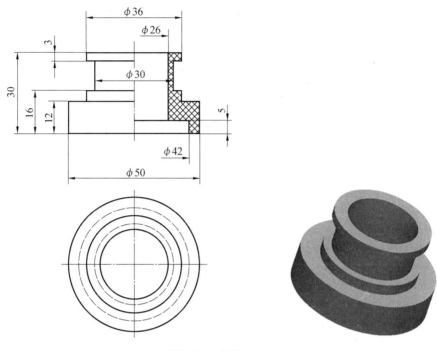

图 7.51 支架

52. 衬套

如图 7.52 所示,材料为 PP,大批量生产,塑件精度为 MT5。

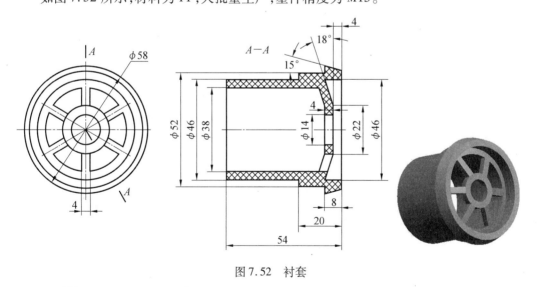

图 7.52 衬套

53. 纱桶

如图 7.53 所示,材料为 PP,大批量生产,塑件精度为 MT5。

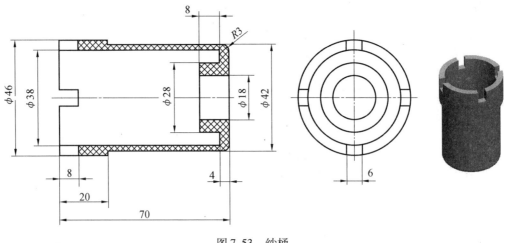

图 7.53 纱桶

54. 架子

如图 7.54 所示,材料为 ABS,大批量生产,塑件精度为 MT5。

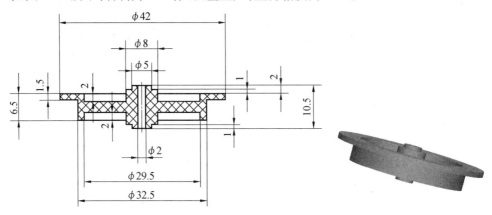

图 7.54 架子

55. 端盖

如图 7.55 所示,材料为 LDPE,大批量生产,未注塑件精度为 MT5。

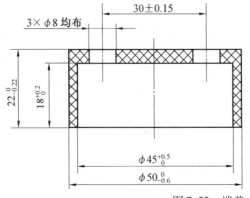

图 7.55 端盖

56. 圆形盖

如图 7.56 所示,材料为 PP,塑件壁厚及底厚均为 3 mm,大批量生产,塑件精度为 MT5。

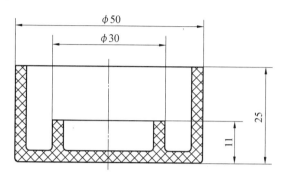 

图 7.56 圆形盖

57. 衬套

如图 7.57 所示,材料为 PA1010,大批量生产,塑件精度为 MT5。

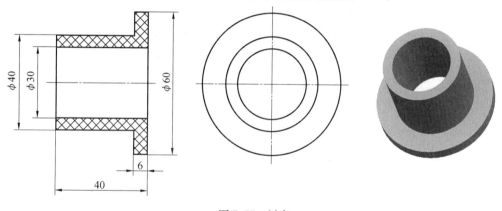

图 7.57 衬套

58. 盒盖

如图 7.58 所示,材料为 POM,塑件壁厚及底厚均为 3 mm,大批量生产,塑件精度为 MT5。

59. 方盒盖

如图 7.59 所示,材料为 ABS,大批量生产,未注塑件精度为 MT5。

60. 轴套

如图 7.60 所示,材料为 ABS,大批量生产,塑件的未注尺寸公差按 GB/T 14486—1993 中 MT7。

61. 罩

如图 7.61 所示,材料为 ABS,大批量生产,塑件的未注尺寸公差按 GB/T 14486—1993 中 MT7。

62. 底托

如图 7.62 所示,材料为 PP,大批量生产,塑件精度为 MT7。

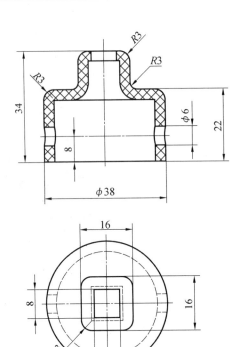

图 7.58 盒盖

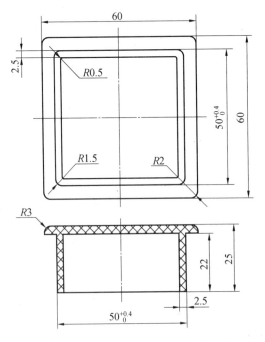

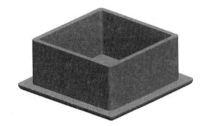

图 7.59 方盒盖

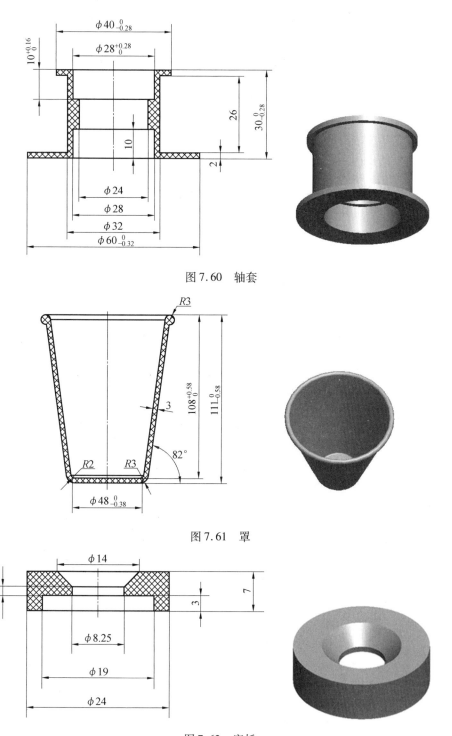

图 7.60 轴套

图 7.61 罩

图 7.62 底托

63. 带螺纹的壳体

如图 7.63 所示,材料为 PP,大批量生产,塑件精度为 MT5。

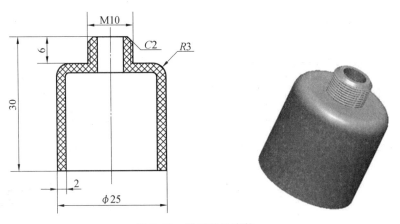

图 7.63　带螺纹的壳体

64.电位器盒

如图 7.64 所示,材料为 PS,塑件壁厚及底厚均为 2.5 mm,大批量生产,塑件精度为 MT5。

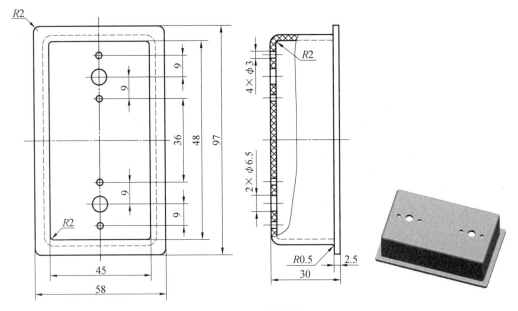

图 7.64　电位器盒

65.圆形壳体

如图 7.65 所示,材料为 ABS,大批量生产,塑件精度为 MT5。

66.长圆盒形件

如图 7.66 所示,材料为 PC,颜色为黑色,未注脱模斜度为 1°,大批量生产,塑件精度为 MT5。

67.带盖螺母

如图 7.67 所示,材料为 PC,颜色为黑色,大批量生产,塑件精度为 MT5。

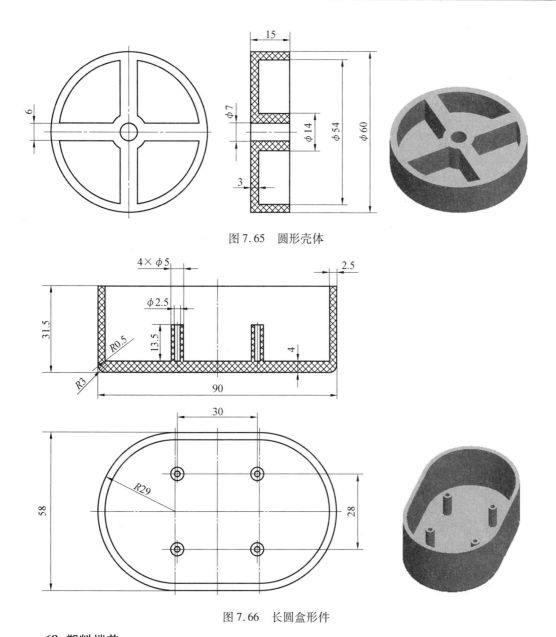

图 7.65　圆形壳体

图 7.66　长圆盒形件

68. 塑料端盖

　　如图 7.68 所示,材料为 PC,塑件壁厚及底厚均为 2 mm,未注圆角半径为 1 mm,颜色为黑色,大批量生产,塑件精度为 MT5。

69. 瓶盖

　　如图 7.69 所示,材料为 PE,塑件壁厚及底厚均为 2 mm,未注圆角半径为 1 mm,颜色为红色,大批量生产,塑件精度为 MT5。

70. 底座

　　如图 7.70 所示,材料为 PC,大批量生产,塑件精度为 MT5。

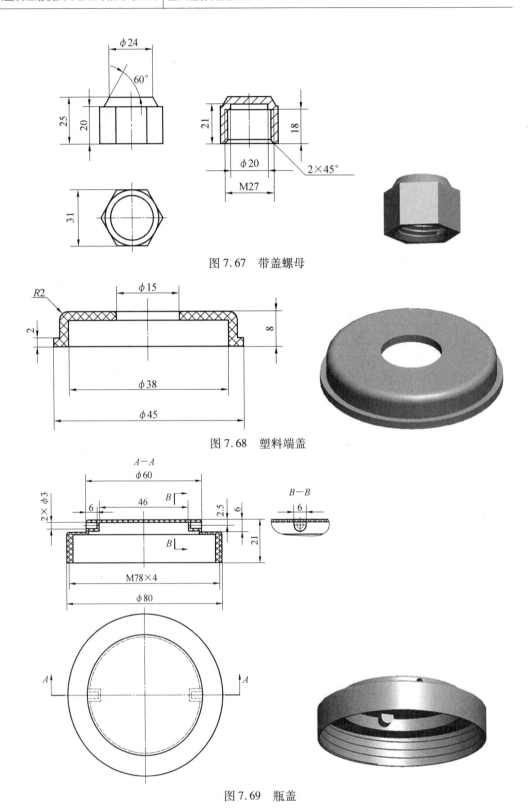

图 7.67 带盖螺母

图 7.68 塑料端盖

图 7.69 瓶盖

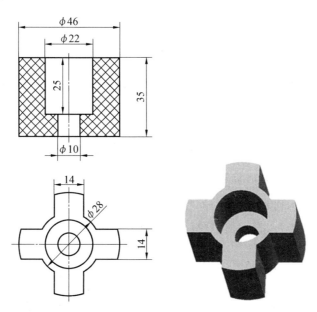

图 7.70 底座

第8章 塑料注射模设计

8.1 注射机的选择及校核

注射模必须安装在与其相匹配的注射成形机上才能进行注塑成形。从模具设计角度考虑,需要了解的注射机相关参数有:最大注射量、最大注射压力、锁模力、开模行程、模具安装尺寸和推出装置等。在注射模设计时,要合理选择注射机规格,必须对相关的参数进行计算和校核。

在学校做设计时,首先根据塑件的形状和尺寸、批量大小、塑件的精度要求、模具制造难易程度及模具费用等因素来确定型腔数目,然后选择注射机型号。

在工厂做设计时,根据设备的负荷情况,首先选择注射机型号,然后根据注射机的技术参数确定型腔数目。

1. 型腔数量的确定

在一个注射成形周期,只能成形一件制品的注射模称为单型腔注射模。如果一副注射模在一个注射成形周期成形两件或两件以上的塑料制品,这样的注射模称为多型腔注射模。

采用单型腔模具成形的塑件精度高,成形工艺参数易于控制,模具结构简单,模具制造成本低,周期短。但塑料成形的生产效率低,塑件的成本高。单型腔模具适用于塑件较大、精度要求较高或者小批量及试生产情况。

采用多型腔模具,塑料成形的生产效率高,塑件的成本低。但塑件的精度低,成形工艺参数难以控制,模具结构复杂,制造成本高,周期长。多型腔模具适用于大批量中小型塑件的生产。

对于多型腔注射模,其型腔数量与注射机的塑化速率、最大注射量及锁模力等参数有关,另外型腔数量还直接影响塑件的精度和生产的经济性。下面介绍根据这些因素确定型腔数量的几种方法,这些方法也可用来校核初步选定的型腔数量是否能与注射机规格相适应。

（1）按注射机的额定塑化速率确定型腔的数量。

注射机的额定塑化速率确定型腔的数量为

$$n \leqslant \frac{KMt/3600 - m_{浇}}{m_{件}} \tag{8.1}$$

式中　　n——型腔数量;

　　　　K——注射机最大注射量的利用系数,一般取0.8;

　　　　M——注射机的额定塑化量,g/h 或 cm³/h;

　　　　t——成形周期,s;

$m_{浇}$—— 浇注系统凝料所需塑料质量或体积,g 或 cm^3;

$m_{件}$—— 单个塑件的质量或体积,g 或 cm^3。

（2）根据所用注射机的最大注射量（额定注射量）确定型腔数量。

注射机的最大注射量（额定注射量）确定型腔数量为

$$n \leqslant \frac{KG - m_{浇}}{m_{件}} \tag{8.2}$$

式中　G—— 注射机允许的最大注射量,g 或 cm^3。

（3）根据注射机的最大锁模力（额定锁模力）确定型腔数量。

注射机的最大锁模力（额定锁模力）确定型腔数量为

$$n \leqslant \frac{F_{锁} - p_{M}A_{浇}}{p_{M}A_{件}} \tag{8.3}$$

式中　$F_{锁}$—— 注射机的额定锁模力,N;

p_{M}—— 塑料熔体对型腔的成形压力,简称型腔压力,MPa;

$A_{浇}$—— 模具上浇注系统凝料在分型面上的投影面积,mm^2;

$A_{件}$—— 单个塑件在分型面上的投影面积,mm^2。

（4）按塑件的精度要求确定型腔的数量。

生产经验表明,每增加一个型腔,塑件的尺寸精度约降低 4%,故成形高精度塑件时,型腔数量一般不超过 4 个,因为多型腔难以保证各型腔的成形条件一致。

（5）根据生产经济性确定型腔数量。

根据总成形加工费用最小的原则,忽略准备时间和试生产原料费用,仅考虑模具制造费用和成形加工费用。按总的成形加工费用最小推导的公式为

$$n = \sqrt{\frac{NYt}{3\,600C}} \tag{8.4}$$

式中　N—— 需要生产的塑件总数量;

Y—— 每小时注射成形加工费,元／时;

C—— 与型腔数成比例的费用中单个型腔分摊的费用,元。

通过上述几种方法所确定的型腔数目,既能在技术上充分保证产品质量,又能在生产上保证最佳的经济性。

2.注射机的选择

在学校做设计时一般根据预选的型腔数目来选择注射机。

（1）注射量的计算。在一个注射成形周期内,注射模内所需的塑料熔体总量与单个型腔容积、型腔数目和浇注系统的容积有关,其值按下式计算:

$$m_{塑} = nm_{件} + m_{浇} \tag{8.5}$$

式中　$m_{塑}$—— 在一次注射过程中,注射模内所需的塑料质量或体积,g 或 cm^3;

n—— 型腔数目;

$m_{件}$—— 单个塑件的质量或体积,g 或 cm^3;

$m_{浇}$—— 浇注系统凝料所需塑料质量或体积,g 或 cm^3。

$m_{浇}$ 在模具设计前是个未知数,根据统计资料,对于流动性好的普通精度塑件,浇注

系统凝料为塑件质量或体积的15% ~ 20%。对于流动性不太好或精密塑件,浇注系统凝料的质量或体积是每个塑件的20% ~ 100%,当塑料熔体黏度高,塑件越小、壁越薄、型腔越多且采用平衡式布置时,浇注系统凝料的质量或体积会更大。

在学校做设计时取 $m_浇 = 0.6nm_件$ 进行估算,即

$$m_塑 = 1.6nm_件 \tag{8.6}$$

(2) 锁模力的计算。塑料熔体在充满型腔时,会产生一个沿注射机轴向的很大的压力,使模具沿分型面胀开。该压力等于制品与浇注系统凝料在分型面上的投影面积之和乘以型腔压力。为了防止模具分型面胀开,注射模所需的锁模力等于胀开模具的压力,即

$$F_m = (nA_件 + A_浇)p_M \tag{8.7}$$

式中　　F_m—— 注射模所需的锁模力,N;

n—— 型腔数目;

$A_件$—— 单个塑件在分型面上的投影面积,mm^2;

$A_浇$—— 流道凝料(包括浇口)在分型面上的投影面积,mm^2;

p_M—— 型腔内熔体压力,MPa,按表8.1和表8.2选用。

表8.1　常用塑料注射时可选用的型腔压力 p_M　　　　　　MPa

塑料名称	p_M	塑料名称	p_M
高压聚乙烯(PE)	10 ~ 15	聚苯乙烯(PS)	15 ~ 20
低压聚乙烯(PE)	20	丙烯腈 - 丁二烯 - 苯乙烯共聚物(ABS)	30
聚丙烯(PP)	15	丙烯腈 - 苯乙烯共聚物(AS)	30
有机玻璃(PMMA)	30	醋酸纤维素脂(CA)	35

注:本表的型腔压力为实验值,试验制件的外形尺寸为371 mm × 271 mm × 53 mm,壁厚为2.5 mm

表8.2　不同塑料件选用的型腔压力 p_M　　　　　　MPa

制件的条件	易成形的	普通的	高黏度塑料、高精度	特高黏度塑料、高精度
型腔平均压力	25	30	35	40
举例	PE、PS等壁厚均匀的日用品、容器	薄壁类制件	ABS、POM等机器零件,高精度塑料	醋酸纤维素树脂等高精度机器零件

根据多型腔的统计分析,流道凝料(包括浇口)$A_浇$ 大致是每个塑件在分型面上投影面积为20% ~ 50%,因此可用 $0.35nA_件$ 来估算。将 $A_浇 = 0.35nA_件$ 代入式(8.7),则式(8.7)可简化成

$$F_m = 1.35nA_件 p_M \tag{8.8}$$

p_M 一般为注射压力的30% ~ 65%,中、小型塑料制品成形时,p_M 通常取20 ~ 40 MPa。表8.1是一些塑料在标准试验制件下可选用的成形压力。型腔压力不仅与塑料品种有关,还与塑料件复杂程度及精度等因素有关,表8.2是生产中成形不同塑料所选用的型腔压力。

(3) 注射机的初选。根据上面计算得到的 $m_塑$ 和 F_m 值来选择一种注射机,注射机实

际的最大注射量 G_{max} 应满足

$$0.8G_{max} \geqslant m_{塑} \tag{8.9}$$

式中　　G_{max}——注射机实际的最大注射量,g 或 cm^3;

$m_{塑}$——注射模每次需要的实际注射量(g 或 cm^3),由式(8.6)计算得 $m_{塑}$。

注射机的额定锁模力 $F_{锁}$ 应满足

$$F_{锁} \geqslant (1.1 \sim 1.2)F_m \tag{8.10}$$

式中　　$F_{锁}$——注射机的额定锁模力,N;

F_m——注射模所需的锁模力,N,由式(8.8)计算得 F_m。

3. 注射机有关参数的校核

经过初选的注射机是否合适,在模具结构草图完成后,还要对注射机有关参数进行校核。

(1)最大注射量的校核。

根据公式(8.9),对注射机的最大注射量进行校核,式中 $m_{塑}$ 由式(8.5)计算,保证模具每次需要的塑料总量小于或等于注射机额定最大注射量的80%。对于热敏性塑料,最小注射量不小于注射机额定注射量的20%。

(2)注射压力的校核。

注射压力的校核是校验所选注射机的最大注射压力(额定注射压力)能否满足该制品成形时所需的注射压力。制品成形所需的注射压力一般由塑料流动性、制品的几何形状、浇注系统类型等因素决定,其数值一般在 70 ~ 150 MPa 范围内,具体可参考表8.3。设计中要求:

$$p_{额} \geqslant (1.3 \sim 1.5)p_0 \tag{8.11}$$

式中　　$p_{额}$——注射机的最大注射压力(额定注射压力),MPa;

p_0——塑件成形所需的注射压力,MPa,见表8.3。

表 8.3　常用塑料所需的注射压力 p_0　　　　　　　　　　　MPa

塑料名称	注射条件		
	厚壁件(易流动)	中等壁厚件	难流动的薄壁窄浇口件
聚乙烯(PE)	70 ~ 100	100 ~ 120	120 ~ 150
聚氯乙烯(PVC)	100 ~ 120	120 ~ 150	> 150
聚苯乙烯(PS)	80 ~ 100	100 ~ 120	120 ~ 150
ABS	80 ~ 110	110 ~ 130	130 ~ 150
聚甲醛(POM)	85 ~ 100	100 ~ 120	120 ~ 150
聚酰胺(PA)	90 ~ 101	101 ~ 140	> 140
聚碳酸酯(PC)	100 ~ 120	120 ~ 150	> 150
有机玻璃(PMMA)	100 ~ 120	120 ~ 150	> 150

(3)锁模力校核。

注射机额定的锁模力应大于注射模所需的锁模力,否则在注射时会因锁模不紧而使

塑料熔体沿分型面溢出,形成飞边,影响制件的尺寸精度。二者的关系为

$$F_锁 \geqslant (1.1 \sim 1.2)F_m \tag{8.12}$$

式中　　$F_锁$——注射机额定的锁模力,N;

　　　　F_m——注射模所需的锁模力,N,按式(8.7)计算 F_m。

（4）开模行程和推出机构的校核。

开模行程也称合模行程,指模具开合过程中注射机的动模固定板的移动距离。各种注射机的开模行程是有限制的,取出制品所需的开模距离必须小于注射机的最大开模距离,开模距离的校核可分如下两种情况。

① 注射机最大开模行程与模具厚度无关。

当注射机采用液压 - 机械联合作用的锁模机构时,最大开模行程由连杆机构的最大冲程决定,而不受模具厚度的影响,因此对于单分型面注射模具(图8.1),其开模行程可按下式校核:

$$S_{max} \geqslant H_1 + H_2 + (5 \sim 10)\,\text{mm} \tag{8.13}$$

式中　　H_1——制品脱模需要的推出距离,mm;

　　　　H_2——包括浇注系统凝料在内的制品高度,mm;

　　　　S_{max}——注射机移动模板的最大行程,mm,如图8.2所示。

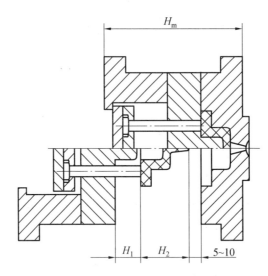

图8.1　单分型面注射模开模行程校核

对于三板式双分型面注射模具(图8.3),为了保证开模距离需增加定模板与中间板的分离距离 a,a 的大小应能保证可取出流道内的凝料。此时制品脱模距离 H_1 常等于模具型芯的高度,但对于内表面为阶梯状的制品,有时不必推出到型芯的全部高度就可取出制品,故 H_1 应根据具体情况而定,以能顺利取出制品为准。双分型面的开模行程按下式校核:

$$S_{max} \geqslant H_1 + H_2 + a + (5 \sim 10)\,\text{mm} \tag{8.14}$$

式中　　a——中间板(型腔板)与定模的分开距离,mm。

② 注射机最大开模行程与模具厚度有关。

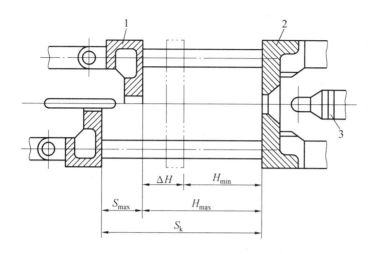

图 8.2 注塑机动、定模固定板的间距
1— 动模固定板;2— 定模固定板;3— 注射机喷嘴

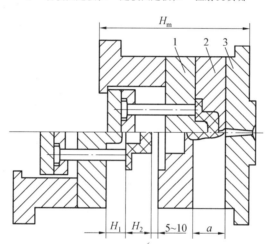

图 8.3 双分型面注射模开模行程校核
1— 动模;2— 中间板;3— 定模

对于采用全液压式锁模机构的注射机,其最大开模行程受模具厚度的影响。此时最大开模行程等于机床移动模板与固定模板之间的最大距离 S_k 减去模具闭合高度 H_m,即 $S_{max} = S_k - H_m$。对于单分型面注射模具,校核公式为

$$S_k - H_m \geqslant H_1 + H_2 + (5 \sim 10)\,\text{mm} \tag{8.15}$$

即

$$S_k \geqslant H_m + H_1 + H_2 + (5 \sim 10)\,\text{mm} \tag{8.16}$$

式中 S_k——注射机移动模板与固定模板之间的最大距离,mm;

H_m——模具闭合高度,mm。

对于双分型面注射模具,校核公式为

$$S_k - H_m \geqslant H_1 + H_2 + a + (5 \sim 10)\,\text{mm} \tag{8.17}$$

即

$$S_k \geqslant H_m + H_1 + H_2 + a + (5 \sim 10)\,\text{mm} \qquad (8.18)$$

③ 模具有侧向分型抽芯时的开模行程校核。

如图8.4所示为斜导柱侧向抽芯机构,为了实现侧向抽芯距离 l ,所需开模行程为 H_c ,当 $H_c > H_1 + H_2$ 时,开模行程应按下式校核:

$$S_{max} \geqslant H_c + (5 \sim 10)\,\text{mm} \qquad (8.19)$$

当 $H_c \leqslant H_1 + H_2$ 时,仍按式(8.13) ~ (8.18)校核。

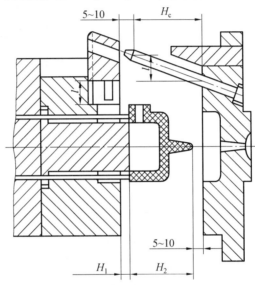

图 8.4   有侧向抽芯机构的开模行程校核

④ 推出形式与推出行程的校核。

在设计模具推出机构时,需校核注射机推出机构的推出形式(是中心推杆推出还是两侧双推杆推出等)、最大推出距离以及双推杆中心距离等,以便保证模具的推出机构与注射机的推出机构相适应。

(5) 安装部分的尺寸校核。

为了使模具能顺利地安装在注射机上并生产出合格的塑料制品,在设计模具时必须校核注射机上与模具安装有关的尺寸,因为不同型号和尺寸的注射机,其安装模具部位的形状和尺寸各不相同。设计模具时应校核的部分包括喷嘴尺寸、定位孔尺寸、拉杆间距、最大模具厚度、最小模具厚度、移动模板和固定模板上的螺钉孔排列尺寸等。

① 喷嘴尺寸。

注射机喷嘴的球头半径与模具主流道进口端的球形凹坑半径必须吻合,以避免高压塑料熔体从缝隙处溢出。主流道进口端的凹坑半径应比喷嘴头半径大 1 ~ 2 mm,否则,主流道内的凝料将无法拔出。而且,主流道进口端的直径应大于喷嘴孔直径0.5 ~ 1 mm,以便凝料顺利拔出。一般直角式注射机喷嘴头多为平面,模具与其相接触处也应做成平面。

② 定位圈尺寸。

为了使模具主流道的中心线与注射机料筒、喷嘴的中心线相重合,模具定模板上(或浇口套上）设计有凸出的定位圈与注射机的固定模板上的定位孔呈较松动的间隙配合（H8/e8）。小型模具的定位圈的高度为 8 ~ 10 mm，大型模具的定位圈的高度为 10 ~ 15 mm。

③ 最大模具厚度、最小模具厚度。

注射模的动、定模两部分闭合后的总厚度称为模具厚度或模具闭合高度。所设计的模具闭合高度应在注射机允许的最大模具厚度与最小模具厚度之间，即

$$H_{min} < H_m < H_{max} \tag{8.20}$$

$$H_{max} = H_{min} + \Delta H \tag{8.21}$$

式中　H_m—— 模具闭合高度；

　　　H_{min}—— 注射机允许的最小模具厚度，如图 8.2 所示；

　　　H_{max}—— 注射机允许的最大模具厚度；

　　　ΔH—— 注射机的动模固定板与定模固定板之间的距离调节量。

④ 模具长、宽尺寸与注射机拉杆间距的关系。

模具的安装有两种方式，一种是从注射机上方直接吊装入机内进行安装，另一种是先吊到侧面再由侧面推入机内安装。因此在设计模具时应使模具长、宽尺寸与注塑机的拉杆内间距（拉杆中心距减去拉杆直径）小于 10 mm，以保证模具至少能从一个方向穿过注射机的拉杆间的空间装到注射机上。

⑤ 螺孔尺寸。

注塑机的移动及固定模板上都开有许多不同间距的螺钉孔或"T"形槽，用于安装压紧模具。模具的安装方法有用螺钉直接固定和用压板固定两种，螺钉或压板数目常为 2 ~ 4 个。当用螺钉直接固定时，模座上的孔与注射机模板上的螺孔应完全吻合，安装比较麻烦，但这种安装安全可靠，一般用于较大型的模具安装；当用压板固定时，只要在模座附近有螺孔就能固定，因此压板固定方式有较大的灵活性。

部分国产常用注射机的型号和主要技术参数见表 8.4。

表 8.4　部分国产热塑性塑料注射机型号和主要技术参数

型　　号	XS-ZS-22	XS-Z-30	XS-Z-60	XS-ZY-125	G54-S200/400
最大注射量/cm³	20,30	30	60	125	200,400
注射压力/MPa	75,117	119	122	119	109
注射方式	双柱塞(双色)	柱塞式	柱塞式	螺杆式	螺杆式
锁模力/kN	250	250	500	900	2 540
最大成形面积/cm²	90	90	130	320	645
最大开合模行程/mm	160	160	180	300	260
装模最大厚度/mm	180	180	200	300	406
装模最小厚度/mm	60	60	70	200	165
喷嘴球半径/mm	$SR12$	$SR12$	$SR12$	$SR12$	$SR18$
喷嘴孔直径/mm	$\phi2$	$\phi2$	$\phi4$	$\phi4$	$\phi4$

续表 8.4

型　　号	XS-ZS-22	XS-Z-30	XS-Z-60	XS-ZY-125	G54-S200/400
定位孔直径/mm	$\phi 63.5^{+0.064}_{0}$	$\phi 63.5^{+0.064}_{0}$	$\phi 55^{+0.06}_{0}$	$\phi 100^{+0.054}_{0}$	$\phi 125^{+0.04}_{0}$
动定模固定板尺寸/mm	250×280	250×280	330×440	420×450	532×634
拉杆内间距/mm	235	235	190×300	260×290	290×368
推出形式　中心孔径/mm				$\phi 50$	$\phi 50$
两侧推出　孔径/mm	$\phi 20$	$\phi 20$		$\phi 22$	
孔距/mm	70	170		230	

型　　号	SZY-300	XS-ZY-500	XS-ZY-1000	SZY-2000	XS-ZY-4000
最大注射量/cm³	320	500	1000	2000	4000
注射压力/MPa	77.5	104	121	90	106
注射方式	螺杆式	螺杆式	螺杆式	螺杆式	螺杆式
锁模力/kN	1 400	3 500	4 500	6 000	10 000
最大成形面积/cm²	650	1 000	1 800	2 600	3 800
最大开合模行程/mm	340	500	700	750	1 100
装模最大厚度/mm	355	450	700	800	1 000
装模最小厚度/mm	130	300	300	500	700
喷嘴球半径/mm	SR12	SR18	SR18	SR18	SR25
喷嘴孔直径/mm	$\phi 4$	$\phi 5$	$\phi 7.5$	$\phi 10$	$\phi 10$
定位孔直径/mm	$\phi 125^{+0.04}_{0}$	$\phi 150^{+0.06}_{0}$	$\phi 150^{+0.06}_{0}$	$\phi 200^{+0.07}_{0}$	$\phi 300^{+0.08}_{0}$
动定模固定板尺寸/mm	520×620	750×850	900×1000	1 180×1 180	1 500×1 590
拉杆内间距/mm	300×400	440×540	550×650	700×760	950×1 050
推出形式　中心孔径/mm		$\phi 150$			
两侧推出　孔径/mm		$\phi 24.5$	$\phi 20$	$\phi 45(4孔)$	$\phi 90$
孔距/mm		530	850	400×860	1 200

8.2　分型面位置确定

模具闭合时组成形腔的两部分或更多部分相接触的表面称为分型面,为了易于脱模,分型面的位置应设在制品断面尺寸最大的地方。分型面可以是平面、斜面、阶梯面或者曲面。在塑料制品的设计时,必须考虑分型时分型面的形状和位置。分型面的设计是否合理,对制品质量、工艺操作难易和模具制造有很大影响。模具有两个或两个以上分型面时,应注明分型的先后顺序,在分型面旁边用Ⅰ、Ⅱ、Ⅲ或 A、B、C 标出。

模具设计的第一步是选择分型面的位置。分型面的选择受制品的形状、壁厚、外观、

尺寸精度及模具的型腔数目、排气口和浇口位置(及形式)等许多因素的影响。现介绍选定分型面的一些基本原则:

(1)一般情况下只采用一个与注射机开模运动方向相垂直的分型面,特殊情况下才采用较多的分型面。分型面应尽量选择在与开模运动方向相垂直的方向上,以避免形成侧凹或侧孔。

(2)分型面应尽量不选在制品光亮平滑的外表面或带圆弧的转角处。

(3)推出机构一般设置在动模一侧,故分型面应尽量选在能使制品留在动模内的位置。

(4)对于同轴度要求高的制品(如双联齿轮等),在选择分型面时,最好把要求同轴的部分放在分型面的同一侧。

(5)一般分型抽芯机构侧向抽拔距离都较小,故选择分型面时应将抽芯或分型距离长的一边放在动、定模开模的方向上,而将短的一边作为侧向分型或抽芯。

(6)因侧向合模锁紧力较小,故对于投影面积较大的大型制品,应将投影面积大的分型面放在动、定模的合模平面上,而将投影面积较小的分型面作为侧向分型面。

(7)当分型面作为主要排气面时,应将分型面设计在料流的末端,以利于排气。

8.3　模具结构总体方案的确定

1.型腔的布置

型腔数目和分型面确定后,就可进行型腔的布置。型腔的布置实质上是模具结构总体方案的确定,需要考虑多方面的问题。布置型腔时,应注意力求平衡对称;流道尽可能短,以减少凝料体积、成形周期、热量损失、压力损失;模具整体结构紧凑,节约钢材。

单型腔一般位于模具的中心,且型腔中心与模具中轴线重合。

在布置多型腔时,要求塑料熔体通过分流道能同时到达各浇口并充满各个型腔。多型腔模通常以模具中轴线为中心,对称均匀分布。其在分型面上的排列方式一般有两种:

(1)平衡式。从模具中心轴线到各型腔的流道的长度、截面形状及尺寸均对应相同。

(2)非平衡式。从模具中心轴线到各型腔的流道长度不相同,可通过调节浇口尺寸达到浇注系统的平衡。

在布置多型腔时,应考虑多种因素。由于型腔布置与模具的外形尺寸、浇注系统的设计、温度调节系统的设计、抽芯机构设计、镶件及型芯的设计以及推出机构的设计等密切相关。并且分型面及浇口的位置选择又与以上这些问题有关,所以在设计模具时应综合考虑。例如,若冷却管道布置与推杆孔、螺栓孔发生冲突时需在型腔布置中进行协调。

2.模具结构形式的确定

(1)单分型面注射模。中大型塑件或带有侧向分型与抽芯(几个方向分型或抽芯)、流动性差的塑料成形和抽芯机构在动模时的小型精密塑件采用单型腔单分型面注射模结构。尺寸精度要求一般的中小型塑件可采用多型腔单分型面模具。

(2)多分型面注射模。多分型面注射模的特点是整体结构比单分型面复杂,模具制造成本较高,且需要较大的开模行程,因此,塑件外观质量、尺寸精度要求高,而采用点浇口时,可采用单腔、多分型面模具;尺寸精度要求一般的中小型塑件,可采用多型腔、多分型面模具。

8.4 浇注系统的设计

普通浇注系统由主流道、分流道、浇口、冷料穴 4 部分组成,如图 8.5 和 8.6 所示。

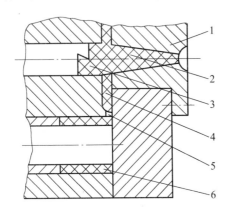

图 8.5 卧式和立式注射机用模具的普通浇注系统
1—浇口套;2—主流道;3—冷料穴;4—分流道;5—浇口;6—型腔

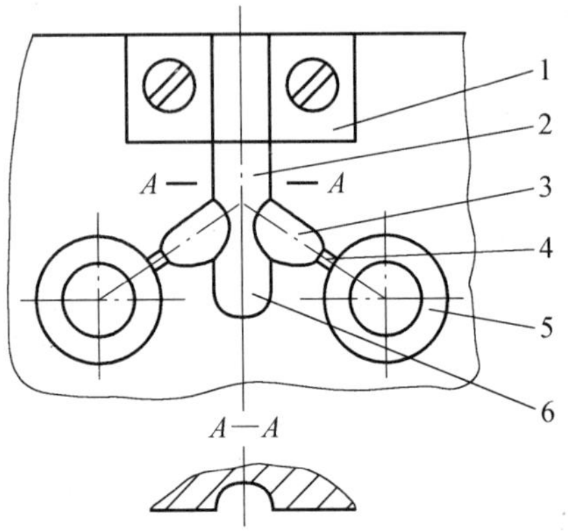

图 8.6 直角式注射机用模具的普通浇注系统
1—镶块;2—主流道;3—分流道;4—浇口;5—型腔;6—冷料穴

1. 主流道的设计

卧式和立式注射机用模具的普通浇注系统主流道的几何形状如图 8.7 所示。

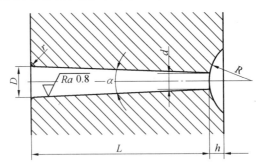

图 8.7 主流道的形状

(1)主流道进口端直径。

$$d = d_0 + (0.5 \sim 1)\,\text{mm} \tag{8.22}$$

式中　　d——主流道进口端直径,mm;

　　　　d_0——注射机喷嘴孔直径,mm,见表 8.4。

(2)进口端凹坑球面半径。

$$R = R_0 + (1 \sim 2)\,\text{mm} \tag{8.23}$$

式中　　R——凹坑球面半径,mm;

R_0—— 注射机喷嘴头球面半径,mm,见表8.4。

(3) 凹坑球面的深度。

$$h = \left(\frac{1}{3} \sim \frac{2}{5}\right) R \tag{8.24}$$

式中　h—— 凹坑的深度,mm;

R—— 凹坑球面半径,mm。

(4) 主流道锥角。

主流道的形状为圆锥形,锥角通常取 $\alpha = 2° \sim 6°$。

(5) 主流道长度。

通常主流道长度由模板厚度确定,一般取 $L \leqslant 60$ mm。

(6) 主流道出口端直径。

$$D = d + 2L\tan(\alpha/2) \tag{8.25}$$

式中　D—— 主流道出口端直径,mm;

d—— 主流道进口端直径,mm;

α—— 主流道锥角,(°);

L—— 主流道长度,mm。

(7) 主流道出口端过渡圆角半径。

$$r = 1 \sim 3 \text{ mm}(\text{或 } r = 0.125 D) \tag{8.26}$$

(8) 浇口套。

浇口套常用碳素工具钢 T8A、T10A,热处理淬火后硬度为 $53 \sim 57$HRC。主流道要求内壁表面粗糙度在 $Ra = 0.8$ μm 以下,抛光时应沿轴向进行。生产批量不大的小型注塑模的主流道直接开设在定模座板上。

小型模具的浇口套与定位圈设计成整体式,与定模座板采用螺钉固定;中、大型模具的浇口套与定位圈设计成分体式,与定模座板采用台肩固定。浇口套与定模座板采用 H7/m6 过渡配合,与定位圈采用 H9/f9 间隙配合。

(9) 主流道剪切速率的校核。

主流道剪切速率为

$$\dot{\gamma} = \frac{3.3q_V}{\pi R^3} \tag{8.27}$$

式中　q_V—— 熔体的体积流量,cm³/s;

R—— 主流道平均半径,cm,即 $R = (d + D)/4$,其中 d 为主流道进口端直径,D 为主流道出口端直径。

熔体的体积流量 q_V 为该种塑料的额定注射量 Q_n 的50% ~ 80%除以注射时间 t 之值,即

$$q_V = (0.5 \sim 0.8)Q_n / t \tag{8.28}$$

注射机额定注射量 Q_n 与注射时间 t 的关系见表8.5。

表 8.5 注射机的额定注射量 Q_n 与注射时间 t 的关系 (聚苯乙烯)

Q_n/cm^3	60	125	250	350	500	1 000	2 000	3 000	4 000	6 000	8 000	12 000	16 000	24 000	32 000
t/s	1.0	1.6	2.0	2.2	2.5	3.2	4.0	4.6	5.0	5.7	6.4	8.0	9.0	10.0	10.6

实践表明,适当的主流道的剪切速率 $\dot{\gamma} = 5 \times 10^2 \sim 5 \times 10^3 \text{s}^{-1}$。

(10) 主流道中心线应尽量和模具中心重合,避免浇口套位置偏离模具中心或采用倾斜式主流道。

2. 分流道的设计

为了便于加工及凝料脱模,分流道大多设置在分型面上。

(1) 分流道的截面形状。常见的分流道的截面形状有圆形、梯形、U 形、半圆形、矩形等(图 8.8)。

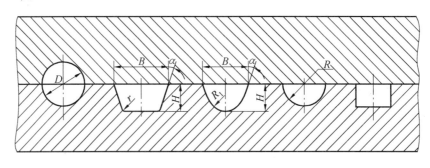

图 8.8 分流道的截面形状

流道的比表面积从低到高的排列顺序依次是:圆形,正六角形,U 形,正方形,梯形,矩形,半圆形;流道加工从易到难的排列顺序依次是:矩形,梯形,半圆形,正方形,U 形,正六角形,圆形。

一般的,当分型面为平面时,常采用圆形截面的流道。梯形及 U 形截面分流道加工较容易,且热量损失与压力损失均不大。当分型面不为平面时,考虑到圆形截面加工困难,常采用梯形截面或半圆形截面的流道。 矩形截面的分流道因其比表面积较大,且不便于取出凝料,故在设计中不常采用。

(2) 分流道的尺寸。分流道的长度应尽可能短,且少弯折,分流道的长度一般取主流道大端直径的 1 ~ 2.5 倍。分流道截面尺寸应依据塑件尺寸大小和壁厚、塑料品种、成形工艺条件以及分流道的长度等因素来确定。确定分流道横截面尺寸的方法通常有以下三种。

① 因为各种塑料的黏度有差异,所以可以根据塑料的品种来粗略地估计分流道的直径,常用塑料的圆形截面分流道直径推荐值见表 8.6。

② 对于壁厚小于 3 mm、质量 200 g 以下的塑料制品,可采用如下经验公式确定分流道的直径:

$$D = 0.265\,4\sqrt{m}\sqrt[4]{L} \tag{8.29}$$

式中 D—— 分流道直径,mm;

        m—— 制品质量,g;

        L—— 分流道的长度,mm。

该公式所计算的分流道直径仅限于 3.2 ~ 9.5 mm。

当按照式(8.29)计算硬 PVC 等高黏度塑料的分流道直径时,可将计算所得的分流道直径乘以 1.2 ~ 1.25。

表 8.6 常用塑料的分流道直径 mm

塑料名称或代号	分流道直径	塑料名称或代号	分流道直径
ABS、AS	4.8 ~ 9.5	软聚氯乙烯	3.5 ~ 10.0
聚甲醛	3.2 ~ 9.5	硬聚氯乙烯	6.5 ~ 16
丙烯酸类	8.0 ~ 9.5	聚氨酯	6.5 ~ 8.0
尼龙类	1.6 ~ 9.5	热塑性聚酯	3.5 ~ 8.0
聚碳酸酯	4.8 ~ 9.5	聚砜	6.5 ~ 10
聚丙烯	4.8 ~ 9.5	离子聚合物	2.4 ~ 10
聚乙烯	1.6 ~ 9.5	聚苯硫醚	6.5 ~ 13
聚苯醚	6.4 ~ 9.5	醋酸纤维素	5 ~ 10
聚苯乙烯	3.2 ~ 9.5	异质同晶体	8 ~ 10

注:表中数据,对于非圆形分流道,可作为当量直径,并乘以比 1 稍大的系数

③ 主流道的尺寸确定之后,分流道的尺寸可按 $D = (1.1 ~ 1.2)D_1$ 确定。D 是主流道大端直径,D_1 是一级分流道当量直径(若分流道的横截面不是圆形可按面积相等换算)。如果还有二级甚至三级分流道,则上级分流道的当量直径比下级分流道的当量直径大 10% ~ 20%。

梯形截面分流道的高度尺寸可按下面经验公式确定:

$$H = \left(\frac{2}{3} ~ \frac{3}{4} \right) B \tag{8.30}$$

式中　　H—— 梯形的高度,mm;

　　　　B—— 梯形大底边的宽度,mm。

梯形的侧面斜角 α 常取 5° ~ 10°,底部以圆角相连($r = 0.5 ~ 3$ mm)。

U 形截面分流道的深度 H 可按下式计算:

$$H = 1.25R_1 \tag{8.31}$$

斜角 $\alpha = 5° ~ 10°$。

分流道截面尺寸初步确定后,在设计模具时还要对剪切速率进行校核。

(3) 分流道内塑料熔体流动剪切速率的校核。

剪切速率一般为

$$\dot{\gamma} = \frac{3.3q_V}{\pi R_n^3} \tag{8.32}$$

式中　　q_V—— 分流道的体积流量,cm^3/s;

　　　　$\dot{\gamma}$—— 分流道的剪切速率,通常取 $5 \times 10^2 ~ 5 \times 10^3$ s^{-1};

　　　　R_n—— 分流道截面的当量半径,cm,即假想圆形流道的半径,可按下式计算:

$$R_{\mathrm{n}} = \sqrt[3]{\frac{2A^2}{\pi L}} \tag{8.33}$$

式中　A——实际分流道的截面面积,cm^2;

　　　L——实际分流道截面的周长,cm。

（4）分流道的设计要点。进行分流道设计时需遵循以下几点原则：

①制品的体积和壁厚影响分流道的尺寸,分流道的截面厚度要大于制品的壁厚;

②塑料熔体的流动性影响分流道的尺寸,对于含有玻璃纤维等流动性较差的树脂,流道截面要大一些;

③流道方向改变的拐角处,应适当设置冷料穴(井);

④使塑件和浇道在分型面上的投影面积的几何中心与锁模力的中心重合;

⑤保证熔体迅速而均匀地充满型腔;

⑥分流道的尺寸尽可能短,尽可能小;

⑦要便于加工及刀具的选择;

⑧分流道的布置与上述型腔排列密切相关,按特性可分为平衡布置(图8.9)和非平衡布置(图8.10);按分流道的排列形状,可分为O形排列(辐射形排列)、I形排列、H形排列、X形排列、S形排列和混合形排列等多种形式。

（5）分流道与浇口的连接。分流道与浇口的连接形式及尺寸关系如图8.11所示。

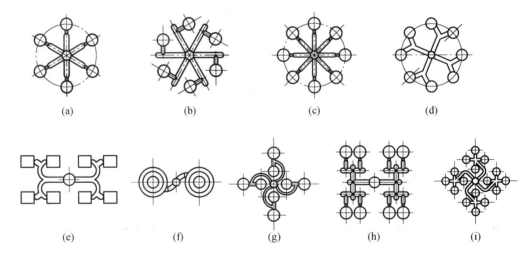

（a）　　　　　（b）　　　　　（c）　　　　　（d）

（e）　　　（f）　　　（g）　　　（h）　　　（i）

图8.9　平衡式浇注系统

3. 浇口的设计

浇口是连接流道与型腔之间的一段细短通道,它是浇注系统的关键部分。浇口的形状、位置和尺寸对制品质量影响很大。浇口的设计要点有以下几点：

①型腔充满后,熔体在浇口处首先凝结,当注射螺杆抽回时熔体不会倒流。

②易于切除浇口尾料。

③对于多型腔模具,用以平衡进料;对于多浇口单型腔模具,用以控制熔合纹的位置。浇口的理想尺寸用手工的方法很难计算,一般均根据经验确定,取其下限,然后在试模过程中逐步加以修正。浇口断面积与分流道断面积之比约为0.03～0.09,断面形状常

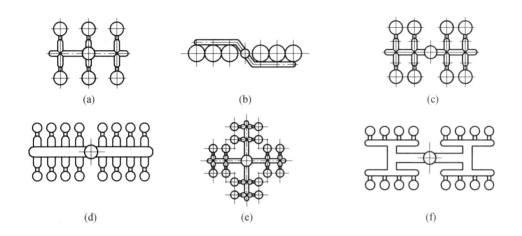

图 8.10   非平衡式浇注系统

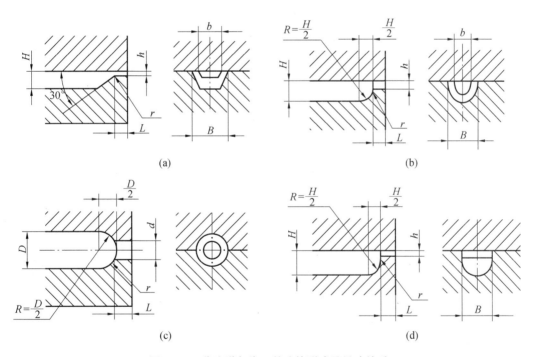

图 8.11   分流道与浇口的连接形式及尺寸关系

为矩形或圆形,浇口长度约为 1 ~ 1.5 mm。

（1）常用的浇口类型。

注射模常用的浇口主要有直接浇口（直浇口）、侧浇口和点浇口 3 种基本形式,以及若干种衍生形式。其中除直接浇口为大浇口外,其余均为小浇口。本节仅介绍 3 种基本形式的浇口设计,其他形式的浇口可参见《塑料模设计手册》或相关资料选用。

①直接浇口。最常用的直接浇口为主流道型浇口（图 8.12）,浇口断面为与主流道大端等径的圆形。

直接浇口的设计思路与上述主流道设计基本一致,大端直径取浇口处塑件厚度的 2 倍左右为宜。

② 侧浇口。一般开在分型面上,从制品的边缘进料,故又称边缘浇口。其浇口截面形状一般为矩形,尺寸如图 8.13 所示。浇口厚度和宽度可按下面经验公式确定:

$$h = kt \tag{8.34}$$

$$b = \frac{k\sqrt{A}}{30} \tag{8.35}$$

式中　　h——浇口厚度,mm;

　　　　b——浇口宽度,mm;

　　　　t——制品厚度,mm;

　　　　k——与塑料品种有关的系数,见表 8.7;

　　　　A——制品外表面积,mm^2。

侧浇口长度一般取 $L = 0.5 \sim 2$ mm。

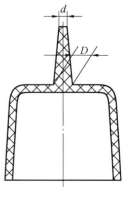

图 8.12　直接浇口

表 8.7　与塑料品种有关的系数 k

塑料品种	k
聚乙烯、聚苯乙烯	0.6
聚甲醛、聚碳酸酯、聚丙烯	0.7
尼龙、有机玻璃	0.8
聚氯乙烯	0.9

计算浇口断面尺寸后,还需校核熔体流经浇口时的剪切速率,计算公式如下:

$$\dot{\gamma} = \frac{6q_V}{bh^2} \tag{8.36}$$

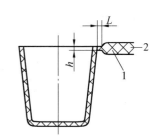

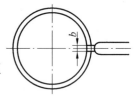

图 8.13　侧浇口

1—流道;2—分型面

式中　　q_V——流经侧浇口的塑料熔体的体积流量,cm^3/s;

　　　　$\dot{\gamma}$——侧浇口流道中的剪切速率,通常取 $\dot{\gamma} = 10^4 \sim 10^5 s^{-1}$。

③ 点浇口。又称橄榄形浇口或菱形浇口,其截面为直径很小的圆形。用于单腔模单点(中心点)浇口如图 8.14(a)、8.14(b)、8.14(c) 所示,大制品单腔模多点浇口如图 8.14(d) 所示,多腔模多点浇口如图 8.14(e) 所示。

点浇口的直径一般取 $d = 0.5 \sim 1.8$ mm,点浇口的直径也可以用下面的经验公式计算:

$$d = (0.12 \sim 0.19)\sqrt[4]{t^2 A} \tag{8.37}$$

式中　　d——点浇口直径,mm;

　　　　t——塑件壁厚,mm;

　　　　A——型腔表面积,mm^2。

熔体流经点浇口时剪切速率的计算公式如下:

$$\dot{\gamma} = \frac{32q_V}{\pi d^3} \tag{8.38}$$

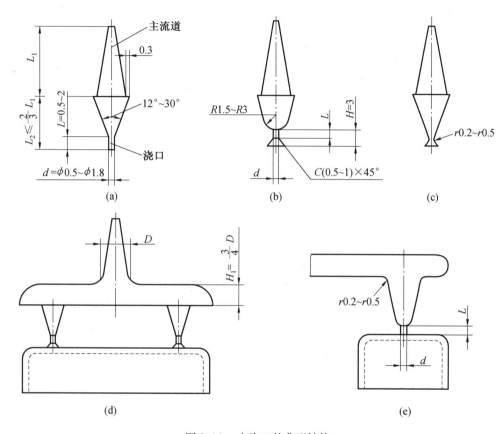

图 8.14 点浇口的典型结构

式中 q_V—— 流经点浇口的塑料熔体的体积流量,cm^3/s;

$\dot{\gamma}$—— 点浇口流道中的剪切速率,通常取 $\dot{\gamma} = 10^4 \sim 10^5 s^{-1}$。

由于点浇口附近熔体充模时剪切速率高,冷却后残余应力大,为防止薄壁制品开裂,需适当增加浇口处的制品壁厚,如图 8.15 所示。

（2）浇口的位置。

浇口的位置对制品的质量影响很大,在确定浇口位置时,应注意以下事项:

① 浇口应开在塑料制品断面较厚的部位,使熔体从厚断面流入薄断面;

② 浇口的位置应选择在有利于排除型腔中空气的地方;

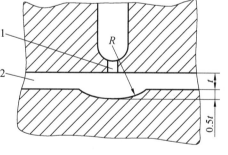

图 8.15 薄壁塑件浇口对面增厚
1— 浇口;2— 型腔

③ 浇口的位置应选择在能减少熔合纹和提高熔合纹强度的地方;

④ 带有细长型芯的浇口,会使型芯受到塑料熔体的冲击而产生变形,此时应采用中心进料方式;

⑤ 浇口位置选择时应尽可能避免小浇口正对大型腔,应开设在正对粗大型芯或型腔

壁的位置,从而改变塑料熔体流向、降低流速,使熔体在型腔内逐渐推进,避免喷射充模和熔体断裂;

⑥ 在确定大型制品的浇口数量和位置时,须校核流程比,以保证塑料熔体能充满型腔,流程比由流动通道的最大流程与其厚度之比来确定,即

$$B = \sum_{i=1}^{n} \frac{L_i}{t_i} \leqslant B_p \tag{8.39}$$

式中　　B——流程比;

　　　　L_i——各段流程长度,mm;

　　　　t_i——各段流程的流动通道的厚度,mm;

　　　　B_p——允许的流程比。

流程比的允许值随熔体性质、温度、注射压力等不同而变化,表8.8列出由实践得到的流程比的允许值范围,供设计模具时参考。若计算得到的流程比 B 大于允许值 B_p,则需增加制品壁厚、或者改变浇口位置,或者采用多浇口等方式来减小流程比。

表8.8　常用塑料所允许的流程比范围

塑料名称	注射压力/MPa	B_p	塑料名称	注射压力/MPa	B_p
聚乙烯	150	280 ~ 250	硬聚氯乙烯	130	170 ~ 130
聚乙烯	60	140 ~ 100	硬聚氯乙烯	90	140 ~ 100
聚丙烯	120	280	硬聚氯乙烯	70	110 ~ 70
聚丙烯	70	240 ~ 200	软聚氯乙烯	90	280 ~ 200
聚苯乙烯	90	300 ~ 280	软聚氯乙烯	70	240 ~ 160
聚酰胺	90	360 ~ 200	聚碳酸酯	130	180 ~ 120
聚甲醛	100	210 ~ 110	聚碳酸酯	90	130 ~ 90

表8.9为浇口位置选择实例。

表8.9　浇口位置选择实例

塑料制品形状	简　图	说　明
圆环形	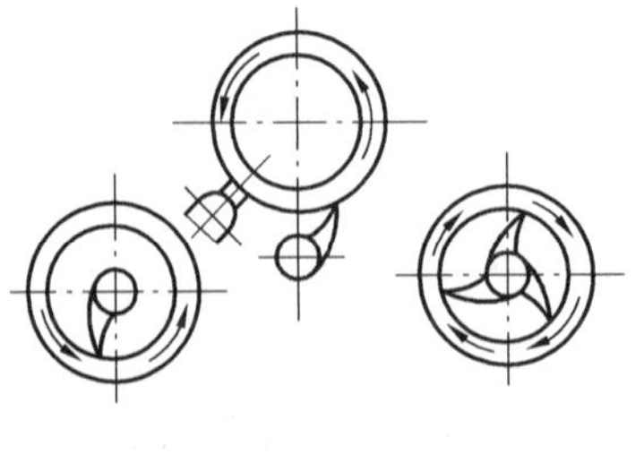	用切向浇口可减少熔合纹,提高熔合部分强度,有利于排气

续表 8.9

塑料制品形状	简 图	说 明
箱体形	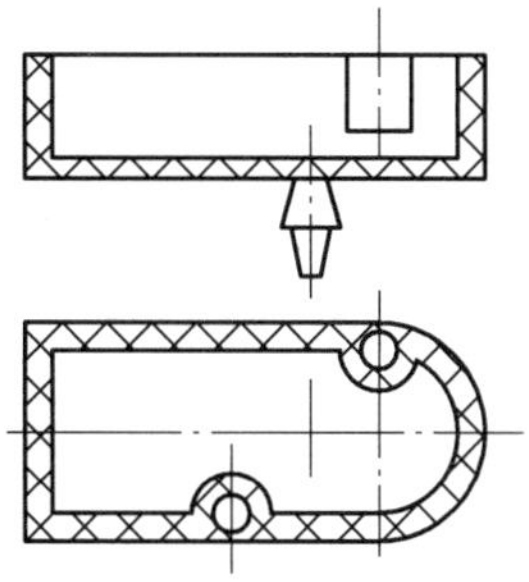	用这种浇口,流程短,熔合纹少,熔合强度好
框形	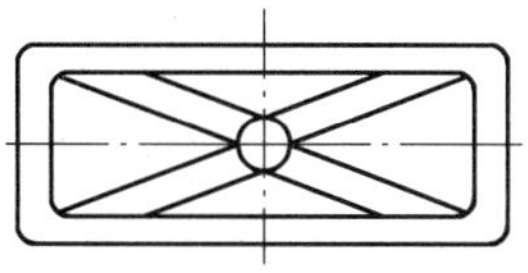	浇口对角设置,可以改善收缩引起的塑料制品变形,圆角处有反料作用,可增大流速,有利于成形
长框形	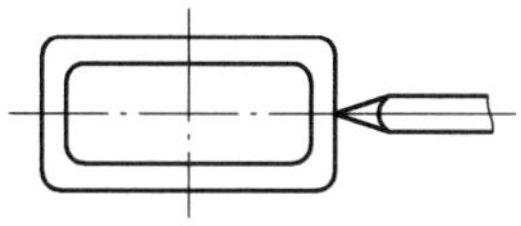	设置浇口时,应考虑产生熔合纹的部位,选择浇口位置应不影响塑料制品的强度
圆锥形	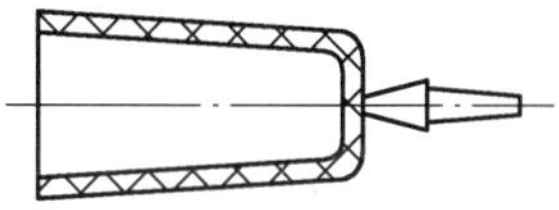	对于外观无特殊要求的塑料制品,采用点浇口进料较为合适
壁厚不均匀	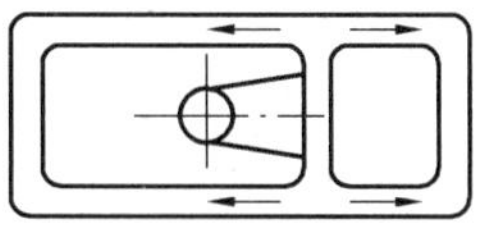	壁厚不均匀的塑料制品,浇口位置应保证流程一致,避免由涡流造成的明显熔合纹
圆形齿轮	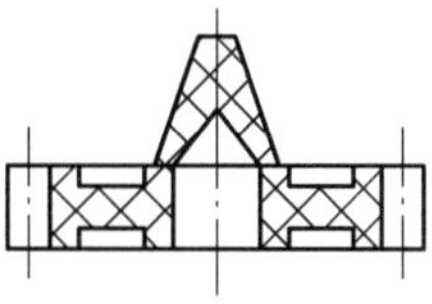	采用分流式浇口进料,不仅能避免接缝的产生,同时齿轮齿形不会受到损坏
	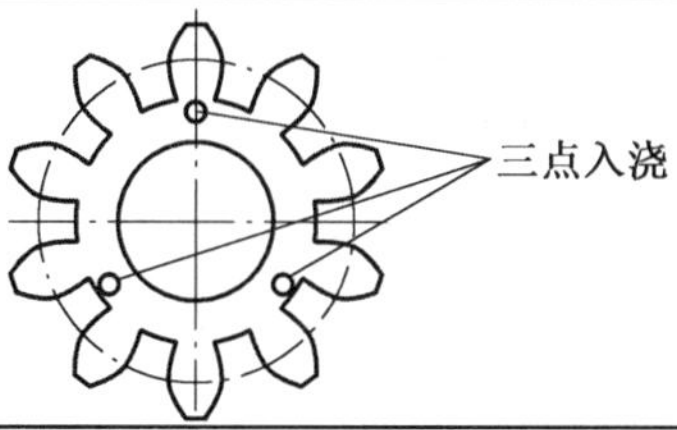 三点入浇	在双分型面模具上设多个浇口,如图所示采用三点进浇,使熔体沿着型腔平行方向均匀地流入,避免熔体流动的各向异性,以防止塑件产生翘曲变形、应力开裂现象

续表 8.9

塑料制品形状	简　图	说　明
		塑料从中间部分两路填充型腔,缩短了流程,减少了填充时间。适用壁薄而又大的塑料制品
骨架形		对于多层骨架而壁又薄的塑料制品,可采用多点浇口,改善填充条件
		采用两点浇口进料,塑料制品成形良好,适用于大型塑料制品及流动性好的塑料
薄壁板形		对于薄壁板形塑料制品外形尺寸较大时,浇口设在中间长孔中,由于两面有浇口,缩短了流程,防止缺料和熔合纹,塑料制品质量较好。缺点是去浇口困难
长条形		塑料制品有纹向要求时,可采用从一端切线进料,但流程较长。如无纹向要求,可采用两端切线方向进料,这样流程可以缩短
圆片形		采用径向扇形浇口,进料可以防止漩涡,能使气体顺利排除,并获得良好塑料制品

4. 冷料穴的设计

冷料穴是为了除去熔体的前锋冷料而设置的,在主流道末端通常设置冷料穴,当分流道长度较长时,在末端也应开设冷料穴。

(1)分流道冷料穴。

设置在各级分流道末端的冷料穴如图 8.16 所示。分流道冷料穴的长度通常等于流道直径的 1 ~ 1.5 倍。

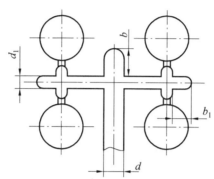

图 8.16　分流道冷料穴的尺寸

$b = (1 ~ 1.5)d;b_1 = (1 ~ 1.5)d_1$

(2)主流道冷料穴。

主流道冷料穴不仅储存前锋冷料,还兼有拉出主流道凝料的作用。

① 带钩形拉料杆的冷料穴。在冷料穴底部有一根钩形拉料杆,这种形式较常见,其结构及尺寸如图 8.17(a) 所示。

② 倒锥形和圆环形冷料穴。其结构及尺寸如图 8.17(b)、8.17(c) 所示。这两种冷料穴适用于弹性较好的塑料品中。

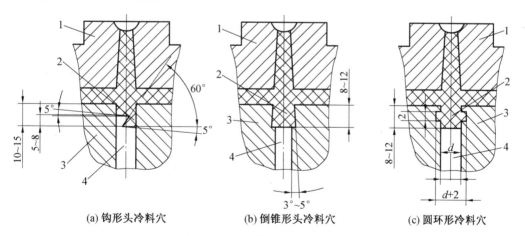

(a) 钩形头冷料穴　　　　(b) 倒锥形头冷料穴　　　　(c) 圆环形冷料穴

图 8.17　底部带有推杆的冷料穴

1—定模;2—冷料穴;3—动模;4—拉料杆(图(a))、推杆(图(b)(c))

③ 球头(或菌形头) 拉料杆的冷料穴。如图 8.18 所示,专用于推件板推出机构的模具中。这两种拉料杆冷料穴也主要用于弹性较好的塑料品中。

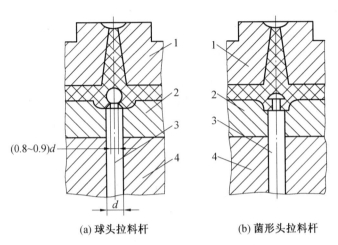

图 8.18　带球形或菌形头拉料杆的冷料穴
1— 定模;2— 推件板;3— 拉料杆;4— 型芯固定板

④ 圆锥头拉料杆和无拉料杆的冷料穴。为了提高圆锥头拉料的可靠性,常用小锥度或增大锥面粗糙度来加大摩擦力,如图 8.19 所示。图 8.20 圆锥是无拉料杆的冷料穴,在主流道末端开一浅锥坑,在锥坑侧壁上垂直钻一个小盲孔。开模时,靠盲孔内的凝料拉出主流道凝料;脱模时,靠推杆推动塑件或分流道,使穴内的冷凝料先沿盲孔轴线移动,而后全部脱出。为保证冷料头能斜向位移,分流道须设计成易变形的 S 形或类似的挠性结构。

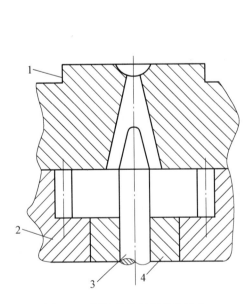

图 8.19　圆锥头拉料杆的冷料穴
1—定模板;2—动模板;3—拉料杆(固定杆);4—推块

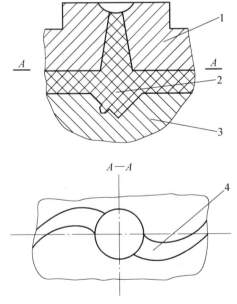

图 8.20　无拉料杆的冷料穴
1—定模;2—冷料穴;3—动模;4—分流道

8.5 导向和推出机构的设计

8.5.1 导向机构的设计

导向机构是保证塑料注射模具的动模与定模的正确定位和导向的重要零件。导向机构通常采用导柱导向,其主要零件有导柱和导套。

导柱导套选取时注意事项如下:

(1)塑件生产批量不大的模具,采用带头导柱,可以不用导套。而中、大批量生产的精密模具,或导向精度要求高,必须采用导套的模具,可用带肩导柱。

(2)导柱(导套)应分布在模具分型面的四周,其中心至模具外缘应有足够的距离(至少应有一个导柱直径的厚度),以保证模具强度和防止模板发生变形。导柱布置方式常采用等直径不对称布置或不等直径对称布置,目的是保证合模方向及位置,否则,方向装错会损坏模具。

(3)为了便于塑料制品脱模,导柱装在定模板上;导柱装在有型芯的一侧,可以保护型芯不受损坏。对于脱模机构为推件板推出的模具,装有推件板的一侧一定要设有导柱。对于点浇口三板模、斜导柱和滑块均在定模的模具,导柱一般设在定模一侧。

(4)导柱长度必须比型芯端面的高度高出 6～8 mm,以保证导柱进入导套后型芯才进入型腔,从而避免型芯与型腔相碰而损坏;对于脱模机构为推件板推出的模具,导柱长度应大于推件板的推出距离,以保证在推出过程中,推件板一直处于被导向状态。

(5)导柱(导套)的直径应根据模具尺寸来选定,并应保证有足够的抗弯强度,选取时可参考注射模架标准数据。

(6)导柱固定端的直径和导套的外径应尽量相等,有利于配合加工,并保证了同轴度要求。

(7)导柱和导套应有足够的耐磨性。

8.5.2 推出机构的设计

1. 对推出机构设计的要求

(1)塑料制品脱模后,不能使塑料制品变形。推出力分布要均匀,推出面积要大,推杆尽量靠近型芯,但也不要距离太近。

(2)塑料制品在推出时,不能造成碎裂。推出力应作用在塑料制品承受力大的部位,如塑料制品的筋部、凸缘及壳体壁等。

(3)不要损坏塑料制品的外观美。

(4)推出机构应准确、动作可靠、制造方便,更换容易。

推出机构的形式和推出方式与塑料制品的形状、结构和塑料性能有关。推出机构的零件主要包括:推杆、推板和推管等。

2. 推杆结构设计

推杆的作用是将塑料制品从模具内推出。推杆结构简单,使用方便,得到了广泛采用。推杆的直径不宜过细,应有足够的强度和刚度以承受推出力的作用。推杆可用 T8、T10 等做成(热处理 55HRC 左右),尽量采用标准件。

(1)常用的推杆有以下几种结构形式。

①圆柱头推杆。如图 8.21 所示。这种圆柱头推杆在塑料注射模具中应用很广泛,一般推杆直径为 2.5 ~ 15 mm。

②带肩推杆。如图 8.22 所示。对于直径为 2.5 mm 以下的推杆,由于推杆比较细长,易弯曲和折断,故做成台阶形。它适用于中、小型塑料注射模具。

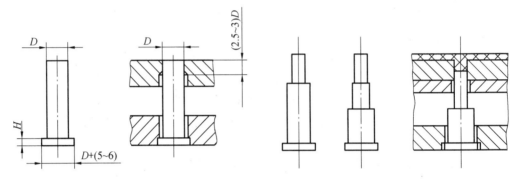

图 8.21　圆柱头推杆　　　　　　　　图 8.22　带肩推杆

③扁推杆。如图 8.23 所示,扁推杆主要用于带矩形台阶或凸台形的塑料制品中,它既是成形部分,又是推杆。适用于中、小型塑料注射模具。

④推杆组合形式。如图 8.24 所示,推杆接触塑料制品,应高出动模板面 0.05 ~ 0.1 mm,这样不会影响塑料制品的外观美。

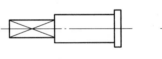

图 8.23　扁推杆

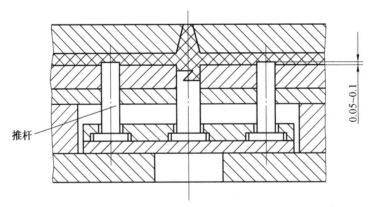

图 8.24　推杆组合形式

(2)推杆在塑件上的布局。

推杆的位置应选在推出阻力大的地方,也就是使塑件不易变形的部位,如图 8.25 所示为盖形塑件的推出位置。图 8.26 是带有凸台或加强筋的塑件,在其侧面及凸台处都要设置推杆。推杆应尽量设置在塑件的非主要表面上,以免因有推杆痕迹而影响塑件的外观。在保证塑件质量和塑件顺利推出的前提下,推杆的数量不宜过多。当塑件各处推出阻力相同时,推杆应均等布置,使塑件推出时受力均衡,以免推杆变形。

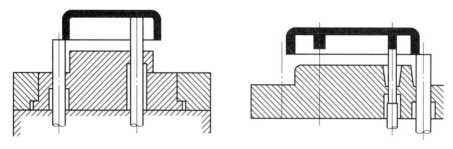

图 8.25 盖形塑件的推出位置   图 8.26 筋部增设推杆机构

(3)推杆的固定及配合。

推杆与推杆孔的配合可采用 H8/f8 或 H7/e7。配合表面的粗糙度一般为 $Ra = 0.8 \sim 0.4\ \mu m$。推杆在推杆固定板中的固定形式如图 8.27 所示。图 8.27(a)为一种常用的推杆固定形式,推杆直径可比固定过孔的直径小 $0.5 \sim 1\ mm$,可用于各种形式的推杆;图 8.27(b)是利用垫块或垫圈代替固定板上的沉孔,使之加工简化;图 8.27(c)的特点是推杆高度可以调节,螺母起固定锁紧作用;图 8.27(d)是利用螺塞紧固推杆,适用于直径较大的推杆及固定板较厚的情况;图 8.27(e)用铆钉形式固定推杆,适用于直径小的推杆及推杆之间距离较近的情况;图 8.27(f)是用螺钉紧固推杆,适用于粗大的推杆。

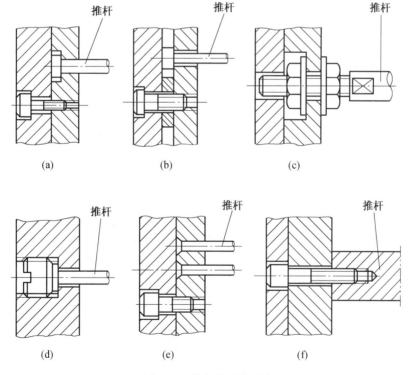

图 8.27 推杆的固定形式

（4）推杆的长度计算。

推杆总长度为

$$h_{杆} = h_{型芯} + \delta_1 + h_{支承} + S_{推} + \delta_2 + h_{推固} \tag{8.40}$$

或

$$h_{杆} = h_{型芯} + \delta_1 + h_{支承} + h_{垫块} - h_{限钉} - h_{推} \tag{8.41}$$

式中　$h_{杆}$——推杆的总长度；

$\quad\quad h_{型芯}$——型芯的总高度；

$\quad\quad h_{支承}$——支承板的厚度；

$\quad\quad S_{推}$——推出行程；

$\quad\quad h_{推固}$——推杆固定板的厚度；

$\quad\quad h_{垫块}$——模具垫块（垫脚）的厚度；

$\quad\quad h_{限钉}$——推板限位钉的厚度；

$\quad\quad h_{推}$——推板的厚度；

$\quad\quad \delta_1$——富裕量，一般为 0.05 ~ 0.1 mm，表示推杆端面应比型腔底面或镶件的平面高，如图 8.28 所示；

$\quad\quad \delta_2$——推出行程富裕量，一般为 3 ~ 6 mm，以免推杆固定板直接顶到支承板。

另外，如果在推杆固定板和支承板之间加上弹簧（弹簧起平稳缓冲作用，有时起到一定的先复位作用），推杆总长度还要再加上弹簧绷紧压缩后的高度。如果不加限位钉，则令 $h_{限钉} = 0$。

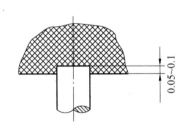

图 8.28　推杆端面与型腔底面的关系

3. 复位杆（又称回程杆或反推杆）结构设计

复位杆的作用是将已经完成推出塑件的推杆恢复到注射成形的原始的位置。复位杆必须固定在固定推杆的同一固定板上，而且各个复位杆的长度必须一致。复位杆端面常低于模板平面 0.02 ~ 0.05 mm。复位杆的材料常用 T8、T10 等，淬火 55 ~ 60HRC。

（1）复位杆结构形式。

复位杆结构形式如图 8.29 所示。此外，有时也可用推杆（图 8.30（a））和推管（图 8.30（b））或弹簧（如图 8.31 所示）代替复位杆。复位杆有时还可以兼起导柱的作用，所以就可以省去推出机构的导向元件。

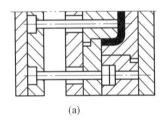　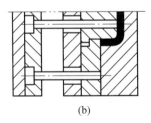　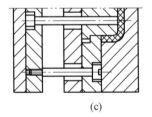

　　（a）　　　　　　　　　　　（b）　　　　　　　　　　　（c）

图 8.29　复位杆

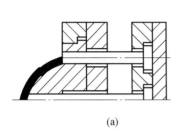 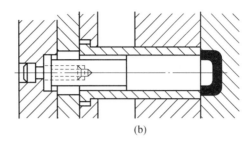

(a)   (b)

图 8.30 推杆和推管兼复位杆结构

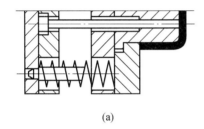 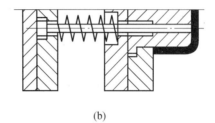

(a)   (b)

图 8.31 弹簧复位形式

（2）复位杆在模板上的布置及组合形式。

复位杆在模板上的布置及组合形式如图 8.32、8.33 所示。

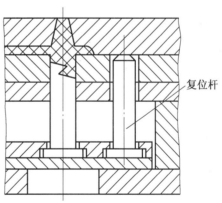

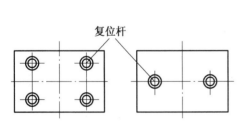

图 8.32 复位杆在模板上的位置   图 8.33 复位杆的组合形式

4. 推管结构设计

推管适用于圆形空心塑料制品或塑料制品圆形部分的推出。推管的结构形式如图 8.34 所示。

推管的尺寸可参考图 8.35 并结合模具结构设计得出。推管的内径与型芯间隙配合，外径与模板间隙配合。推管与型芯的配合长度为推出行程加 3～5 mm，推管与模板的配合长度一般等于 $(0.8～2)D$，其余部分扩孔，推管扩孔 $d+0.5$ mm，模板扩孔 $D+1$ mm。

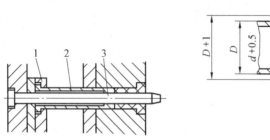

图 8.34　推管的结构
1—推管固定板；2—推管；3—型芯

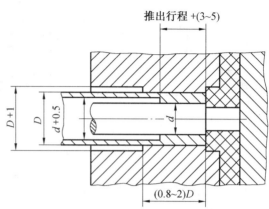

图 8.35　推管的尺寸

5. 推件板结构设计

推件板推出机构具有推出力均匀、推出力大、移动平稳，且无推出痕迹等优点，但对于非圆形的塑件，其配合部分加工较困难，同时因增加推件板而使模具质量增加。

推件板一般适用于塑料制品比较高的深腔薄壁容器、壳体形塑件、不允许有推杆痕迹的塑件以及难于脱模的塑料注射模。推件板结构形式，在生产中常见有固定连接和无固定连接两种形式，如图 8.36、8.37 所示。

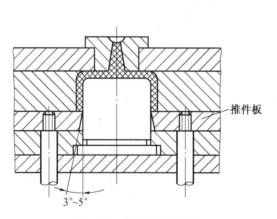

图 8.36　推件板脱模机构

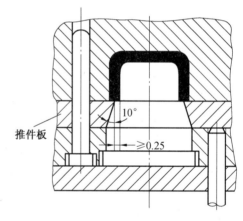

图 8.37　带周边间隙和锥形配合的推件板

推件板与型芯接触部分应设有一定的斜度，一般为 3°～5°（图 8.36），这样可减少推件板与型芯壁的摩擦。推件板与型芯之间的配合，为间隙配合如 H7/f6 等，配合表面粗糙度为 $Ra = 0.8 \sim 0.4\ \mu m$。

为了减少脱模过程中推件板与型芯的摩擦，推件板与型芯之间留有 0.25 mm 的间隙，如图 8.37 所示，其配合锥度还能起到辅助定位的作用，从而防止推件板偏心而引起溢料。

6. 多元件综合推出机构

在实际生产中，塑件脱离型芯后还要用手将塑件从型腔中取出。带筋、金属嵌件等复杂的塑件，如采用单一推出方式，不能保证塑件的质量，这就要求用两种或两种以上的多元件推出机构,如图 8.38 所示。

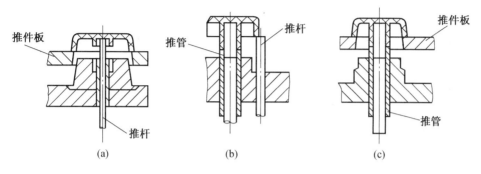

图 8.38 多元件联合推出机构

8.5.3 其他推出机构设计

1. 推块推出机构设计

平板带凸缘的塑件,如用推件板推出会黏模时,则应用推块推出机构,其结构及复位形式如图 8.39 所示。推块是型腔的组成部分,因此有较高的硬度和较低的表面粗糙度,推块与型腔及型芯应有良好的间隙配合,既要求滑动灵活,又不允许溢料。

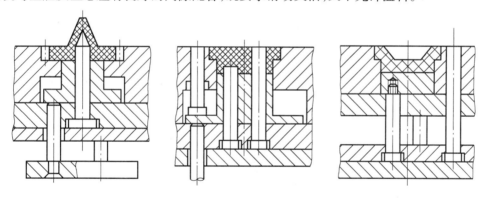

图 8.39 推块推出机构

推块与型腔之间的配合为 H7/f6,配合表面的粗糙度为 $Ra = 0.8 \sim 0.4~\mu m$。推块的材料为 T8 等,经淬火处理后硬度为 $53 \sim 57HRC$,或用 45 钢,经调质处理后硬度为 235HB。

2. 气压脱出机构设计

使用气压脱模虽然要设置通过压缩空气的通路和气门等,但加工比较简单,对于深腔塑件,特别是软性塑料的脱出是有效的。如图 8.40 所示,塑件固化后开模,通入 $100 \sim 400~kPa$ 压缩空气,使阀门打开,空气进入型芯与塑件之间,使塑件脱模。

如图 8.41 所示的结构是用于深腔薄壁的塑件,为保证塑件质量,除了采用推件板顶出外,还在板和型芯之间吹入空气,以便脱模顺利。

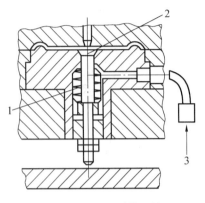

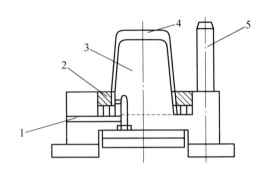

图 8.40　气压脱模机构

1—弹簧;2—阀杆;3—压缩空气

图 8.41　推件板与气压联合脱出塑件

1—空气通道;2—推件板;3—型芯;4—塑件;5—导柱

8.6　注射模成形部分的设计

8.6.1　凹模结构设计

1.整体式凹模

整体式凹模是由整块金属材料直接加工而成的,如图 8.42 所示。这种形式的凹模结构简单,牢固可靠,不易变形,成形的塑件质量较好。但当塑件形状复杂时,采用一般机械加工方法制造型腔比较困难。因此它适用于形状简单的塑件。

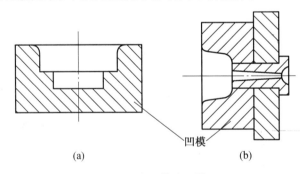

凹模

(a)　　　　　　　　　　　(b)

图 8.42　整体式凹模

2.整体嵌入式凹模

整体嵌入式凹模属于一种整体式凹模的演变,即将整体式凹模变为整体式凹模块直接嵌入到固定板中,或先嵌入到模框,模框再嵌入到固定板中。

如图 8.43 所示,其中图 8.43(a)为采用台阶的圆形凹模镶件,下面用垫板、螺钉将其固定;图 8.43(b)为用销钉保证凹模与模板之间的位置关系;图 8.43(c)和(d)的凹模可从上面嵌入固定板中。

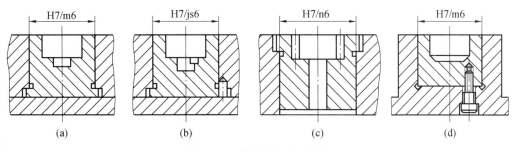

图 8.43 整体嵌入式凹模块

3. 局部镶嵌式凹模

在整体式凹模或整体嵌入式凹模的易损部位或难加工部位,采用局部镶拼的方式,如图 8.44 所示。

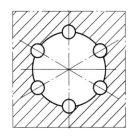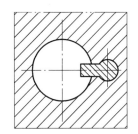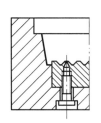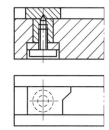

图 8.44 局部镶嵌式凹模

4. 大面积镶拼式凹模

图 8.45 为底部大面积镶拼的凹模结构。其中图 8.45(a)所示的镶拼形式结构简单,结合面要求平整,否则会挤入塑料,使飞边加厚,造成塑件脱模困难,同时还要求底板应有足够的厚度,以免变形而挤入塑料;图 8.45(b)和(c)所示的结构,采用圆柱形配合面,塑料不易挤入,但制造比较费时。

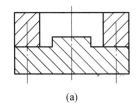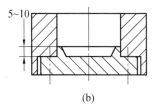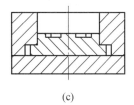

图 8.45 底部大面积镶拼的组合式凹模

图 8.46 是一种侧壁和底部大面积镶拼的凹模结构。镶拼凹模块可直接嵌入到固定板中,或先嵌入到模框,模框再嵌入到固定板中。

如图 8.47 所示为用模框箍紧的大面积镶拼组合式凹模。

如图 8.48 所示为一种镶拼凹模先嵌入到模框,模框再嵌入到固定板中的结构。

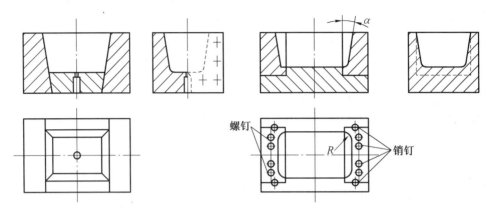

图 8.46　侧壁和底部大面积镶拼的凹模结构

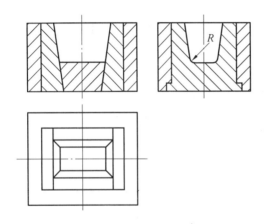

图 8.47　用模框箍紧的大面积镶拼组合式凹模

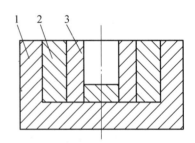

图 8.48　镶拼嵌入式凹模块
1—固定板　2—模框　3—镶拼嵌入式凹模

5. 四壁拼合的组合式凹模

图 8.49 所示为四壁拼合的组合式凹模,侧壁相互之间采用扣锁以保证连接的准确性,连接处外侧做成 0.3 ~ 0.4 mm 的间隙,使内侧接缝紧密。图 8.49(a)的型腔内壁有圆角 a,图 8.49(b)的型腔则不带圆角。在四角嵌入件的转角半径 R 应大于固定板(或模框)的转角半径 r。

图 8.50 所示为四角镶拼形式凹模。

8.6.2　型芯结构设计

型芯是成形塑件内形和孔的成形零件。下面阐述一般型芯结构的设计。

1. 整体式型芯

(1)整体式型芯。当塑件的内形比较简单,深度不大时,可采用整体式型芯,即直接在模板上加工为整体式,如图 8.51(a)所示。这种型芯结构简单牢固,成形塑件的质量好,但机械加工不便,钢材耗量较大,适用于小型模具。

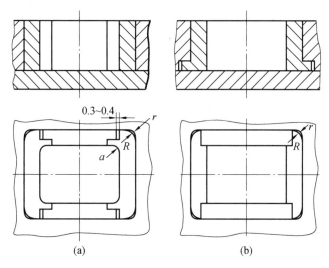

图 8.49 四壁拼合的组合式凹模

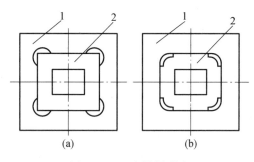

图 8.50 四角镶拼形式

1—模框或模板;2—凹模块

（2）整体嵌入式型芯。图 8.51（b）为螺钉、销钉式连接;图 8.51（c）为嵌入定位加螺钉连接;图 8.51（d）为台阶连接,这三种结构适用于大中型模具。

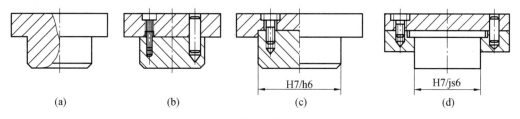

图 8.51 主型芯和模板的连接方式

如图 8.52 所示为成形塑件小孔或槽的细小型芯的连接方式。其中图 8.52（a）为过盈配合压入式,适用于成形孔径和深度不大的小型芯;图 8.52（b）为铆合式结构,可防止脱模时型芯因配合不紧而有被拔出的可能;图 8.52（c）为最常用的台阶和垫板连接;图 8.52（d）为用支承销顶住型芯;图 8.52（e）为用螺钉压紧型芯。对于尺寸较大的型芯可用

图 8.52(f)、8.52(g)、8.52(h)、8.52(i)、8.52(j)的连接方式。

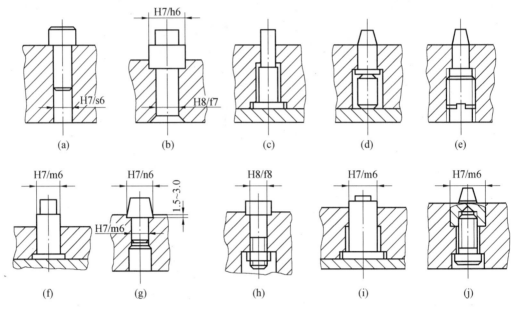

图 8.52　细小型芯与模板的连接方式

　　对于非圆型芯,为了便于制造,将其连接部分制成圆形的,并采用台阶连接,如图 8.53(a)所示。有时仅将成形部分做成异形的,其余部分则做成圆形的,并用螺母及弹簧垫圈拉紧,如图 8.53(b)所示。

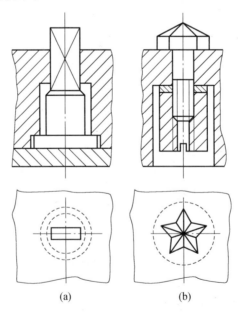

图 8.53　非圆型芯

　　对于多个互相靠近的小型芯,当采用台阶连接时,如其台阶部分互相重叠干涉,则可将该部分磨去,而将固定板的凹坑制成圆坑(图 8.54(a))或长槽(8.54(b))。形状复杂的型芯可采用整体嵌入式型芯+局部镶拼(图8.55),两个型芯相距太近时,宜采用图8.55(b)的结构形式。当仅在局部有小型芯时,可用嵌入垫板的方法,以缩小模具厚度,减小型芯配合尺寸(图8.56)。这样可缩短型芯的长度,既节省钢材,又利于制造。

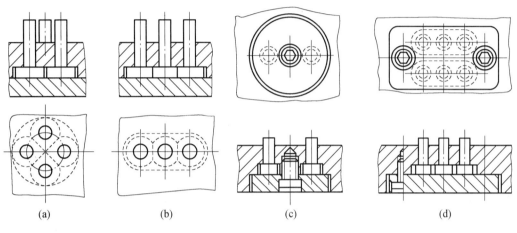

图 8.54 多个小型芯的固定方式

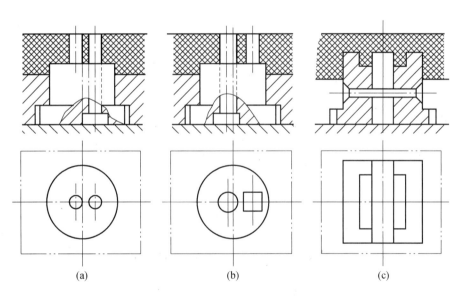

图 8.55 整体嵌入式型芯+局部镶拼

2. 完全镶拼嵌入式型芯

如图8.57所示为完全镶拼式型芯直接嵌入到固定板中的结构。如图8.58所示为完全镶拼式型芯先嵌入到模框,再嵌入到固定板中的结构。

8.6.3 型腔和型芯成形尺寸计算

型腔和型芯成形尺寸计算见表8.10。

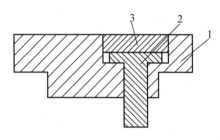

图 8.56　完全整体式型芯+局部镶拼

1—完全整体式型芯;2—镶拼嵌入式型芯;3—垫板

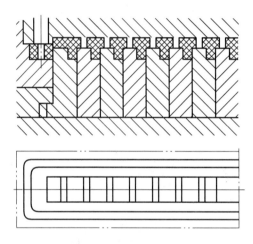

图 8.57　完全镶拼式型芯直接嵌入到固定板中

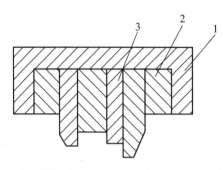

图 8.58　完全镶拼式型芯先嵌入到模框,再嵌入到固定板中

1—型芯固定板;2—模框;3—镶拼式型芯

表8.10 型腔和型芯成形尺寸计算表

结构简图	成形零件尺寸	计算公式
	型腔内径	$D_{模} = \left(D + DS_{CP} - \dfrac{3}{4}\Delta\right)_{0}^{+\delta_z}$
	型芯外径	$d_{模} = \left(d + dS_{CP} + \dfrac{3}{4}\Delta\right)_{-\delta_z}^{0}$
	型腔深度	$H_{模} = \left(H + HS_{CP} - \dfrac{2}{3}\Delta\right)_{0}^{+\delta_z}$
	型芯高度	$h_{模} = \left(h + hS_{CP} + \dfrac{2}{3}\Delta\right)_{-\delta_z}^{0}$
	中心距	$C_{模} = \left(C + CS_{CP}\right) \pm \dfrac{\delta_z}{2}$
	中心边距	$L_{模} = \left(L + LS_{CP} - \dfrac{1}{4}\delta_{模}\right) \pm \dfrac{\delta_z}{2}$
		$L'_{模} = \left(L' + L'S_{CP} + \dfrac{1}{4}\delta_{模}\right) \pm \dfrac{\delta_z}{2}$

注:1. $D_{模}$—型腔径向尺寸,mm;D—塑件外形基本尺寸,mm;S_{CP}—塑料平均收缩率,见表9.3;Δ—塑件公差,mm;δ_z—成形零件制造公差,mm,一般取$\left(\dfrac{1}{6} \sim \dfrac{1}{3}\right)\Delta$;$d_{模}$—型芯径向尺寸,mm;$d$—塑件内形基本尺寸,mm;$H_{模}$—型腔深度,mm;$H$—塑件高度,mm;$h_{模}$—型芯高度,mm;$h$—塑件孔深基本尺寸,mm;$C_{模}$—型芯或型腔中心距,mm;$C$—塑件上孔或凸台的中心距,mm;$L_{模}$—型芯或型孔至型腔壁的尺寸,mm;$L'_{模}$—型芯或型孔至型腔边缘的尺寸,mm;$L$—塑件孔或凸台中心至边缘的基本尺寸,mm;$L'$—塑件孔或凸台中心至内壁的基本尺寸,mm;$\delta_{模}$—型芯或型腔磨损量,mm,一般取$(1/6)\Delta$。

2. 按表中公式计算时,塑件偏差应符合:塑件外形尺寸的偏差为下偏差,塑件内形尺寸的偏差为上偏差,塑件中心距或中心边距的偏差为双向等值偏差。不符合者应在不改变塑件尺寸极限值的条件下,变换基本尺寸及偏差

8.6.4 成形零件脱模斜度的确定

为便于塑件成形后脱膜,成形零件在脱模方向应有脱模斜度,其值的大小按塑件精度及脱模难易而定。一般在保证塑件精度的前提下,宜尽量取大些,便于脱模;型腔的脱模

斜度可比型芯的脱模斜度取小些,因为塑料对型芯的包紧力较大,难于脱模。

在取脱模斜度时,对型腔尺寸应以大端为基准,斜度取向小端方向;对型芯尺寸应以小端为基准,斜度取向大端方向。当塑件的结构不允许有较大斜度或塑件作为精密级精度时,脱模斜度只能在其公差范围内选取(可保证大端尺寸减去小端尺寸为塑件公差的1/3);当塑件作为中级精度要求时,其脱模斜度的选择应保证在配合面的2/3长度范围内满足塑件公差要求,一般取 $\alpha = 10' \sim 20'$;当塑件作为粗级精度时,脱模斜度值可取 $\alpha = 20', 30', 1°, 1°30', 2°, 3°$。

8.6.5 型腔壁厚设计

1. 凹模的强度及刚度要求

塑料模具型腔的侧壁和底板厚度的计算是模具设计中经常遇到的重要问题,尤其对大型模具这种问题更为突出。目前常用的计算方法有按强度条件计算和按刚度条件计算两大类。

对大尺寸型腔,刚度不足是主要问题,应按刚度条件计算;对小尺寸型腔,强度不足是主要问题,应按强度条件计算。强度计算的条件是满足各种受力状态下的许用应力。刚度计算的条件则由于模具特殊性,可以从以下几个方面加以考虑。

(1)要防止溢料。模具型腔的某些配合面当高压塑料熔体注入时,会产生足以溢料的间隙。为了使型腔不致因模具弹性变形而发生溢料,此时应根据不同塑料的最大不溢料间隙来确定其刚度条件。如尼龙、聚乙烯、聚丙烯等低黏度塑料,其允许间隙为0.025 ~ 0.04 mm;对聚苯乙烯、ABS等中等黏度塑料为0.05 mm;对聚砜、聚碳酸酯和硬聚氯乙烯等高黏度塑料为0.06 ~ 0.08 mm。

(2)应保证塑件精度。塑件均有尺寸要求,尤其是精度要求高的小型塑件,这就要求模具型腔具有很好的刚性,即塑料注入时不产生过大的弹性变形。最大弹性变形值可取塑件允许公差的1/5,常见中小型塑件公差为0.13 ~ 0.25 mm(非自由尺寸),因此允许弹性变形量为0.025 ~ 0.05 mm,具体可按塑件大小和精度等级选取。

(3)要有利于脱模。当变形量大于塑件冷却收缩值时,塑件的周边将被型腔紧紧包住而难以脱模,强制顶出则易使塑件划伤或损坏,因此型腔允许弹性变形量应小于塑件的收缩值。但是,一般说来塑料的收缩率较大,故多数情况下,当满足上述两项要求时已能满足本项要求。

上述要求在设计模具时其刚度条件应以这些项中最苛刻者(允许最小的变形值)为设计标准,但也不宜无根据地过分提高标准,以免浪费材料,增加制造困难。

型芯的强度、刚度计算相当于杆类零件的校核计算,这里不详细解释,其强度、刚度计算在型腔壁厚计算的同时,也附带列出。

2. 型腔壁厚的计算(附带型芯的强度和刚度计算)

(1)计算法。常用的圆形和矩形凹模侧壁和底板的厚度计算公式见表8.11。表8.11计算公式中的四个系数 c, c', a, a',参见表8.12 ~ 表8.15。

表 8.11　凹模、型芯的强度刚度计算

类型		图示	部位	按强度计算	按刚度计算
圆形凹模	整体式	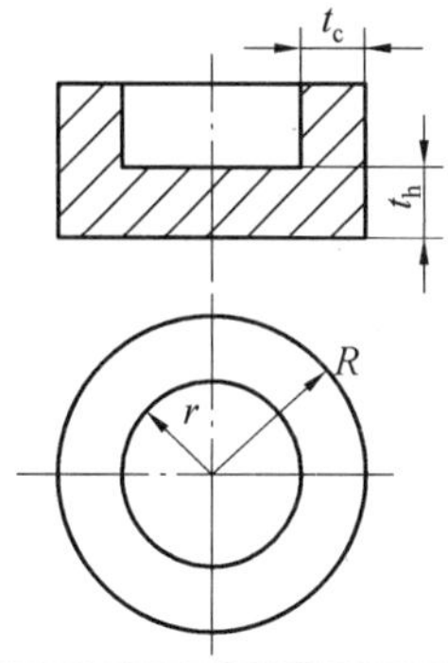	侧壁	$t_c = r\left(\sqrt{\dfrac{\sigma_p}{\sigma_p - 2p_M}} - 1\right)$	$t_c = r\left(\sqrt{\dfrac{\dfrac{E\delta_p}{rp_M} - (\mu-1)}{\dfrac{E\delta_p}{rp_M} - (\mu+1)}} - 1\right)$
			底部	$t_h = \sqrt{\dfrac{3p_M r^2}{4\sigma_p}}$	$t_h = \sqrt[3]{\dfrac{0.175 p_M r^4}{E\delta_p}}$
	镶拼组合式	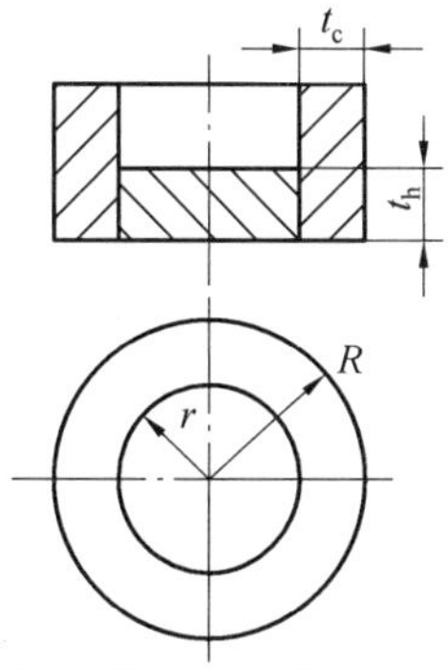	侧壁	$t_c = r\left(\sqrt{\dfrac{\sigma_p}{\sigma_p - 2p_M}} - 1\right)$	$t_c = r\left(\sqrt{\dfrac{\dfrac{E\delta_p}{rp_M} - (\mu-1)}{\dfrac{E\delta_p}{rp_M} - (\mu+1)}} - 1\right)$
			底部	$t_h = r\sqrt{\dfrac{1.22 p_M}{\sigma_p}}$	$t_h = \sqrt[3]{\dfrac{0.74 p_M r^4}{E\delta_p}}$
矩形凹模	整体式	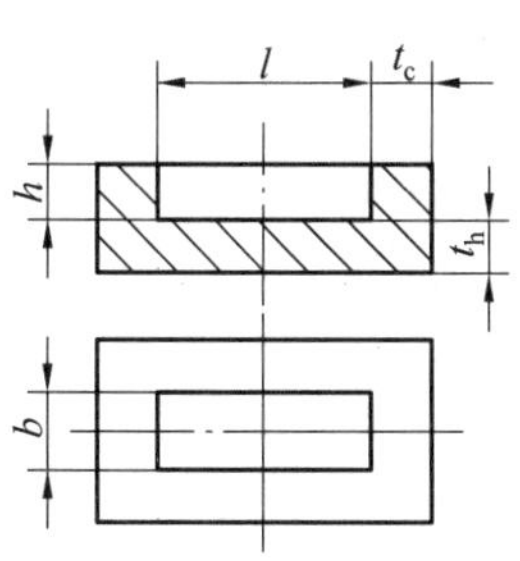	侧壁	$t_c = h\sqrt{\dfrac{ap_M}{\sigma_p}}$	$t_c = \sqrt[3]{\dfrac{cp_M h^4}{E\delta_p}}$
			底部	$t_h = b\sqrt{\dfrac{a'p_M}{\sigma_p}}$	$t_h = \sqrt[3]{\dfrac{c'p_M b^4}{E\delta_p}}$
	镶拼组合式	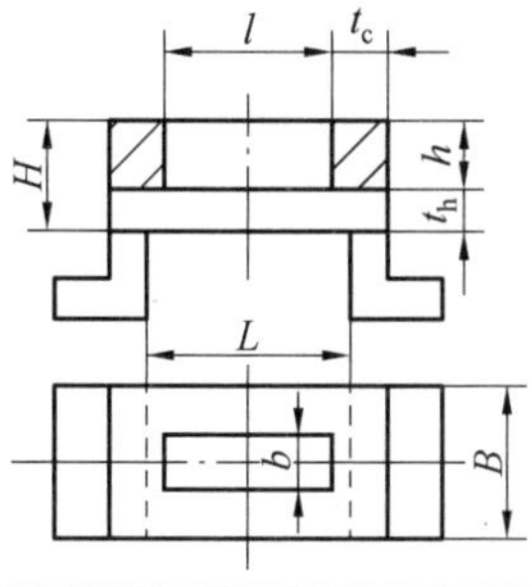	侧壁	$t_c = l\sqrt{\dfrac{p_M h}{2H\sigma_p}}$	$t_c = \sqrt[3]{\dfrac{p_M h l^4}{32EH\delta_p}}$
			底部	$t_h = L\sqrt{\dfrac{3p_M b}{4B\sigma_p}}$	$t_h = \sqrt[3]{\dfrac{5p_M b L^4}{32EB\delta_p}}$

续表 8.11

类型		图　　示	部位	按强度计算	按刚度计算
型芯	悬臂式		半径	$r = 2L\sqrt{\dfrac{p_M}{\pi\sigma_p}}$	$r = \sqrt[3]{\dfrac{p_M L^4}{\pi E \delta_p}}$
	悬臂、简支		半径	$r = L\sqrt{\dfrac{p_M}{\pi\sigma_p}}$	$r = \sqrt[3]{\dfrac{0.043\,2 p_M L^4}{\pi E \delta_p}}$

注:p_M—型腔压力,MPa;E—材料的弹性模量,MPa;σ_p—材料许用应力,MPa;μ—材料的泊松比;δ_p—成形零部件的许用变形量,mm;r—凹模型腔内孔或型芯外圈的半径,mm;R—凹模的外部轮廓半径,mm;l—凹模型腔的内孔(矩形)长边尺寸,mm;L—型芯的长度或模具支承块(垫块)的间距,mm;h—凹模型腔的深度,mm;H—凹模外侧的高度,mm;b—凹模型腔的内孔(矩形)短边尺寸或其底面的受压宽度,mm;B—凹模外侧底面的宽度,mm;t_c—凹模型腔侧壁的计算厚度,mm;t_h—凹模型腔底板的计算厚度,mm

表 8.12　系数 c

h/l	l/h	c	h/l	l/h	c
0.3	3.33	0.930	0.9	1.10	0.045
0.4	2.50	0.570	1.0	1.00	0.031
0.5	2.00	0.330	1.2	0.83	0.015
0.6	1.66	0.188	1.5	0.67	0.006
0.7	1.43	0.117	2.0	0.50	0.002
0.8	1.25	0.073			

表 8.13　系数 c′

l/b	c'	l/b	c'
1.0	0.013 8	1.6	0.025 1
1.1	0.016 4	1.7	0.026 0
1.2	0.018 8	1.8	0.026 7
1.3	0.020 9	1.9	0.027 2
1.4	0.022 6	2.0	0.027 7
1.5	0.024 0		

表 8.14 系数 a

l/h	0.25	0.50	0.75	1.0	1.5	2.0	3.0
a	0.02	0.081	0.173	0.321	0.727	1.226	2.105

表 8.15 系数 a'

l/b	1.0	1.2	1.4	1.6	1.8	2.0	2.2
a'	0.307 8	0.383 4	0.435 6	0.468 0	0.487 2	0.497 4	0.500 0

（2）经验数据法。如图 8.59 所示，型腔底板厚度 t_h 的经验数据见表 8.16。

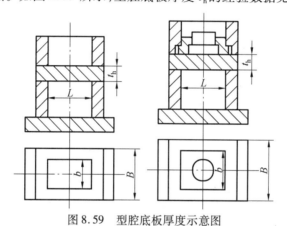

图 8.59 型腔底板厚度示意图

表 8.16 型腔底板厚度 t_h 的经验数据

B/mm	$b \approx L$	$b \approx 1.5L$	$b \approx 2L$
$\leqslant 102$	$t_h = (0.12 \sim 0.13)b$	$t_h = (0.1 \sim 0.11)b$	$t_h = 0.08b$
$102 \sim 300$	$t_h = (0.13 \sim 0.15)b$	$t_h = (0.11 \sim 0.12)b$	$t_h = (0.08 \sim 0.09)b$
$300 \sim 500$	$t_h = (0.15 \sim 0.17)b$	$t_h = (0.12 \sim 0.13)b$	$t_h = (0.09 \sim 0.10)b$

注：当压力 $p_M < 29$ MPa，$L > 1.5B$ 时，表中数值乘以（1.25~1.35）；当压力 $p_M < 49$ MPa，$L > 1.5B$ 时，表中数值乘以（1.5~1.6）

单型腔侧壁厚度 t_c（如图 8.60（a）中侧壁）的经验计算公式为：$t_c = 0.20l + 17$ mm（型腔压力 $p_M < 49$ MPa）。多腔模具的型腔与型腔之间的壁厚 t'_c（如图 8.60（b））的经验计算公式为 $t'_c \geqslant \dfrac{t_c}{2}$。

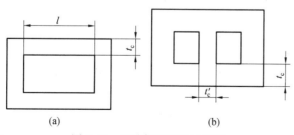

(a)　　　　　　　　　(b)

图 8.60 型腔侧壁厚度示意图

8.7 冷却系统设计

模具上设置温度调节系统的目的是提高塑件的成形质量和生产效率。温度调节系统根据情况的不同,分为冷却系统和加热系统两种。

一般注射到模具内的塑料温度为 200 ℃ 左右,而塑件固化后从模具型腔中取出时其温度在 60 ℃ 以下。热塑性塑料在注射成形后,必须对模具进行有效的冷却,使熔融塑料的热量尽快地传给模具,以便使塑件可靠冷却定型,并可迅速脱模,提高塑件定型质量和生产效率。对于熔融黏度较低、流动性较好的塑料,如聚乙烯、聚丙烯、尼龙、聚苯乙烯、聚氯乙烯、有机玻璃等,若塑件是薄壁且小型的,则模具可利用自然冷却;若塑件是厚壁且大型的,则需要对模具进行人工冷却,以便使塑件在模腔内很快冷凝定型,缩短成形周期,提高生产效率。

常用热塑性塑料的成形温度与模具温度见表 8.17。

表 8.17 常用热塑性塑料的成形温度与模具温度

塑料名称	塑料温度/℃	模具温度/℃	塑料名称	塑料温度/℃	模具温度/℃
聚苯乙烯	200～250	40～60	醋酸纤维素(CA)	160～250	90～120
AS 树脂(AS)	200～260	40～60	硬聚氯乙烯	180～210	40～60
ABS 树脂(ABS)	200～260	40～60	软聚氯乙烯	170～190	45～60
丙烯酸树脂	180～250	40～60	有机玻璃	220～270	40～60
聚乙烯	150～250	50～70	氯化聚醚	190～240	40～60
聚丙烯	160～260	40～60	聚苯醚	280～340	110～150
聚酰胺	200～300	55～65	聚砜	300～340	100～150
聚甲醛	180～220	80～120	聚对苯二甲酸丁二醇酯(PBT)	250～270	60～80
聚碳酸酯	280～320	80～110			

冷却介质有冷却水和压缩空气,前者应用较多,这是因为水的比热容大,传热系数大,成本低,且低于室温的水也容易取得。用水冷却即在模具型腔周围或型芯内开设冷却水通道,利用循环水将热量带走,维持恒温。

1. 冷却装置的基本结构形式

(1)简单流道式。简单流道式即通过在模具上直接钻孔,并通以冷却水而进行冷却,简单流道式是最常用的一种冷却形式。图 8.61(a)是一般的冷却方法,适用于成形较浅、面积较大的塑件。图 8.61(b)是通过软管在模外连接冷却回路。如图 8.62 所示的冷却回路,对深腔和高度较大的型芯的冷却效果较好。如图 8.63 所示,图 8.63(a)为凹模底部冷却,图 8.63(b)为两侧冷却,图 8.63(c)为纵向冷却。

(2)螺旋式。使冷却水在模具中产生螺旋状回路,冷却效果较好,但制造比较麻烦。如图 8.64 所示为在镶嵌界面开设螺旋形冷却水沟槽。图 8.65 为在细长型芯内部嵌入螺

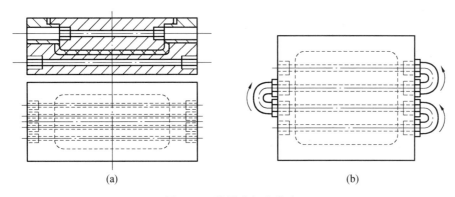

图 8.61 简单冷却流道式

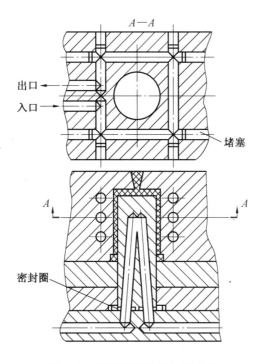

图 8.62 深腔和高度较大的型芯

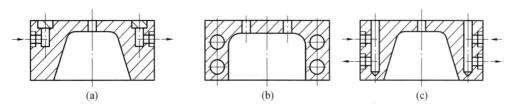

图 8.63 凹模的简单冷却流道式

旋形铜管,用低熔点合金浇铸固定。

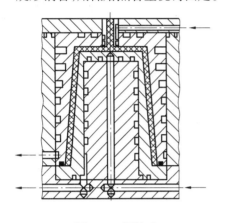

图 8.64　螺旋式

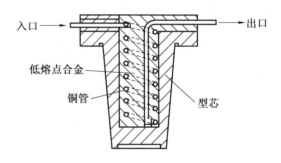

图 8.65　嵌入铜管的螺旋冷却式

（3）隔片导流式。如图 8.66 所示为比较常见的一种用于多型芯的隔片导流式冷却系统。

（4）喷流式。如图 8.67 所示为主要用在长型芯,且在型芯中间装有一个喷水管的冷却系统。冷却水从喷水管喷出,分流向周围冷却型芯壁。

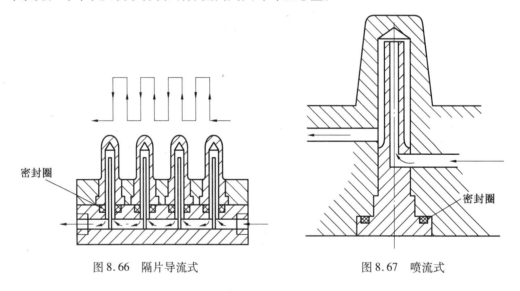

图 8.66　隔片导流式

图 8.67　喷流式

（5）导热杆（导热棒）及导热型芯式。图 8.68 所示为在型芯上镶有导热性好的铍铜合金,冷却水接在型芯固定部分,而铍铜合金以全部（图（a））或尾部（图（b））面积接触冷却水,以提高冷却效率。图 8.69 为采用导热杆的局部冷却装置。

当型芯特别小时,可用导热性能特别好的铍铜合金作为型芯材料,如图 8.70 所示。

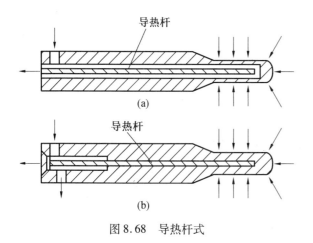

图 8.68 导热杆式

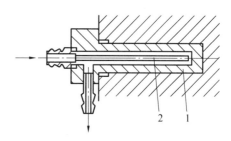

图 8.69 导热杆局部冷却式

1—铍铜杆;2—导管

2.冷却装置设计分析

(1)冷却装置设计的基本考虑。

①尽量保证塑件收缩均匀,维持模具热平衡。

②冷却水孔的数量越多,孔径越大,则对塑件冷却也就越均匀。如图 8.71 所示,图(a)开设五个大孔比图(b)开两个较小的冷却水孔的冷却效果好。

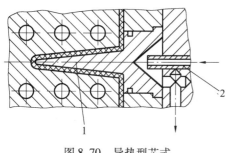

图 8.70 导热型芯式

1—铍铜型芯;2—导管

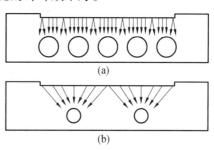

图 8.71 冷却水孔的数量和大小

③水孔与型腔表面各处最好有相同的距离,即水孔的排列与型腔形状尽量相吻合(图 8.72(a))。当塑件壁厚不均匀时,厚壁处水孔应靠近型腔,距离要小(图 8.72(b))。确定水孔到型腔表面的距离时,应考虑型腔是否冷却均匀,以及模具的强度和刚度问题。从型腔表面到冷却水孔的距离以及水孔中心距与水孔直径的尺寸关系如图 8.73 所示。

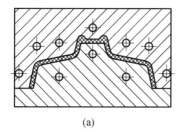

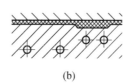

(a)   (b)

图 8.72 冷却水孔位置

④浇口处加强冷却。一般熔融塑料填充型腔时,浇口附近温度最高,距浇口越远温度越低。因此浇口附近应加强冷却,通入冷水,而在温度较低的外侧只需通过经热交换后的温水即可。如图8.74所示为侧浇口的循环冷却水路;图8.75为薄膜浇口的循环冷却水路;图8.76为多浇口的循环冷却水路。

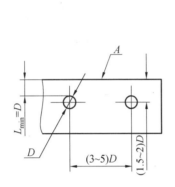

图8.73　冷却水孔到型腔表面的距离

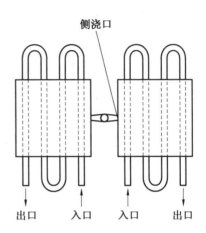

图8.74　侧浇口的循环冷却水路

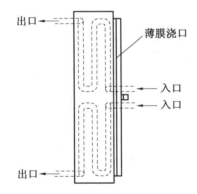

图8.75　薄膜浇口的循环冷却水路

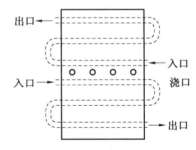

图8.76　多浇口的循环冷却水路

⑤降低入水与出水的温差。如果入水与出水温差太大,将使模具的温度分布不均匀,尤其对流程很长的大型塑件,料温越流越低。为使整件的冷却速度大致相同,可以改变冷却孔道排列的形式。如图8.77(a)所示回路的入水和出水温差大,塑件冷却不均匀,图8.77(b)的形式克服了上述缺陷,冷却效果好,但冷却水的耗量较大。

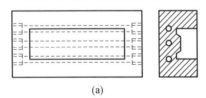

(a)

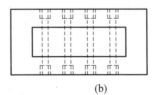

(b)

图8.77　降低入水与出水的温差

⑥要结合塑料的特性和塑件的结构,合理考虑冷却水通道的排列形式。例如对于收缩大的塑件(如聚乙烯)应沿其收缩方向开设冷却通道。如图8.78所示的四方形塑件中

心浇口的情况,收缩沿放射线和同放射线垂直的方向进行,所以应将水从中心通入,向外侧进行螺旋式热交换,最后流出模外。

对于不同形状的塑件,冷却水通道的排列形式也有所不同,图8.79(a)为薄壁、扁平塑件的冷却,图8.79(b)为中等深度壳形塑件的冷却。图8.79(c)为深腔塑件的冷却。

冷却流道的设计也要考虑塑件的壁厚。塑件壁厚越大,则所需冷却时间越长。几种塑件的厚度与冷却时间的关系见表8.18。

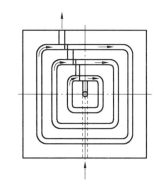

图 8.78 中心直浇口动模冷却水槽图

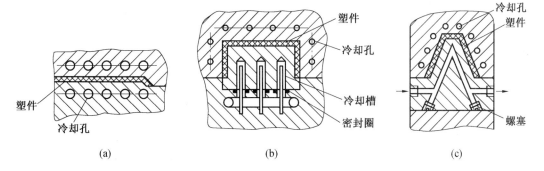

图 8.79 不同形状塑件的冷却水通道的排列形式

表 8.18 塑件厚度与冷却时间的关系

制件厚度 /mm	冷却时间 t/s						
	ABS	PA	HDPE	LDPE	PP	PS	PVC
0.5			1.8		1.8	1.0	
0.8	1.8	2.5	3.0	2.3	3.0	1.8	2.1
1.0	2.9	3.8	4.5	3.5	4.5	2.9	3.3
1.3	4.1	5.3	6.2	4.9	6.2	4.1	4.6
1.5	5.7	7.0	8.0	6.6	8.0	5.7	6.3
1.8	7.4	8.9	10.0	8.4	10.0	7.4	8.1
2.0	9.3	11.2	12.5	10.6	12.5	9.3	10.1
2.3	11.5	13.4	14.7	12.8	14.7	11.5	12.3
2.5	13.7	15.9	17.5	15.2	17.5	13.7	14.7
3.2	20.5	23.4	25.5	22.5	25.5	20.5	21.7
3.8	28.5	32.0	34.5	30.9	34.5	28.5	30.0
4.4	38.0	42.0	45.0	40.8	45.0	38.0	39.8
5.0	49.0	53.9	57.5	52.4	57.5	49.0	51.1
5.7	61.0	66.8	71.0	65.0	71.0	61.0	63.5
6.4	75.0	80.0	85.0	79.0	85.0	75.0	77.5

⑦冷却水通道要避免接近塑件的熔合纹部位,以免熔合不牢,影响强度。

⑧保证冷却通道不泄漏,密封性能好,以免在塑件上造成斑纹。

⑨冷却系统的设计要考虑尽量避免其与模具结构中其他部分的干涉现象。冷却水通道开设时,受到模具上各种孔(推杆孔、型芯孔、镶块接缝等)的结构限制,要按理想情况设计是困难的。

⑩冷却通道的进口与出口接头尽量不要高出模具外表平面,即要埋入模板内,以免模具在运输过程中造成损坏。如图 8.80 所示,图 8.80(a)为冷却水嘴外露的形式,图 8.80(b)为冷却水嘴埋入的形式。且在进口和出口处分别打上标志,如"IN"(进口)和"OUT"(出口)等。

⑪冷却水通道要易于加工和清理。一般孔径设计为 8 ~ 12 mm。

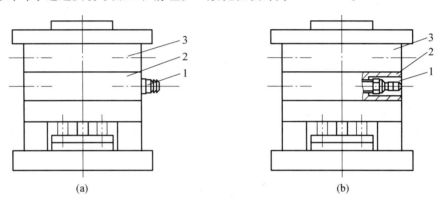

图 8.80 冷却水嘴的安装形式

1—冷却水嘴;2—动模固定板;3—定模固定板

(2)冷却装置的理论计算。

冷却装置的计算就是计算模具的冷却面积,求得恰当的冷却管道直径和长度,满足冷却要求。但是模具的热量有辐射热、通过空气对流的散热、通过冷却介质对流的散热、向注射机模板的传热和由于喷嘴接触的传热等许多因素,因此精确计算是不可能的。下面仅考虑冷却介质在管内做强制对流的散热,而忽略其他因素。

①模具冷却时所需冷却介质的体积流量。

假设在单位时间内由塑料熔体凝固时放出的热量等于冷却介质所带走的热量,则模具冷却时所需冷却介质的体积流量按下式计算:

$$q_V = \frac{WQ_1}{60\rho c_1(\theta_1 - \theta_2)} \tag{8.42}$$

式中　q_V——冷却介质的体积流量,$\mathrm{m^3/min}$;

W——单位时间(每小时)注入模具中的塑料质量,$\mathrm{kg/h}$,$\dfrac{W}{60}$ 为每分钟注入模具中的塑料质量,$\mathrm{kg/min}$;

Q_1——单位热流量,即单位质量的塑料制件在凝固时所放出的热量,$\mathrm{kJ/kg}$;

ρ——冷却介质的密度,$\mathrm{kg/m^3}$;

c_1——冷却介质的比热容,$\mathrm{kJ/(kg \cdot \mathcal{C})}$;

θ_1、θ_2——冷却介质出口、进口温度,℃。

Q_1 可表示为

$$Q_1 = \left[c_2(\theta_3 - \theta_4) + u \right] \qquad (8.43)$$

式中　c_2——塑料的比热容,kJ/(kg·℃);

　　　θ_3、θ_4——分别为注入模具中的塑料熔体的温度和推出前塑件的温度,℃;

　　　u——结晶形塑料的熔化潜热,kJ/kg。

常用塑料的比热容和潜热可从经验表格(表 8.19)中选择,Q_1 也可从经验表格(表 8.20)中选择。

W 可表示为

$$W = m_{塑} N \qquad (8.44)$$

式中　$m_{塑}$——每次注射成形的塑件和浇注系统凝料总质量,kg;

　　　N——每小时成形次数,h^{-1}。

N 可表示为

$$N = \frac{3\ 600}{t} \qquad (8.45)$$

式中　t——注射成形周期,s。

表 8.19　常用塑料的热扩散系数、热导率、比热容和熔化潜热

塑料品种	热扩散系数 /(m²·h⁻¹)	热导率 /[kJ·(m·h·℃)⁻¹]	比热容 /[kJ·(kg·℃)⁻¹]	潜热 /(kJ·kg⁻¹)
聚苯乙烯	3.2×10^{-4}	0.452	1.340	—
ABS	9.6×10^{-4}	1.055	1.047	—
硬聚氯乙烯	2.2×10^{-4}	0.574	1.842	—
低密度聚乙烯	6.2×10^{-4}	1.206	2.094	1.30×10^2
高密度聚乙烯	7.2×10^{-4}	1.733	2.554	2.43×10^2
聚丙烯	2.4×10^{-4}	0.423	1.926	1.80×10^2
尼龙	3.9×10^{-4}	0.837	1.884	1.30×10^2
聚碳酸酯	3.3×10^{-4}	0.695	1.717	—
聚甲醛	3.3×10^{-4}	0.829	1.759	1.63×10^2
有机玻璃	4.3×10^{-4}	0.754	1.465	—
聚三氟乙烯	3.4×10^{-4}	0.754	1.046	—
聚四氟乙烯	4.0×10^{-4}	0.879	1.046	—

表 8.20 常用塑料熔体的单位热流量 Q_1

塑料品种	$Q_1/(\mathrm{kJ \cdot kg^{-1}})$	塑料品种	$Q_1/(\mathrm{kJ \cdot kg^{-1}})$
ABS	$3.1 \times 10^2 \sim 4.0 \times 10^2$	低密度聚乙烯	$5.9 \times 10^2 \sim 6.9 \times 10^2$
AS	3.35×10^2	高密度聚乙烯	$6.9 \times 10^2 \sim 8.1 \times 10^2$
聚甲醛	4.2×10^2	聚丙烯	5.9×10^2
丙烯酸	2.9×10^2	聚碳酸酯	2.7×10^2
有机玻璃	2.1×10^2	聚氯乙烯	$1.6 \times 10^2 \sim 3.6 \times 10^2$
醋酸纤维素	3.9×10^2	聚苯乙烯	2.7×10^2
聚酰胺	$6.5 \times 10^2 \sim 7.5 \times 10^2$	聚四氟乙烯	5.0×10^2

② 确定冷却管道直径。

当计算出冷却水的体积流量 q_V 后,便可根据冷却水处于湍流状态下的流速 v 与管道直径 d 的关系,确定模具冷却水管道的直径 d,当计算的流量 q_V 在表中两个数值之间时,取较小的管道直径,见表 8.21。

表 8.21 冷却水的稳定湍流速度与流量

冷却通道直径 d/mm	最低流速 $v/(\mathrm{m \cdot s^{-1}})$	流量 q_V $/(\mathrm{m^3 \cdot min^{-1}})$	冷却通道直径 d/mm	最低流速 $v/$ $(\mathrm{m \cdot s^{-1}})$	流量 q_V $/(\mathrm{m^3 \cdot min^{-1}})$
8	1.66	5.0×10^{-3}	20	0.66	12.4×10^{-3}
10	1.32	6.2×10^{-3}	25	0.53	15.5×10^{-3}
12	1.10	7.4×10^{-3}	30	0.44	18.7×10^{-3}
15	0.87	9.2×10^{-3}			

③ 冷却管道总传热面积 A:

$$A = \frac{WQ_1}{k\Delta\theta} \quad (\mathrm{m^2}) \tag{8.46}$$

式中 k——冷却管道孔壁与冷却介质间的传热膜系数,$\mathrm{kJ/(m^2 \cdot h \cdot ℃)}$;

  $\Delta\theta$——模具平均温度与冷却介质平均温度之差,℃。

k 可表示为

$$k = \frac{4.187f(\rho v)^{0.8}}{d^{0.2}} \tag{8.47}$$

式中 f——与冷却介质温度有关的物理系数,水温与 f 的关系见表 8.22;

  ρ——冷却介质在一定温度下的密度,$\mathrm{kg/m^3}$;

  v——冷却介质在圆管中的流速,$\mathrm{m/s}$;

  d——冷却管道的直径,m。

表 8.22 水温与 f 的关系

平均水温 /℃	0	5	10	15	20	25	30	35	40	45	50	55	60	65	70	75
f	4.91	5.30	5.68	6.07	6.45	6.48	7.22	7.60	7.98	8.31	8.64	8.97	9.30	9.60	9.90	10.20

冷却水在管道内的流速为

$$v = \frac{4q_V}{\pi d^2} \tag{8.48}$$

④ 确定模具上应开设的冷却管道的孔数 n。

求出冷却管道总传热面积 A 后,便可根据模具的长度或宽度确定模具上应开设的冷却管道的孔数 n, n 可表示为

$$n = \frac{A}{\pi d L} \tag{8.49}$$

式中　L—— 冷却管道开设方向上模具长度或宽度,m。

3. 冷却系统的零件

冷却系统对应不同的冷却装置有不同的零件,主要有以下几种:

(1)水管接头(冷却水嘴)。水管接头主要用来连接冷却通道的入口和出口,使冷却水导入模具的冷却系统,并使在模具中吸收了热量的水离开模具。水管接头一般由黄铜材料制成,对于要求不高的模具可用一般结构钢制成。

(2)螺塞。螺塞主要用来构造水路,起截流的作用。要求高的模具要用黄铜材料的螺塞,要求不高的模具可用钢材料。

(3)密封圈。密封圈主要用来使冷却回路不泄漏。

(4)密封胶带。密封胶带主要用来使螺塞或水管接头与冷却通道连接处不泄漏。

(5)软管。软管主要作为连接并构造模外冷却回路,一般用橡胶材料做成。

(6)喷管件。喷管件主要用在喷流式冷却系统上,最好用铜管,但对于要求不高的模具可用铁管等。

(7)隔片。隔片用在隔片导流式冷却系统上,最好用黄铜片,对于要求不高的模具,可由一般金属片制成,如 45、20、15、Q235 等钢种。

(8)导热杆。导热杆用在导热式冷却系统上,主要由铍铜制成。

第9章　注射模设计资料

9.1　常用塑料及使用性能

1.常用的塑料中英文名称对照

常用的塑料中英文名称对照见表9.1。

表9.1　常用塑料中英文名称对照(摘自 GB/T 1844.1—2008)

塑料种类	缩写代号	塑料或树脂全称	
		英　文	中　文
热塑性塑料	ABS	Acrylonitrile–butadiene–styrene copolymer	丙烯腈-丁二烯-苯乙烯共聚物
	AS	Acrylonitrile–styrene copolymer	丙烯腈-苯乙烯共聚物
	ASA	Acrylonitrile–styrene–acrylate copolymer	丙烯腈-苯乙烯-丙烯酸酯共聚物
	CA	Cellulose acetate	乙酸纤维素(醋酸纤维素)
	CN	Cellulose nitrate	硝酸纤维素
	EC	Ethyl cellulose	乙基纤维素
	FEP	Perfluorinated ethylene–propylene copolymer	全氟(乙烯-丙烯)共聚物(聚全氟乙丙烯)
	GRP	Glass fibre reinforced plastics	玻璃纤维增强塑料
	HDPE	High density polyethylene	高密度聚乙烯
	HIPS	High impact polystyrene	高冲击强度聚苯乙烯
	LDPE	Low density polyethylene	低密度聚乙烯
	MDPE	Middle density polyethylene	中密度聚乙烯
	PA	Polyamide	聚酰胺(尼龙)
	PC	Polycarbonate	聚碳酸酯
	PAN	Polyacrylonitrile	聚丙烯腈
	PCTFE	Polychlorotrifluoroethylene	聚三氟氯乙烯
	PE	Polyethylene	聚乙烯
	PEC	Chlorinated polyethylene	氯化聚乙烯
	PMMA	Poly(methyl methacrylate)	聚甲基丙烯酸甲酯(有机玻璃)
	POM	Polyformaldehyde(polyoxymethylene)	聚甲醛

续表 9.1

塑料种类	缩写代号	塑料或树脂全称	
		英 文	中 文
热塑性塑料	PP	Polypropylene	聚丙烯
	PPC	Chlorinated polypropylene	氯化聚丙烯
	PPO	Poly(phenylene oxide)	聚苯醚(聚2,6-二甲基苯醚),聚苯撑氧
	PS	Polystyrene	聚苯乙烯
	PSU(PSF)	Polysulfone	聚砜
	PTFE	Polytetrafluoroethylene	聚四氟乙烯
	PVC	Poly(vinyl chloride)	聚氯乙烯
	PVCC	Chlorinated poly(vinyl chloride)	氯化聚氯乙烯
	RP	Reinforced plastics	增强塑料
	SAN	Styrene-acrylonitrile copolymer	苯乙烯-丙烯腈共聚物
热固性塑料	PF	Phenol-formaldehyde resin	酚醛树脂
	EP	Epoxide resin	环氧树脂
	PUR	Polyurethane	聚氨酯
	UP	Unsaturated polyester	不饱和聚酯
	MF	Melamine-formaldehyde resin	三聚氰胺-甲醛树脂
	UF	Urea-formaldehyde resin	脲甲醛树脂
	PDAP	Poly(diallyl phthalate)	聚邻苯二甲酸二烯丙酯

2. 常用塑料的性能与用途

常用塑料的性能与用途见表 9.2。

表 9.2 常用塑料的性能与用途

塑料名称	结构特点	性能特点	成形特点	主要用途
聚乙烯	线型结构,结晶形	质软,力学性能较差,表面硬度低,化学稳定性较好;但不耐强氧化剂,耐水性好。使用温度小于80℃	成形前可不预热;流动性极好(溢边值为0.02 mm);流动性对压力敏感,故成形时宜选用高压注射。收缩大,方向性明显,易变形;冷却速度慢,模具应设有冷却系统;采用螺杆注射机;塑件有浅侧凹时,可强制脱模	薄膜、管、绳、容器、电器绝缘零件、日用品、玩具等

续表 9.2

塑料名称	结构特点	性能特点	成形特点	主要用途
聚丙烯	线型结构,结晶形	密度小,力学性能比聚乙烯好,化学稳定性较好,耐热性好,耐寒性差,在光、氧作用下易降解、老化。使用温度为 10 ~ 120 ℃	流动性极好,易于成形;成形时收缩大,易发生缩孔、凹痕、变形等缺陷;热容量大,模具中应设有冷却系统	板、片、透明薄膜、绳、绝缘零件、汽车零件、阀门配件、日用品、玩具等
聚苯乙烯	线型结构,无定形	化学稳定性较好,透明性好,电绝缘性能好,抗拉、抗弯强度高,但质脆,抗冲击强度差,不耐苯、汽油等有机溶剂。使用温度为-30 ~ 80 ℃	成形前可不干燥;成形性能很好,应注意模具间隙,防止溢料,且模具设计中大多采用点浇口形式;质脆易裂,脱模斜度不宜过小;热胀系数大,塑件中不宜有嵌件,否则易开裂	装饰制品、仪表壳罩、灯罩、绝缘零件、容器、泡沫塑料、日用品、玩具等
ABS	线型结构,无定形	综合力学性能好,化学稳定性较好,吸水性较大,耐热性较差。使用温度小于70 ℃	成形前原料要干燥;成形性能好,表观黏度对剪切速率很敏感,故在模具设计中常用点浇口形式	应用广泛:如电器用品外壳、汽车仪盘、日用品、玩具、运动用品等
聚氯乙烯	线型结构,无定形	不耐强酸和碱类溶液,能溶于甲苯、松节油等,其他性能取决于树脂的相对分子质量和添加剂的含量。使用温度一般在 − 15 ~ 55 ℃ 之间	成形性能较差,塑件外观差,热稳定性差,加工温度范围窄,必须严格控制料温,模具应设有冷却装置,采用带预塑化装置的螺杆式注射机;模具流道应粗短,浇口截面宜大;腐蚀性强,模具表面应镀铬	用途广泛,如薄膜、管、板、容器、插座、插头、开关、电缆、人造革、鞋类、日用品等
聚酰胺(尼龙)	线型结构,结晶形	抗拉强度、硬度、耐磨性、自润滑性突出,吸水性强;化学稳定性较好,能溶于甲醛、苯酚、浓硫酸等。使用温度小于 100 ℃	熔点高,熔融温度范围窄,成形前必须进行干燥处理;熔体黏度低,流动性好,要防止流涎和溢料;熔融温度下较硬,易损模具,主流道及型腔易粘模;要提高结晶化温度,应注意模具温度的控制;制品易吸潮而引起尺寸变化	耐磨零件及传动件,如齿轮、凸轮、滑轮等;电器零件中的骨架外壳、阀类零件、单丝、薄膜、日用品等
聚甲基丙烯酸甲酯(有机玻璃)	线型结构,无定形	透明性最好,质轻而坚韧,电气绝缘性能较好,但表面硬度低,质脆易开裂;化学稳定性较好,但不耐无机酸,易溶于有机溶剂。使用温度小于80 ℃	成形前原料要很好地干燥;流动性好,易出现流痕、缩孔,注射速度不能太高;浇注系统对料流的阻力应尽可能小,并有足够的脱模斜度	透明制品,如挡风玻璃、光学镜片、仪器表壳、透明模型、灯罩、油标等

续表 9.2

塑料名称	结构特点	性能特点	成形特点	主要用途
聚甲醛	线型结构,结晶形	综合力学性能突出,比强度、比刚度接近金属,耐磨性好;化学稳定性较好,但不耐强酸。使用温度小于100 ℃	熔融温度范围小,热稳定性差,易分解,分解产物对人体和设备都有害;流动性好,收缩率大。熔融或凝固速度快,注射时速度要快,注射压力不宜过高;模具流道阻力要小;采用螺杆式注射机;严格控制塑化温度,并注意模具温度的控制	可代替钢、铜、铝、铸铁等制造多种结构零件及电子产品中的许多结构零件,如齿轮、轴承等
聚碳酸酯	线型结构,无定形	透明性较好,介电性能好,吸水性小;力学性能好,抗冲击、抗蠕变性突出,但耐磨性较差;有一定的化学稳定性,不耐碱、酮、酯等。使用温度小于130 ℃,耐寒性好,脆化温度为-100 ℃	成形前原料需干燥,熔融温度高,黏性大,流动性差,黏度对温度敏感,可用提高温度的方法来增加熔融塑料的流动性;模具设计中尽可能采用直接浇口,以减小流动阻力;塑件易产生残余应力,甚至裂纹;不宜采用金属嵌件,脱模斜度大于2°	高抗冲的透明件,在机械上用于齿轮、凸轮、蜗轮、滑轮,以及电机电子产品零件,光学零件等
氟化氯乙烯	线型结构,结晶形	摩擦系数小,电绝缘性好,但力学性能不高,刚度差;化学稳定性非常好,可耐一切酸、碱、盐溶液及有机溶剂。耐寒性好,使用温度:-195～250 ℃	流动性差,熔融温度高,易变色,成形困难,应高温高压成形;宜用螺杆式注射机;模具设计中浇注系统尺寸要大一些;要防止成形时变色,模具要进行表面处理,模具材料抗蚀性要好	适于制作耐腐蚀件、减摩耐磨件、密封件、电绝缘零件、耐热耐寒零件、自润滑零件和医疗器械零件
酚醛塑料	树脂是线型结构,塑料成形后变成体型结构	表面硬度高,刚性大,尺寸稳定,电绝缘性好,但质脆,冲击强度差,不耐强碱、强酸及硝酸。使用温度小于200 ℃	成形性能好,适用于压缩成形,模温对流动性影响较大;注意模具预热和排气	根据所用添加剂的不同,可制成各种塑料零件,用途广泛
氨基塑料	结构上有—NH₂基,树脂是线型结构,塑料成形后变成体型结构	表面硬度高,电绝缘性能好;耐油、耐弱碱和有机溶剂,但不耐酸。使用温度与配方有关,最高可达200 ℃	常用于压缩与压注成形,成形前应干燥预热,流动性好,硬化快;模具应防腐,模具预热及成形温度适当高,装料、合模及加载速度要快	电绝缘零件(如电机壳)、日用品、黏合剂、层压、泡沫塑料零件

3. 常用热塑性塑料主要技术指标

常用热塑性塑料主要技术指标见表 9.3。

表 9.3 常用热塑性塑料主要技术指标

塑料名称	单位	聚乙烯 高密度	聚乙烯 低密度	聚丙烯 纯	聚丙烯 玻纤增强	聚苯乙烯 一般型	聚苯乙烯 抗冲击型	聚苯乙烯 20%~30%玻纤增强	苯乙烯共聚 AS(无填料)	苯乙烯共聚 ABS	苯乙烯共聚 20%~40%玻纤增强	聚氯乙烯 硬	聚氯乙烯 软
密度	g/cm³	0.94~0.97	0.91~0.93	0.90~0.91	1.04~1.05	1.04~1.06	0.98~1.10	1.20~1.33	1.08~1.10	1.02~1.16	1.23~1.36	1.35~1.45	1.16~1.35
比体积	cm³/g	1.03~1.06	1.08~1.10	1.10~1.11		0.94~0.96	0.91~1.02	0.75~0.83		0.86~0.98		0.69~0.74	0.74~0.86
吸水性(24 h)	%	<0.01	<0.01	0.01~0.03	0.05	0.03~0.05	0.1~0.3	0.05~0.07	0.2~0.3	0.2~0.4	0.18~0.4	0.07~0.4	0.15~0.75
收缩率	%	1.5~3.0	1.5~3.5	1.0~3.0	0.4~0.8	0.5~0.6	0.3~0.6	0.3~0.5	0.2~0.7	0.4~0.7	0.1~0.2	0.6~1.0	1.5~2.5
熔点	℃	105~137	105~125	170~176	170~180	131~165				130~160		160~212	110~160
热变形温度/℃ 0.46 MPa		60~82		102~115	127	65~96	64~92.5	82~112	88~104	90~108	104~121	67~82	
热变形温度/℃ 1.85 MPa		48		56~67	51			77~106	63~84.4	83~103	99~116	54	
抗拉屈服强度	MPa	22~39	7~19	37	78~90	35~63	14~48			50	59.8~133.6	35.2~50	10.5~24.6
拉伸弹性模量	MPa	$0.84\times10^3 \sim 0.95\times10^3$				$2.8\times10^3 \sim 3.5\times10^3$	$1.4\times10^3 \sim 3.1\times10^3$	3.23×10^3	$2.81\times10^3 \sim 3.94\times10^3$	1.8×10^3	$4.1\times10^3 \sim 7.2\times10^3$	$2.4\times10^3 \sim 4.2\times10^3$	
抗弯强度	MPa	20.8~40	25	67.5	132	61~98	35~70	70~119	98.5~133.6	80	112.5~189.9	≥90	
冲击韧度/(kJ·m⁻²) 无缺口		不断	不断	78						261			
冲击韧度/(kJ·m⁻²) 缺口		65.5	48	3.5~4.8	14.1	0.54~0.86	1.1~23.6	0.75~13		11		58	
硬度	HB	2.07 邵氏 D60~70	邵氏 D41~46	8.65 邵氏 R95~105	9.1	M65~80	M20~80	M65~90	洛氏 M80~90	9.7 洛氏 R121	洛氏 M65~100	16.2 R110~120	邵氏 96(A)
体积电阻系数	Ω·cm	$10^{15} \sim 10^{16}$	>10^{16}	>10^{16}		>10^{16}	>10^{16}	$10^{13} \sim 10^{17}$	>10^{16}	6.9×10^{16}		6.71×10^{13}	6.71×10^{13}
击穿电压	kV/mm	17.7~19.7	18.1~27.5	30		19.7~27.5			15.7~19.7			26.5	26.5

续表 9.3

塑料名称	单位	苯乙烯改性聚甲基丙烯酸甲酯(372)	聚酰胺 尼龙1010	聚酰胺 30%玻纤增强尼龙1010	聚酰胺 尼龙6	聚酰胺 30%玻纤增强尼龙6	聚酰胺 尼龙66	聚酰胺 30%玻纤增强尼龙66	聚酰胺 尼龙610	聚酰胺 40%玻纤增强尼龙610	聚酰胺 尼龙9	聚酰胺 尼龙11	聚甲醛
密度	g/cm³	1.12~1.16	1.04	1.19~1.30	1.10~1.15	1.21~1.35	1.10	1.35	1.07~1.13	1.38	1.05	1.04	1.41
比体积	cm³/g	0.86~0.89	0.96	0.77~0.84	0.87~0.91	0.74~0.83	0.91	0.74	0.88~0.93	0.72	0.95	0.96	0.71
吸水性(24 h)	%	0.2	0.2~0.4	0.4~1.0	1.6~3.0	0.9~1.3	0.9~1.6	0.5~1.3	0.4~0.5	0.17~0.28	0.15	0.5	0.12~0.15
收缩率	%	0.5~0.7	1.3~2.3(纵向) 0.7~1.7(横向)	0.3~0.6	0.6~1.4	0.3~0.7	1.5~2.2	0.2~0.8	1.0~2.0	0.2~0.6	1.5~2.5	1.0~2.0	1.5~3.0
熔点	℃		205		210~225		250~265		215~225		210~215	186~190	180~200
热变形温度 0.46 MPa	℃		148	174	140~176	216~264	149~176	262~265	149~185	215~226		68~150	158~174
热变形温度 1.85 MPa	℃	85~99	55		80~120	204~259	82~121	245~262	57~100	200~225		47~55	110~157
抗拉屈服强度	MPa	63	62		70	164	89.5	146.5	75.5	210	55.6	54	69
拉伸弹性模量	MPa	3.5×10³	1.8×10³	8.7×10³	2.6×10³		1.25×10³~2.88×10³	6.02×10³~12.6×10³	2.3×10³	11.4×10³		1.4×10³	2.5×10³
抗弯强度	MPa	113~130	88	208	96.9	227	126	215	110	281	90.8	101	104
冲击韧度/(kJ·m⁻²) 无缺口		0.71~1.1	不断	84	不断	80	49	76	82.6	103	不断	56	202
冲击韧度/(kJ·m⁻²) 缺口			25.3	18	11.8	15.5	6.5	17.5	15.2	38		15	15
硬度	HB	M70~85	9.75	13.6	11.6 M85~114	14.5	12.2 R100~118	15.6 M94	9.52 M90~113	14.9	8.31	7.5 R100	11.2 M78
体积电阻系数	Ω·cm	>10¹⁴	1.5×10¹⁵	6.7×10¹⁵	1.7×10¹⁶	4.77×10¹⁵	4.2×10¹⁴	5×10¹⁶	3.7×10¹⁶	>10¹⁴	4.44×10¹⁵	1.6×10¹⁵	1.87×10¹⁴
击穿电压	kV/mm	15.7~17.7	20	>20	>20	>20	>15	16.4~20.2	15~25	23	>15	>15	18.6

续表 9.3

塑料名称		聚碳酸酯 纯	聚碳酸酯 20%~30%短玻纤增强	氟塑料 聚四氟乙烯	氟塑料 聚三氟氯乙烯	氟塑料 聚偏二氟乙烯	氟塑料 氯化聚醚	聚砜 纯	聚砜 30%玻纤增强	聚芳砜	聚苯醚	醋酸纤维素	聚酰亚胺（包封级）
密度	g/cm³	1.20	1.34~1.35	2.1~2.2	2.11~2.3	1.76	1.4~1.41	1.24	1.34~1.40	1.37	1.06~1.07	1.23~1.34	1.55
比体积	cm³/g	0.83	0.74~0.75	0.45~0.48	0.43~0.47	0.57	0.71	0.80	0.71~0.75	0.73	0.93~0.94	0.75~0.81	
吸水性 (24 h)	%	0.15 (23℃,50% RH)	0.09~0.15	0.005	0.005	0.04	<0.01	0.12~0.22	<0.1	1.8	0.06	1.9~6.5	0.11
收缩率	%	0.5~0.7	0.05~0.5	3.1~7.7	1~2.5	2.0	0.4~0.8	0.5~0.6	0.3~0.4	0.5~0.8	0.4~0.7	0.3~0.42	0.3
熔点	℃	225~250	235~245	327	260~280	204~285	178~182	250~280			300		288
热变形温度/℃	0.46 MPa	132~141	146~149	121~126	130	150	141	182	191		180~204	49~76	288
热变形温度/℃	1.85 MPa	132~138	140~145	120	75	90	100	174	185		175~193	44~88	288
抗拉屈服强度	MPa	72	84	14~25	32~40	46~49.2	32	82.5	>103	98.3	87	13~59 (断裂)	18.3
拉伸弹性模量	MPa	2.3×10³	6.5×10³	0.4×10³	1.1×10³~1.3×10³	0.84×10³	1.1×10³	2.5×10³	3.0×10³		2.5×10³	0.46×10³~2.8×10³	
抗弯强度	MPa	113	134	11~14	55~70	49	49	104	>180	154	140	14~110	70.3
冲击韧度/(kJ·m⁻²)	无缺口	不断	57.8	不断			不断	202	46	102	100		
冲击韧度/(kJ·m⁻²)	缺口	55.8~90	10.7	16.4	13~17	20.3	10.7	15	10.1	17	13.5	0.86~11.7	13.5
硬度	HB	11.4 M75	13.5	R58 邵氏 D50~65	9~13 邵氏 74~78	邵氏 D80	4.2 R100	12.7 M69、M120	14	14 R110	13.3 R118~123	邵氏 R35~125	邵氏 D50
体积电阻系数	Ω·cm	3.06×10¹⁷	10¹⁷	>10¹⁸	>10¹⁷	2×10¹⁴	1.56×10¹⁶	9.46×10¹⁶	>10¹⁶	1.1×10¹⁷	2.0×10¹⁷	10¹⁰~10¹⁴	8×10¹⁴
击穿电压	kV/mm	17~22	22	25~40	19.7	10.2	16.4~20.2	16.1	20	29.7	16~20.5	11.8~23.6	28.5

注：同一品种的塑料，因生产日期批量不同，技术指标会有差异，应以具体产品的检验说明书为准。

9.2 塑件的表面粗糙度和尺寸精度

1. 塑件的表面粗糙度

塑件的表面粗糙度值可参照《塑料件表面粗糙度标准》(GB/T 14234—1993)选取,见表9.4,一般取 $Ra=1.6\sim0.2\ \mu m$。

表 9.4 注射成形不同塑料时所能达到的表面粗糙度(GB/T 14234—1993)

材　料		Ra 参数值范围/μm										
		0.025	0.05	0.10	0.20	0.40	0.80	1.6	3.2	6.3	12.5	25
热塑性塑料	PMMA	×	×	×	×	×	×	×				
	ABS	×	×	×	×	×	×	×				
	AS	×	×	×	×	×	×	×				
	聚碳酸酯		×	×	×	×	×	×				
	聚苯乙烯		×	×	×	×	×	×	×			
	聚丙烯			×	×	×	×	×				
	尼龙			×	×	×	×	×				
	聚乙烯			×	×	×	×	×	×	×		
	聚甲醛		×	×	×	×	×	×	×			
	聚砜				×	×	×	×				
	聚氯乙烯				×	×	×	×	×			
	聚苯醚				×	×	×	×				
	氯化聚醚				×	×	×	×				
	PBT				×	×	×	×				
热固性塑料	氨基塑料				×	×	×	×	×			
	酚醛塑料				×	×	×	×	×			
	嘧胺塑料				×	×	×	×				

2. 塑件的尺寸精度

我国于 2008 年颁布了《塑料模塑件尺寸公差》(GB/T 14486—2008),见表9.5。模塑件尺寸公差的代号为 MT,公差等级分为 7 个精度等级,其中 MT1 级精度要求较高,一般不采用。每一级又可分为 a、b 两部分,其中 a 为不受模具活动部分影响尺寸的公差,b 为受模具活动部分影响尺寸的公差。该标准只规定标准公差值,基本尺寸的上、下偏差可根据塑件的配合性质来分配。对于塑件上的孔的公差可采用基准孔,取表中数值冠以"＋"号;对于塑件上轴的公差可采用基准轴,取表中数值冠以"－"号;对于中心距尺寸及其位置尺寸,可取表中数值之半再冠以"±"号。在塑件材料和工艺条件一定的情况下,应根据表9.6合理地选用精度等级。

表 9.5 模塑件尺寸公差数值表（GB/T 14486—2008）

mm

公差等级	公差种类	基本尺寸																								
		0~3	3~6	6~10	10~14	14~18	18~24	24~30	30~40	40~50	50~65	65~80	80~100	100~120	120~140	140~160	160~180	180~200	200~225	225~250	250~280	280~315	315~355	355~400	400~450	450~500
标注公差的尺寸公差值																										
MT1	a	0.07	0.08	0.09	0.10	0.11	0.12	0.14	0.16	0.18	0.20	0.23	0.26	0.29	0.32	0.36	0.40	0.44	0.48	0.52	0.56	0.60	0.64	0.70	0.78	0.86
	b	0.14	0.16	0.18	0.20	0.21	0.22	0.24	0.26	0.28	0.30	0.33	0.36	0.39	0.42	0.46	0.50	0.54	0.58	0.62	0.66	0.70	0.74	0.80	0.88	0.96
MT2	a	0.10	0.12	0.14	0.16	0.18	0.20	0.22	0.24	0.26	0.30	0.34	0.38	0.42	0.46	0.50	0.54	0.60	0.66	0.72	0.76	0.84	0.92	1.00	1.10	1.20
	b	0.20	0.22	0.24	0.26	0.28	0.30	0.32	0.34	0.36	0.40	0.44	0.48	0.52	0.56	0.60	0.64	0.70	0.76	0.82	0.86	0.94	1.02	1.10	1.20	1.30
MT3	a	0.12	0.14	0.16	0.18	0.20	0.22	0.26	0.30	0.34	0.40	0.46	0.52	0.58	0.64	0.70	0.78	0.86	0.92	1.00	1.10	1.20	1.30	1.44	1.60	1.74
	b	0.32	0.34	0.36	0.38	0.40	0.42	0.46	0.50	0.54	0.60	0.66	0.72	0.78	0.84	0.90	0.98	1.06	1.12	1.20	1.30	1.40	1.50	1.64	1.80	1.94
MT4	a	0.16	0.18	0.20	0.24	0.28	0.32	0.36	0.42	0.48	0.56	0.64	0.72	0.82	0.92	1.02	1.12	1.24	1.36	1.48	1.62	1.80	2.00	2.20	2.40	2.60
	b	0.36	0.38	0.40	0.44	0.48	0.52	0.56	0.62	0.68	0.76	0.84	0.92	1.02	1.12	1.22	1.32	1.44	1.56	1.68	1.82	2.00	2.20	2.40	2.60	2.80
MT5	a	0.20	0.24	0.28	0.32	0.38	0.44	0.50	0.56	0.64	0.74	0.86	1.00	1.14	1.28	1.44	1.60	1.76	1.92	2.10	2.30	2.50	2.80	3.10	3.50	3.90
	b	0.40	0.44	0.48	0.52	0.58	0.64	0.70	0.76	0.84	0.94	1.06	1.20	1.34	1.48	1.64	1.80	1.96	2.12	2.30	2.50	2.70	3.00	3.30	3.70	4.10
MT6	a	0.26	0.32	0.38	0.46	0.52	0.60	0.70	0.80	0.94	1.10	1.28	1.48	1.72	2.00	2.20	2.40	2.60	2.90	3.20	3.50	3.90	4.30	4.80	5.30	5.90
	b	0.46	0.52	0.58	0.66	0.72	0.80	0.90	1.00	1.14	1.30	1.48	1.68	1.92	2.20	2.40	2.60	2.80	3.10	3.40	3.70	4.10	4.50	5.00	5.50	6.10
MT7	a	0.38	0.46	0.56	0.66	0.76	0.86	0.98	1.12	1.32	1.54	1.80	2.10	2.40	2.70	3.00	3.30	3.70	4.10	4.50	4.90	5.40	6.00	6.70	7.40	8.20
	b	0.58	0.66	0.76	0.86	0.96	1.06	1.18	1.32	1.52	1.74	2.00	2.30	2.60	2.90	3.20	3.50	3.90	4.30	4.70	5.10	5.60	6.20	6.90	7.60	8.40
未注公差的尺寸允许偏差值																										
MT5	a	±0.10	±0.12	±0.14	±0.16	±0.19	±0.22	±0.25	±0.28	±0.32	±0.37	±0.43	±0.50	±0.57	±0.64	±0.72	±0.80	±0.88	±0.96	±1.05	±1.15	±1.25	±1.40	±1.55	±1.75	±1.95
	b	±0.20	±0.22	±0.24	±0.26	±0.29	±0.32	±0.35	±0.38	±0.42	±0.47	±0.53	±0.60	±0.67	±0.74	±0.82	±0.90	±0.98	±1.06	±1.15	±1.25	±1.35	±1.50	±1.65	±1.85	±2.05
MT6	a	±0.13	±0.16	±0.19	±0.23	±0.26	±0.30	±0.35	±0.40	±0.47	±0.55	±0.64	±0.74	±0.86	±1.00	±1.10	±1.20	±1.30	±1.45	±1.60	±1.75	±1.95	±2.15	±2.40	±2.65	±2.95
	b	±0.23	±0.26	±0.29	±0.33	±0.36	±0.40	±0.45	±0.50	±0.57	±0.65	±0.74	±0.84	±0.96	±1.10	±1.20	±1.30	±1.40	±1.55	±1.70	±1.85	±2.05	±2.25	±2.50	±2.75	±3.05
MT7	a	±0.19	±0.23	±0.28	±0.33	±0.38	±0.43	±0.49	±0.56	±0.66	±0.77	±0.90	±1.05	±1.20	±1.35	±1.50	±1.65	±1.85	±2.05	±2.25	±2.45	±2.70	±3.00	±3.35	±3.70	±4.10
	b	±0.29	±0.33	±0.38	±0.43	±0.48	±0.53	±0.59	±0.66	±0.76	±0.87	±1.00	±1.15	±1.30	±1.45	±1.60	±1.75	±1.95	±2.15	±2.35	±2.55	±2.80	±3.10	±3.45	±3.80	±4.20

表9.6 常用材料模塑件公差等级和使用(GB/T 14486—2008)

材料代号	模塑材料		公差等级		
			标注公差尺寸		未注公差尺寸
			高精度	一般精度	
ABS	(丙烯腈-丁二烯-苯乙烯)共聚物		MT2	MT3	MT5
CA	乙酸纤维素		MT3	MT4	MT6
EP	环氧树脂		MT2	MT3	MT5
PA	聚酰胺	无填料填充	MT3	MT4	MT6
		30%玻璃纤维填充	MT2	MT3	MT5
PBT	聚对苯二甲酸丁二酯	无填料填充	MT3	MT4	MT6
		30%玻璃纤维填充	MT2	MT3	MT5
PC	聚碳酸酯		MT2	MT3	MT5
PDAP	聚邻苯二甲酸二烯丙酯		MT2	MT3	MT5
PEEK	聚醚醚酮		MT2	MT3	MT5
PE-HD	高密度聚乙烯		MT4	MT5	MT7
PE-LD	低密度聚乙烯		MT5	MT6	MT7
PESU	聚醚砜		MT2	MT3	MT5
PET	聚对苯二甲酸乙二酯	无填料填充	MT3	MT4	MT6
		30%玻璃纤维填充	MT2	MT3	MT5
PF	苯酚-甲醛树脂	无机填料填充	MT2	MT3	MT5
		有机填料填充	MT3	MT4	MT6
PMMA	聚甲基丙烯酸甲酯		MT2	MT3	MT5
POM	聚甲醛	≤150 mm	MT3	MT4	MT6
		>150 mm	MT4	MT5	MT7
PP	聚丙烯	无填料填充	MT4	MT5	MT7
		30%无机填料填充	MT2	MT3	MT5
PPE	聚苯醚;聚亚苯醚		MT2	MT3	MT5
PPS	聚苯硫醚		MT2	MT3	MT5
PS	聚苯乙烯		MT2	MT3	MT5
PSU	聚砜		MT2	MT3	MT5
PUR-P	热塑性聚氨酯		MT4	MT5	MT7
PVC-P	软质聚氯乙烯		MT5	MT6	MT7
PVC-U	未增塑聚氯乙烯		MT2	MT3	MT5
SAN	(丙烯腈-苯乙烯)共聚物		MT2	MT3	MT5
UF	脲-甲醛树脂	无机填料填充	MT2	MT3	MT5
		有机填料填充	MT3	MT4	MT6
UP	不饱和聚酯	30%玻璃纤维填充	MT2	MT3	MT5

注:表中未列入的塑料品种其公差等级按收缩特性值确定

9.3 注射机技术参数及注塑工艺参数

1. 注射成形机技术参数

部分国产注射成形机的型号和技术参数见表9.7。

我国浙江宁波海天制造的注射成形机的型号和技术参数见表9.8。

2. 常用热塑性塑料注射成形工艺参数

常用热塑性塑料注射成形的工艺参数见表9.9。

表 9.7 部分国产注射成形机的型号和技术参数

型　号	XS-ZS-22	XS-Z-30	XS-Z-60	XS-ZY-125	G54-S-200/400	XS-ZY-250	SZY-300	XS-ZY-500	XS-ZY-1000	SZY-2000	XZY-3000	XS-ZY-4000	XS-ZY-6000	T-S-Z-7000	XS-ZY-32000
标称注射量/cm³	30,20	30	60	104 106 125	200~400	250	320	500	1000	2000	3000	4000	6000	3980 5170 7000（g）	32000
螺杆（柱塞）直径/mm	25,20	28	38	30 45 42	55	50	60	65	85	110	120	130	150	110 130 150	250
注射压力/MPa	75 117	119	122	119	109	130	77.5	104	121	90	90 115	106	110	158 85 113	130
注射行程/mm	130	130	170	160	160	160	150	200	260	280	340	370	400	450	879
注射方式	双柱塞（双色）	柱塞式	柱塞式	螺杆式	螺杆式	螺杆式	螺杆式	螺杆式	螺杆式	螺杆式	螺杆式	螺杆式	螺杆式	螺杆式	螺杆式
螺杆转速/(r·min⁻¹)				10~140	16,28 48	25,31 39,58 32,89	15~90	20,35 32,38 42,50 63,80	21,27 35,40 45,50 65,83	0~47	20~1000	16,20 32,41 51,74	0~80	15~67	0~45
注射时间/s	0.45,0.5	0.7	1.2	1.8	2	2	2.7	2.7	3	4	3.8	≈6	10	10	10
合模力/kN	250	250	500	900	2540	1800	1400	3500	4500	6000	6300	10000	18000	18000	35000
最大成形面积/cm²	90	90	130	320	645	500	650	1000	1800	2600	2520	3800	5000	7200~14000	14000
模板最大行程/mm	160	160	180	300	260	500	340	500	700	750	1120	1100	1400	1500	3000

续表 9.7

型号	XS-ZS-22	XS-Z-30	XS-Z-60	XS-ZY-125	G54-S-200/400	XS-ZY-250	SZY-300	XS-ZY-500	XS-ZY-1000	SZY-2000	XZY-3000	XS-ZY-4000	XS-ZY-6000	T-S-Z-7000	XS-ZY-32000
模具最大厚度/mm	180	180	200	300	406	350	355	450	700	800	960 680 400	1000	1000	1200	2000
模具最小厚度/mm	60	60	70	200	165	200	130	300	300	500		700	700	800	1000
模板尺寸/(mm×mm)	250×280	250×280	330×440	420×450	532×634	520×598	520×620	750×850	900×1000	1180×1180	1350×1250	950×1050	1350×1460	1800×1900	2500×2460
拉杆空间/mm	235	235	190×300	260×290	290×368	295×373	300×400	440×540	650×550	700×760	900×800			1200×1800	2260×2000
合模方式	液压-机械	液压-机械	液压-机械	液压-机械	液压-机械	增压式	液压-机械	液压-机械	两次动作液压	液压-机械	充压式	两次动作液压	两次动作液压	两次动作液压	抱合螺母液压
推出形式	两侧推出	中心两侧推出	中心推出	两侧推出	中心推出	中心及两侧推出	中心及两侧推出	中心及两侧推出	中心及两侧推出	中心及两侧推出	中心及两侧推出	中心及两侧推出	中心及两侧推出	中心及两侧推出	中心及两侧推出
推出时两侧中心距/mm	(70)	(170)		(230)		(280)		(530)	(850)			(1200)			
电动机功率/kW	5.5	5.5	11	11	18.5	18.5	17	22	40 5.5 5.5	40 40	45 55	17 17	117 5	55 55	490
喷嘴 球半径/mm	SR12	SR12	SR12	SR12	SR18	SR18	SR12	SR18	SR18	SR18	SR25	SR25			
喷嘴 孔直径/mm	φ2	φ2	φ4	φ4	φ4	φ4	φ4	φ5	φ7.5	φ10	φ8	φ10			
定位圈尺寸/mm	φ63.5	φ63.5	φ55	φ100	φ125	φ125	φ125	φ150	φ150	φ200	φ250	φ300			
机器外形尺寸/mm	2340×800×1460	2340×800×1460	3610×850×1550	3340×750×1550	4700×1440×1800	4700×1000×1815	5300×940×1815	6500×1300×2000	7670×1740×2380	10908×1900×3430	11000×2900×3200	11500×3000×4500	12000×2200×3000		20000×3240×3800

表9.8　我国浙江宁波海天制造的注射成形机的型号和技术参数

型　号	HTF80			HTF80J			HTF150			HTF150J			HTF180			HTF240			HTF300			HTF360			HTF450		
	A	B	C	A	B	C	A	B	C	A	B	C	A	B	C	A	B	C	A	B	C	A	B	C	A	B	C
螺杆直径/mm	34	36	40	34	36	40	40	45	48	40	45	48	45	50	55	50	55	60	60	65	70	65	70	75	70	80	84
螺杆长径比	21.2	20	18	21.2	20	18	22.5	20	18.8	22.5	20	18.8	22.2	20	18.2	22	20	18.2	21.7	20	18.3	21.5	20	18.6	22.9	20	18.7
理论容量/cm³	111	124	153	111	124	153	253	320	364	253	320	364	334	412	499	442	535	636	727	853	989	1 072	1 243	1 427	1 424	1 860	2 050
注射容量/cm³	101	113	139	101	113	139	230	291	331	230	291	331	304	375	454	402	487	579	662	776	900	965	1 119	1 284	1 296	1 693	1 866
注射速率/(g·s⁻¹)	77	86	106	77	86	106	110	139	158	110	139	158	131	162	196	158	192	228	238	279	324	305	354	406	349	456	503
塑化能力/(g·s⁻¹)	12	17	19.2	12	17	19.2	16.5	22	27.4	16.5	22	27.4	19.4	24	29	27	35.3	40.2	45.5	55.8	60.8	45	52	60	47.2	76.7	81.1
注射压力/MPa	206	183	149	206	183	149	202	159	140	202	159	140	210	170	141	205	169	142	213	182	157	208	179	156	204	156	141
螺杆转速/(r·min⁻¹)	0~220			0~220			0~180			0~180			0~150			0~160			0~180			0~160			0~150		
合模力/kN	800			800			1 500			1 500			1 800			2 400			3 000			3 600			4 500		
移模行程/mm	270			270			350			350			420			470			580			660			740		
移模速度/(mm·s⁻¹)	1 190			1 190			620			620			620			620			800			960			830		
拉杆内距/mm	350×350			350×350			410×410			410×410			460×460			520×520			660×660			710×710			782×760		
最大模厚/mm	300			300			380			380			430			480			600			710			780		
最小模厚/mm	150			150			180			180			200			220			250			250			350		
顶出行程/mm	65			65			80			80			100			100			125			160			150		
顶出力/kN	22			22			33			33			53			62			62			110			110		
顶杆根数/Pc	1			1			5			5			5			5			5			13			13		
液压泵压力/MPa	16			17.5			16			17.5			16			16			16			16			16		
液压泵功率/kW	11			7.5			15			11			18.5			22			30			37			45		
电热功率/kW	5.8			5.8			7.5			7.5			12.45			14.85			17.25			19.65			23.85		
外形尺寸/m	3.57×1.23×1.6			3.57×1.23×1.6			4.58×1.38×1.85			4.58×1.38×1.85			5.05×1.5×1.96			5.46×1.5×2.1			6.35×1.66×2.25			6.7×1.92×2.28			7.6×2.05×3.27		
机器重量/t	2.6			2.6			4.5			4.5			6			8			10			15			18		

续表 9.8

型 号	HTF530 A	HTF530 B	HTF530 C	HTF630 A	HTF630 B	HTF630 C	HTF750 A	HTF750 B	HTF750 C	HTF1000 A	HTF1000 B	HTF1000 C	HTF1250 A	HTF1250 B	HTF1250 C	HTF1500 A	HTF1500 B	HTF1500 C	HTF1800 A	HTF1800 B	HTF1800 C	HTF2500 A	HTF2500 B	HTF2500 C
螺杆直径/mm	75	84	90	80	90	100	90	100	110	100	110	120	110	120	130	120	130	140	130	140	150	150	160	170
螺杆长径比	22.4	20	18.7	22.5	20	18	22.2	20	18.2	22	20	18.3	21.8	20	18.5	21.7	20	18.6	21.5	20	18.7	21.3	20	18.8
理论容量/cm³	1 749	2 195	2 519	2 036	2 576	3 183	2 799	3 456	4 181	3 770	4 562	5 429	5 227	6 220	7 300	6 661	7 818	9 067	8 349	9 683	11 115	12 971	14 758	16 660
注射容量/cm³	1 592	1 997	2 292	1 853	2 344	2 895	2 547	3 145	3 805	3 431	4 151	4 940	4 757	5 660	6 643	6 062	7 114	8 251	7 598	8 812	10 115	11 804	13 430	15 161
注射速率/(g·s⁻¹)	396	497	570	428	541	668	542	669	809	660	799	951	793	944	1 108	966	1 134	1 315	1 035	1 200	1 387	1 320	1 502	1 696
塑化能力/(g·s⁻¹)	52.1	69.8	82.6	63.7	79.8	90	78.9	89.1	107.1	88.3	106.1	142.1	103	122.6	147.3	136.6	167.6	182.8	147.3	167.4	192.2	181	255.6	274.4
注射压力/MPa	205	163	142	224	177	143	228	184	152	246	205	172	205	172	147	193	164	142	189	163	142	179	157	139
螺杆转速/(r·min⁻¹)	0~120			0~120			0~110			0~110			0~90			0~90			0~87			0~82		
合模力/kN	5 300			6 300			7 500			10 000			12 500			15 000			18 000			25 000		
移模行程/mm	820			850			970			1 050			1 200			1 300			1 500			1 700		
移模速度/(mm·s⁻¹)	450			450			520			520			500			450			380			360		
拉杆内距/mm	820×820			880×820			970×900			1 100×1 000			1 250×1 150			1 400×1 300			1 600×1 400			1 800×1 600		
最大模厚/mm	830			850			970			1 050			1 200			1 300			1 500			1 700		
最小模厚/mm	370			400			480			500			600			800			900			1 000		
顶出行程/mm	175			200			250			300			300			300			350			350		
顶出力/kN	158			186			186			215			215			318			430			430		
顶杆根数/Pc	17			13			17			17			17			21			25			29		
液压泵压力/MPa	16			16			16			16			16			16			16			16		
液压泵功率/kW	55			30+30			37+37			55+55			55+55			45+45+45			45+45+45			55+55+55		
电热功率/kW	34.05			38.25			47.25			58.45			63.65			68.45			82.9			98.55		
外形尺寸/m	8.32×2.19×3.6			9×2.15×3.55			10.39×2.38×3.62			11.3×2.49×3.69			12.4×2.84×4.21			13.415×3.46×4.26			14.7×3.548×4.35			15.3×3.7×4.43		
机器重量/t	29			32			42			53			60			100			145			180		

续表 9.8

型　　号	HTB80			HTB150			HTB180			HTB240			HTB300			HTB360			HTB450			HTW88		
	A	B	C	A	B	C	A	B	C	A	B	C	A	B	C	A	B	C	A	B	C	A	B	C
螺杆直径/mm	34	36	40	40	45	48	45	50	55	50	55	60	60	65	70	65	70	75	70	80	84	34	36	40
螺杆长径比	21.2	20	18	22.5	20	18.8	22.2	20	18.2	22	20	18.3	21.7	20	18.6	21.5	20	18.7	22.9	20	19	21.2	20	18
理论容量/cm³	111	124	153	253	320	364	334	412	499	442	535	636	727	853	989	1 068	1 239	1 423	1 424	1 860	2 050	112	125	155
注射容量/cm³	101	113	139	230	291	331	304	375	454	402	487	579	662	776	900	972	1 127	1 295	1 296	1 693	1 866	101	113	140
注射速率/(g·s⁻¹)	77	86	106	110	139	158	131	162	196	158	192	228	238	279	324	317	368	422	349	456	503	83	93	115
塑化能力/(g·s⁻¹)	12	17	19.2	16.5	22	27.4	19.4	24	29	27	35.3	40.2	45.5	55.8	60.8	55.8	60.8	65.8	47.2	76.7	81.1	13	15.5	19.2
注射压力/MPa	206	183	149	202	159	140	210	170	141	205	169	142	213	182	157	208	180	156	204	156	141	205	183	148
螺杆转速/(r·min⁻¹)	0~220			0~180			0~150			0~160			0~180			0~180			0~150			0~220		
合模力/kN	800			1 500			1 800			2 400			3 000			3 600			4 500			880		
移模行程/mm	270			350			420			470			580			620			740			340		
移模速度/(mm·s⁻¹)	1190			620			620			620			800			710			830					
拉杆内距/mm	350×350			410×410			460×460			520×520			660×600			700×660			782×760			400×400		
最大模厚/mm	300			380			430			480			600			700			780			400		
最小模厚/mm	150			180			200			220			250			250			350			150		
顶出行程/mm	65			80			100			100			125			125			150			100		
顶出力/kN	22			33			53			62			62			62			110			33		
顶杆根数/Pc	1			5			5			5			5			13			13			5		
液压泵压力/MPa	16			16			16			16			16			16			16			16		
液压泵功率/kW	11			15			18.5			22			30			37			45			11		
电热功率/kW	5.8			7.5			12.45			14.85			17.25			19.65			23.85			5.8		
外形尺寸/m	3.57×1.23×1.6			4.58×1.38×1.85			5.05×1.5×1.96			5.46×1.5×2.1			6.35×1.66×2.25			6.7×1.86×2.28			7.6×2.05×3.27			4.0×1.4×1.7		
机器重量/t	2.6			4.5			6			8			10			12.5			18			3		

续表 9.8

型号	HTW128			HTW180			HTW228			HTW280			HTW328			HTW380			HTW480			HTW580		
	A	B	C	A	B	C	A	B	C	A	B	C	A	B	C	A	B	C	A	B	C	A	B	C
螺杆直径/mm	40	45	50	45	50	55	50	55	60	60	65	70	65	70	75	70	75	80	75	80	90	80	90	100
螺杆长径比	22.5	20	18	22.2	20	18.2	22	20	18.3	21.7	20	18.6	21.5	20	18.7	21.4	20	18.8	21.3	20	17.8	22.5	20	18
理论容量/cm³	254	321	397	334	412	499	444	537	639	727	853	989	1 072	1 243	1 427	1 308	1 502	1 709	1 758	2 000	2 532	2 041	2 583	3 189
注射容量/cm³	229	289	356	301	370	449	400	483	575	654	768	890	965	1 119	1 284	1 170	1 344	1 529	1 582	1 800	2 278	1 837	2 325	2 870
注射速率/(g·s⁻¹)	110	139	170	120	148	179	165	200	238	260	305	354	305	354	406	371	425	485	400	450	570	489	546	654
塑化能力/(g·s⁻¹)	15	19.5	25	20	23.5	28	26	31	34.4	33.2	39	45.2	45	52	60	52	58	63	60	65	72	63.3	72.8	83.3
注射压力/MPa	238	188	152	216	175	144	204	169	142	212	181	156	208	179	156	204	177	156	204	180	142	224	177	143
螺杆转速/(r·min⁻¹)	0~180			0~180			0~180			0~165			0~160			0~160			0~160			0~150		
合模力/kN	1 280			1 800			2 280			2 800			3 280			3 800			4 800			5 800		
移模行程/mm	410			460			520			580			650			720			820			900		
移模速度/(mm·s⁻¹)																								
拉杆内距/mm	450×450			510×510			570×570			630×630			710×710			750×750			820×820			900×900		
最大模厚/mm	450			510			570			630			710			750			820			900		
最小模厚/mm	180			200			220			250			250			300			350			400		
顶出行程/mm	110			130			130			160			160			200			200			260		
顶出力/kN	33			62			62			62			110			110			158			186		
顶杆根数/Pc	5			9			9			9			13			13			17			17		
液压泵压力/MPa	16			16			16			16			16			16			16			16		
液压泵功率/kW	15			18.2			22			30			37			45			55			30+30		
电热功率/kW	6.9			12.45			14.85			17.25			19.65			23.85			36.15			38.25		
外形尺寸/m	4.9×1.5×1.9			5.5×1.6×2.0			6.3×1.8×2.2			6.8×1.9×2.4			7.5×2.1×2.5			8.2×2.2×2.6			8.7×2.3×2.7			9.4×2.4×2.8		
机器重量/t	4.5			6			8			11			15			20			30			36		

表 9.9 常用热塑性塑料注射成形的工艺参数

塑料名称		低压聚乙烯	高压聚乙烯	聚丙烯 纯	聚丙烯 20%~40%玻璃纤维增强	聚苯乙烯 纯	聚苯乙烯 20%~40%玻璃纤维增强	ABS 通用级	ABS 20%~40%玻璃纤维增强	硬聚氯乙烯	改性聚甲基丙烯酸甲酯(372)
注射机类型		柱塞、螺杆均可	柱塞、螺杆均可	柱塞、螺杆均可		柱塞、螺杆均可		柱塞、螺杆均可		螺杆式	柱塞、螺杆均可
预热和干燥	温度/℃	70~80	70~80	80~100		60~75		80~85		70~90	70~80
	时间/h	1~2	1~2	1~2		2		2~3		4~6	4
料筒温度/℃	后段	140~160	140~160	160~180	成形温度 230~290	140~160	成形温度 260~280	150~170	成形温度 260~290	160~170	160~180
	中段	—	—	180~200		—		165~180		165~180	—
	前段	170~200	170~200	200~220		170~190		180~200		170~190	—
喷嘴温度/℃								170~180			210~240
模具温度/℃		60~70	35~55	80~90		32~65		50~80		30~60	40~60
注射压力/MPa		60~100	60~100	70~100	70~140	60~110	56~160	60~100	106~281	80~130	80~130
成形时间/s	注射时间	15~60	15~60	20~60		15~45		20~90		15~60	20~60
	高压时间	0~3	0~3	0~3		0~3		0~5		0~5	0~5
	冷却时间	15~60	15~60	20~90		15~60		20~120		15~60	20~90
	总周期	40~130	40~130	50~160		40~120		50~220		40~130	50~150
螺杆转速（r·min⁻¹）				48		48		30		28	
后处理	方法					红外线灯、烘箱		红外线灯、烘箱			红外线灯、鼓风烘箱
	温度/℃					70		70			70
	时间/h					2~4		2~4			4
说明						丁苯橡胶改性的聚苯乙烯的成形条件与上相似		AS 的成形条件与上相似			

续表 9.9

塑料名称		聚酰胺									聚甲醛（共聚）
		尼龙1010	35%玻璃纤维增强尼龙1010	尼龙6	35%玻璃纤维增强尼龙6	尼龙66	20%~40%玻璃纤维增强尼龙66	尼龙610	尼龙9	尼龙11	
注射机类型		螺杆式		螺杆式		螺杆式		螺杆式	螺杆式	螺杆式	螺杆式
预热和干燥	温度/℃	100~110		100~110		100~110		100~110	100~110	100~110	80~100
	时间/h	12~16		12~16		12~16		12~16	12~16	12~16	3~5
料筒温度/℃	后段	190~210	成形温度 190~250	220~300	成形温度 227~316	245~350	成形温度 230~280	220~300	220~300	180~250	160~170
	中段	200~220									170~180
	前段	210~230									180~190
喷嘴温度/℃		200~210									170~180
模具温度/℃		40~80			70		110~120				90~120①
注射压力/MPa		40~100	80~100	70~120	70~176	70~120	80~130	70~120	70~120	70~120	80~130
成形时间/s	注射时间	20~90									20~90
	高压时间	0~5									0~5
	冷却时间	20~120									20~60
	总周期	45~220									50~160
螺杆转速/(r·min⁻¹)											28
后处理	方法、温度/℃、时间/h	油、水、盐水，90~100，4									红外线灯、烘箱140~150，4
说明											均聚的成形条件与上相似

续表9.9

塑料名称		聚碳酸酯		氟塑料		氯化聚醚	聚砜	聚芳砜	聚苯醚	醋酸纤维素	聚酰亚胺
		纯	30%玻璃纤维增强	聚三氟氯乙烯	聚全氟乙丙烯						
注射机类型		螺杆式		螺杆式	螺杆式	螺杆式	螺杆式	螺杆式	螺杆式	柱塞式	螺杆式
预热和干燥	温度/℃	110~120				100~105	120~140	200	130	70~75	130
	时间/h	8~12				1.0	>4	6~8	4	4	4
料筒温度/℃	后段	210~240	成形温度 210~310	200~210	165~190	170~180	250~270	310~370	230~240	150~170	240~270
	中段	230~280		285~290	270~290	185~200	280~300	345~385	250~280	—	260~290
	前段	240~285		275~280	310~330	210~240	310~330	385~420	260~290	170~190	260~315
喷嘴温度/℃		240~250		265~270	300~310	180~190	290~310	380~410	250~280		290~300
模具温度/℃		90~110①	90~110①	110~130①	110~130①	80~110①	130~150①	230~260①	110~150①	20~80	130~150①
注射压力/MPa		80~130	80~130	80~130	80~130	80~120	80~200	150~200	80~220	60~130	80~200
成形时间/s	注射时间	20~90		20~60	20~60	15~60	30~90	15~20	30~90	15~45	30~60
	高压时间	0~5		0~3	0~3	0~5	0~5	0~5	0~5	0~3	0~5
	冷却时间	20~90		20~60	20~60	20~60	30~60	10~20	30~60	15~45	20~90
	总周期	40~190		50~130	50~130	40~130	65~160		70~160	40~100	60~160
螺杆转速/(r·min⁻¹)		28		30	30	28	28		28		28
后处理	方法	红外线灯,鼓风烘箱					红外线灯,鼓风烘箱甘油		红外线灯,甘油		红外线灯,鼓风烘箱
	温度/℃						110~130		150		150
	时间/h						4~8		1~4		4
说明									无增塑剂类		

注:①预热和干燥均采用鼓风烘箱

②凡潮湿环境使用的塑件,应进行调湿处理,在100~120℃水中加热2~18h

9.4　塑料注射模模架和零件标准

9.4.1　塑料注射模标准模架

《塑料注射模模架》标准(GB/T 12555—2006)规定了塑料注射模模架的组合形式、尺寸与标记,适用于塑料注射模模架。

1.模架组成零件的名称

塑料注射模模架按其在模具中的应用方式,分为直浇口与点浇口两种形式,组成零件的名称分别如图9.1、图9.2所示。

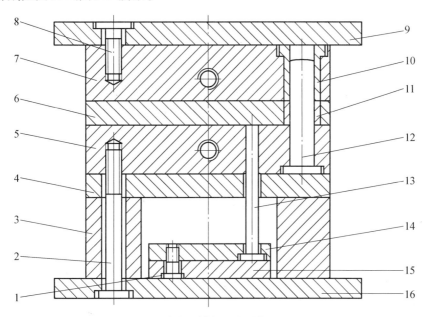

图9.1　直浇口模架组成零件的名称

1、2、8—内六角螺钉;3—垫块;4—支承板;5—动模板;6—推件板;7—定模板;9—定模座板;10—带头导套;11—直导套;12—带头导柱;13—复位杆;14—推杆固定板;15—推板;16—动模座板

2.模架组合形式

塑料注射模模架按结构特征分为36种主要结构,其中直浇口模架12种,点浇口模架16种,简化点浇口模架8种。

(1)直浇口模架。

直浇口模架有12种,其中直浇口基本型4种,直身基本型4种,直身无定模座板型4种。

①直浇口模架基本型。直浇口模架基本型分为A型、B型、C型、D型,其组合形式见表9.10。

A型:定模二模板,动模二模板;

B型:定模二模板,动模二模板,加装推件板;

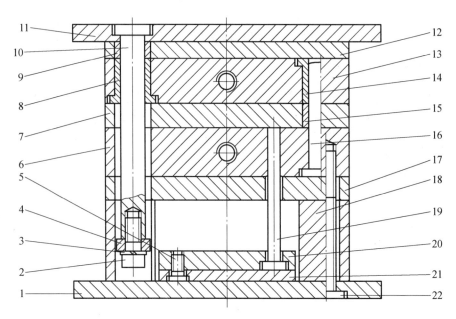

图 9.2 点浇口模架组成零件的名称

1—动模座板;2、5、22—内六角螺钉;3—弹簧垫圈;4—挡环;6—动模板;7—推件板;8、14—带头导套;
9、15—直导套;10—拉杆导柱;11—定模座板;12—推料板;13—定模板;16—带头导柱;17—支承板;
18—垫块;19—复位杆;20—推杆固定板;21—推板

C 型:定模二模板,动模一模板;

D 型:定模二模板,动模一模板,加装推件板。

表 9.10 直浇口基本型模架组合形式(摘自 GB/T 12555—2006)

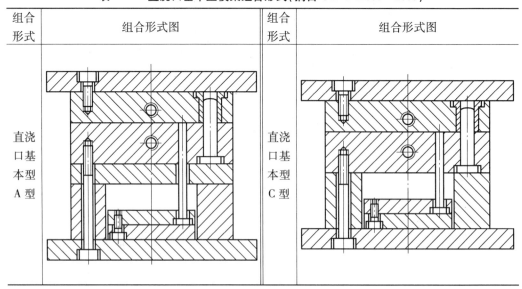

组合形式	组合形式图	组合形式	组合形式图
直浇口基本型A型		直浇口基本型C型	

续表 9.10

组合形式	组合形式图	组合形式	组合形式图
直浇口基本型B型		直浇口基本型D型	

②直身基本型。直身基本型分为 ZA 型、ZB 型、ZC 型和 ZD 型,其组合形式略。

③直身无定模座板型。直身无定模座板型分为 ZAZ 型、ZBZ 型、ZCZ 型和 ZDZ 型,其组合形式略。

(2)点浇口模架。

点浇口模架有 16 种,其中点浇口基本型 4 种,直身点浇口基本型 4 种,点浇口无推料板型 4 种,直身点浇口无推料板型 4 种。

①点浇口基本型。点浇口基本型分为 DA 型、DB 型、DC 型和 DD 型,其组合形式见表 9.11。

②直身点浇口基本型。直身点浇口基本型分为 ZDA 型、ZDB 型、ZDC 型和 ZDD 型,其组合形式略。

③点浇口无推料板型。点浇口无推料板型分为 DAT 型、DBT 型、DCT 型和 DDT 型,其组合形式略。

④直身点浇口无推料板型。直身点浇口无推料板型分为 ZDAT 型、ZDBT 型、ZDCT 型和 ZDDT 型,其组合形式略。

(3)简化点浇口模架。

简化点浇口模架有 8 种,其中简化点浇口基本型 2 种,直身简化点浇口型 2 种,简化点浇口无推料板型 2 种,直身简化点浇口无推料板型 2 种。

①简化点浇口基本型。简化点浇口基本型分为 JA 型和 JC 型,其组合形式略。

②直身简化点浇口型。直身简化点浇口型分为 ZJA 型和 ZJC 型,其组合形式略。

③简化点浇口无推料板型。简化点浇口无推料板型分为 JAT 型和 JCT 型,其组合形式略。

④直身简化点浇口无推料板型。直身简化点浇口无推料板型分为 ZJAT 型和 ZJCT 型,其组合形式略。

表 9.11 点浇口基本型模架组合形式（摘自 GB/T 12555—2006）

组合形式	组合形式图	组合形式	组合形式图
点浇口基本型 DA 型		点浇口基本型 DC 型	
点浇口基本型 DB 型		点浇口基本型 DD 型	

3. 基本型模架组合尺寸

基本型模架组合尺寸见图 9.3、图 9.4 和表 9.12。

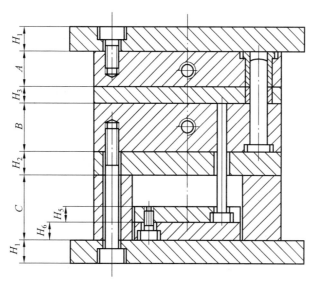

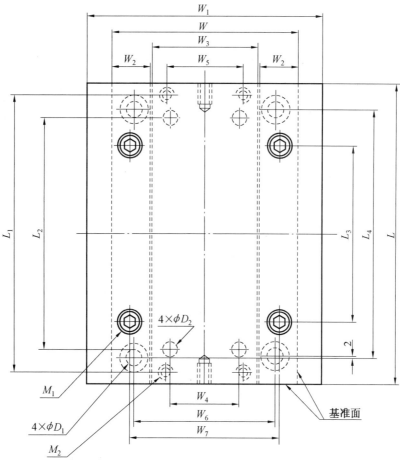

图 9.3 直浇口模架组合尺寸图示

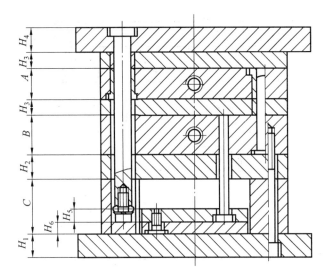

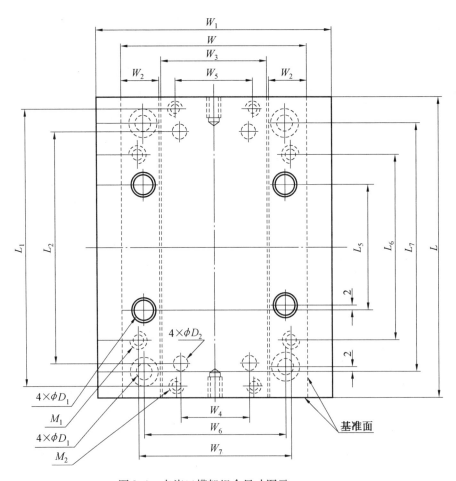

图9.4　点浇口模架组合尺寸图示

表9.12 基本型模架组合尺寸

mm

系列代号	W	L	W_1	W_2	W_3	模板 A、B	垫块 C	H_1	H_2	H_3	H_4	H_5	H_6	W_4	W_5	W_6	W_7	L_1	L_2	L_3	L_4	L_5	L_6	L_7	D_1	D_2	螺钉 M_1 数量×规格	螺钉 M_2 数量×规格
1515	150	150	200	28	90	20、25、30、35、40、45、50、60、70、80	50、60、70	20	30	20	25	13	15	48	72	114	120	132	114	56	114	—	—	—	16	12	4×M10	4×M6
1518	150	180																162	144	86	144	52	96	144				
1520	150	200																182	164	106	164	72	116	164				
1523	150	230																212	194	136	194	102	146	194				
1525	150	250																232	214	156	214	122	166	214				
1818	180	180	230	33	110	25、30、35、40、45、50、60、70、80	60、70、80	20	30	20	30	15	20	68	90	134	145	160	138	64	134	—	—	—	20	12	4×M12	4×M8
1820	180	200																180	158	84	154	46	98	154				
1823	180	230																210	188	114	184	76	128	184				
1825	180	250																230	208	124	204	96	148	204				
1830	180	300																280	258	174	254	146	198	254				
1835	180	350																330	308	224	304	196	248	304			6×M12	
2020	200	200	250	38	120	25、30、35、40、45、50、60、70、80、90、100	60、70、80	25	30	20	30	15	20	84	100	154	160	180	150	80	154	46	98	154	20	12	4×M12	4×M8
2023	200	230													80				210	180	110	184	76	128	184				
2025	200	250																	230	200	130	204	96	148	204				
2030	200	300																	280	250	180	254	146	198	254		15	6×M12	
2035	200	350																	330	300	230	304	196	248	304				
2040	200	400																	380	350	280	354	246	298	354				

续表 9.12

系列代号	W	L	W_1	W_2	W_3	模板 A、B	垫块 C	H_1	H_2	H_3	H_4	H_5	H_6	W_4	W_5	W_6	W_7	L_1	L_2	L_3	L_4	L_5	L_6	L_7	D_1	D_2	螺钉 M_1 数量×规格	螺钉 M_2 数量×规格
2323	230	230																210	180	106	184	74	128	184			4×M12	4×M8
2325		250				25、30、												230	200	126	204	94	148	204				
2327		270	280	43	140	35、40、45、50、	70、80、	25	35	20	30	15	20	106	120	184	185	250	220	144	224	112	166	224	20	15	4×M14	
2330		300				60、70、90、	90											280	250	174	254	142	196	254				
2335		350				80、100												330	300	224	304	192	246	304			6×M14	
2340		400																380	350	274	354	242	296	354				
2525	250	250																230	200	108	194	70	130	194		15	4×M14	4×M8
2527		270				30、35、												250	220	124	214	90	150	214				
2530		300				40、45、	70、80、											280	250	154	244	120	180	244				
2535		350	300	48	150	50、60、70、80、	90	25	35	25	35	15	20	110	130	194	200	330	298	204	294	170	230	294	25		6×M14	
2540		400				90、100、												380	348	254	344	220	280	344		20		
2545		450				110、120												430	398	304	394	270	330	394				
2550		500																480	448	354	444	320	380	444				
2727	270	270																246	210	124	214	90	150	214			4×M14	4×M10
2730		300				30、35、												276	240	154	244	120	180	244				
2735		350				40、45、	70、80、											326	290	204	294	170	230	294				
2740		400	320	53	160	50、60、70、80、	90	25	40	25	35	15	20	114	136	214	215	376	340	254	344	220	280	344	25	20	6×M14	
2745		450				90、100、												426	390	304	394	270	330	394				
2750		500				110、120												476	440	354	444	320	380	444				

续表 9.12

系列代号	W	L	W₁	W₂	W₃	模板 A、B	垫块 C	H₁	H₂	H₃	H₄	H₅	H₆	W₄	W₅	W₆	W₇	L₁	L₂	L₃	L₄	L₅	L₆	L₇	D₁	D₂	螺钉 M₁ 数量×规格	螺钉 M₂ 数量×规格
3030	300	300	350	58	180	35、40、45、50、60、70、80、90、100、110、120、130	80、90、100	25	45	30	45	20	25	134	156	234	240	276	240	138	234	98	164	234	30	20	4×M14	4×M10
3035		350						30						134				326	290	188	284	148	214	284		20	6×M14	
3040		400												128				376	340	238	334	198	264	334		25	6×M14	
3045		450												128				426	390	288	384	244	312	384			6×M16	
3050		500																476	440	338	434	294	362	434				
3055		550																526	490	388	484	344	412	484				
3060		600																576	540	438	534	394	462	534				
3535	350	350	400	63	220	40、45、50、60、70、80、90、100、110、120、130	90、100、110	30	45	35	45	20	25	164	196	284	285	326	290	178	284	144	212	284	30	25	4×M16	4×M10
3540		400																376	340	224	334	194	262	334			6×M16	
3545		450												164				426	390	274	384	244	312	384				
3550		500												152				476	440	308	424	268	344	424	35			
3555		550																526	490	358	474	318	394	474				
3560		600																576	540	408	524	368	444	524				
4040	400	400	450	68	260	40、45、50、60、70、80、90、100、110、120、130、140、150	100、110、120、130	30	50	35	50	25	30	198	234	324	330	374	340	208	324	168	244	324	35	25	6×M16	4×M12
4045		450						35										424	390	254	374	218	294	374				
4050		500																474	440	304	424	268	344	424				
4055		550																524	490	354	474	318	394	474				
4060		600																574	540	404	524	368	444	524				
4070		700																674	640	504	624	468	544	624				

续表 9.12

系列代号	W	L	W₁	W₂	W₃	模板 A、B	垫块 C	H₁	H₂	H₃	H₄	H₅	H₆	W₄	W₅	W₆	W₇	L₁	L₂	L₃	L₄	L₅	L₆	L₇	D₁	D₂	螺钉 M₁ 数量×规格	螺钉 M₂ 数量×规格
4545	450	450	550	78	290	45、50、60、70、80、90、100、110、120、130、140、150、160、180	100、110、120、130	35	60	40	60	25	30	226	264	364	370	424	384	236	364	194	276	364	40	30	6×M16	4×M12
4550		500																474	434	286	414	244	326	414				
4555		550																524	484	336	464	294	376	464				
4560		600																574	534	386	514	344	426	514				
4570		700																674	634	486	614	444	526	614				
5050	500	500	600	88	320	50、60、70、80、90、100、110、120、130、140、150、160、180	100、110、120、130	35	60	40	60	25	30	256	294	414	410	474	434	286	414	244	326	414	40	30	6×M16	4×M12
5055		550																524	484	336	464	294	376	464				
5060		600																574	534	386	514	344	426	514				
5070		700																674	634	486	614	444	526	614				
5080		800																774	734	586	714	544	626	714			8×M16	6×M12
5555	550	550	650	100	340	70、80、90、100、110、120、130、140、150、160、180、200	100、110、120、130、150	35	70	40	70	25	30	270	310	444	450	520	480	300	444	220	332	444	50	30	6×M20	6×M12
5560		600																570	530	350	494	270	382	494				
5570		700																670	630	450	594	370	482	594				
5580		800																770	730	550	694	470	582	694			8×M20	8×M12
5590		900																870	830	650	794	570	682	794				10×M12

表9.12列出的代号及其尺寸适用于周界尺寸小于等于550 mm×900 mm 的塑料注射模具。在国家标准中还有以下代号：6060、6070、6080、6090、60100；6565、6570、6580、6590、65100；7070、7080、7090、70100、70125；8080、8090、80100、80125；9090、90100、90125、90160；100100、100125、100160；125125、125160、125200。以上这些代号的具体尺寸请查阅 GB/T 12555—2006，这些代号及其尺寸适用于周界尺寸为 600 mm×600 mm ~ 1 250 mm×2 000 mm 的塑料注射模具。

4. 模架导向件与螺钉安装形式

《塑料注射模模架》标准（GB/T 12555—2006）对导向件与螺钉的安装形式做出了如下的具体规定。

（1）导柱的安装形式。

根据模具使用要求，导柱可以安装在动模、导套安装在定模，这种形式称为正装形式，反之称为反装形式。

（2）拉杆导柱的安装形式。

根据模具使用要求，拉杆导柱可以装在导柱导套的外侧，这种形式称为外侧形式，反之称为内侧形式。

（3）垫块与动模座板的安装形式。

根据模具使用要求，模架中的垫块可以增加螺钉，使其单独固定在动模座板上。

（4）推板导柱及限位钉。

一般情况下，大型模具加装推板导柱及限位钉。

（5）较厚定模板的导套结构。

根据模具使用要求，模架中的定模板厚度较大时，装入定模板的导套长度可以小于定模板厚度。

5. 模架的型号、系列和规格

（1）型号。

每一组合形式代表一个型号。

（2）系列。

同一型号中，根据定、动模板的周界尺寸（宽×长，即 $W×L$）划分系列。

（3）规格。

同一系列中，根据定、动模板和垫块的厚度（$A×B×C$）划分规格。

6. 模架的标记

按照《塑料注射模模架》标准（GB/T 12555—2006）规定的模架应有下列标记：①模架；②基本型号；③系列代号；④定模板厚度A；⑤动模板厚度B；⑥垫块厚度C；⑦拉杆导柱长度；⑧标准代号，即 GB/T 12555—2006。

示例1：模板宽 $W=200$ mm、长 $L=250$ mm，$A=50$ mm，$B=40$ mm，$C=70$ mm 的直浇口 A 型模架标记为：模架 A 2025-50×40×70 GB/T 12555—2006。

示例2：模板宽 $W=300$ mm、长 $L=300$ mm，$A=50$ mm，$B=60$ mm，$C=90$ mm，拉杆导柱长度为 200 mm 的点浇口 B 型模架标记为：模架 DB 3030-50×60×90-200 GB/T 12555—2006。

9.4.2 塑料注射模标准零件

1. 标准浇口套

标准浇口套见表9.13。

表9.13 标准浇口套(摘自 GB/T 4169.19—2006) mm

表面粗糙度以 μm 为单位

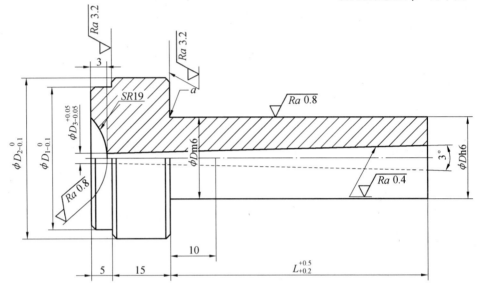

未注表面粗糙度 $Ra=6.3$ μm；未注倒角为 1×45°。

a. 可选砂轮越程槽或 $R0.5 \sim R1$ 圆角。

标记示例：直径 $D=12$ mm、长度 $L=50$ mm 的浇口套：浇口套 12 × 50 GB/T 4169.19—2006。

D	D_1	D_2	D_3	L		
				50	80	100
12			2.8	×		
16	35	40	2.8	×	×	
20			3.2	×	×	×
25			4.2	×	×	×

注：①材料由制造者选定，推荐采用45钢
②局部热处理，$SR19$ mm 球面硬度为 38 ~ 45HRC
③其余应符合 GB/T 4170—2006 的规定

2. 标准定位圈

标准定位圈见表 9.14。

表 9.14 标准定位圈(摘自 GB/T 4169.18—2006) mm

表面粗糙度以 μm 为单位

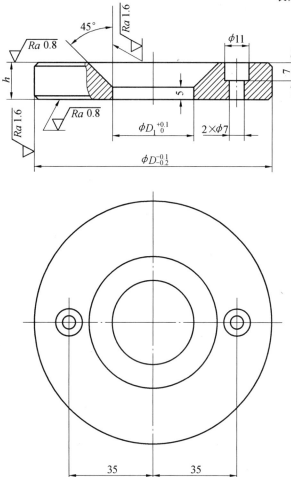

未注表面粗糙度 $Ra=6.3$ μm;未注倒角为 $1×45°$。

标记示例:直径 $D=100$ mm 的定位圈:定位圈 100 GB/T 4169.18—2006。

D	D_1	h
100		
120	35	15
150		

注:①材料由制造者选定,推荐采用 45 钢

②硬度为 28 ~ 32HRC

③其余应符合 GB/T 4170—2006 的规定

3. 标准带头导柱和带肩导柱

（1）标准带头导柱。

标准带头导柱见表9.15。

表9.15 标准带头导柱（摘自 GB/T 4169.4—2006） mm

表面粗糙度值以 μm 为单位

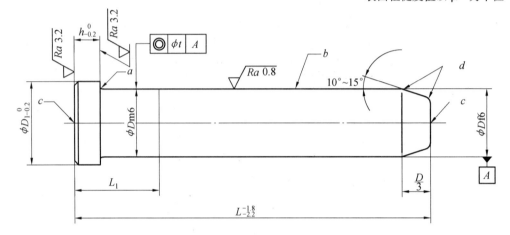

未注表面粗糙度 $Ra=6.3$ μm；未注倒角 $1\times45°$。

a. 可选砂轮越程槽或 $R0.5\sim R1$ 圆角。

b. 允许开油槽。

c. 允许保留两端的中心孔。

d. 圆弧连接，$R2\sim R5$。

标记示例：直径 $D=12$ mm、长度 $L=50$ mm、与模板配合长度 $L_1=20$ mm 的带头导柱：带头导柱

$12\times50\times20$ GB/T 4169.4—2006

D		12	16	20	25	30	35	40	50	60	70	80	90	100
D_1		17	21	25	30	35	40	45	56	66	76	86	96	106
h		5		6			8		10	12		15		20
L	50	×	×	×	×	×								
	60	×	×	×	×	×								
	70	×	×	×	×	×	×	×						
	80	×	×	×	×	×	×	×						
	90	×	×	×	×	×	×	×						
	100	×	×	×	×	×	×	×	×	×	×			
	110	×	×	×	×	×	×	×	×	×	×			
	120	×	×	×	×	×	×	×	×	×	×			
	130	×	×	×	×	×	×	×	×	×	×			

续表 9.15

	140	×	×	×	×	×	×	×	×	×			
	150		×	×	×	×	×	×	×	×	×	×	
	160		×	×	×	×	×	×	×	×	×	×	
	180			×	×	×	×	×	×	×	×	×	
	200			×	×	×	×	×	×	×	×	×	
	220				×	×	×	×	×	×	×	×	×
	250				×	×	×	×	×	×	×	×	×
	280					×	×	×	×	×	×	×	×
	300					×	×	×	×	×	×	×	×
	320						×	×	×	×	×	×	×
L	350						×	×	×	×	×	×	×
	380							×	×	×	×	×	×
	400							×	×	×	×	×	×
	450								×	×	×	×	×
	500								×	×	×	×	×
	550									×	×	×	×
	600									×	×	×	×
	650										×	×	×
	700										×	×	×
	750											×	×
	800											×	×
L_1	20,25,30,35,40,45,50,60,70,80,100,110,120,130,140,160,180,200												

注:①材料由制造者选定,推荐采用 T10A、GCr15、20Cr

②硬度 56~60HRC,20Cr 渗碳 0.5~0.8 mm,硬度 56~60HRC

③标注的形位公差应符合 GB/T 1184—1996 规定,t 为 6 级精度

④其余应符合 GB/T 4170—2006 的规定

（2）标准带肩导柱。

标准带肩导柱见表9.16。

表9.16 标准带肩导柱(摘自 GB/T 4169.5—2006) mm

表面粗糙度值以 μm 为单位

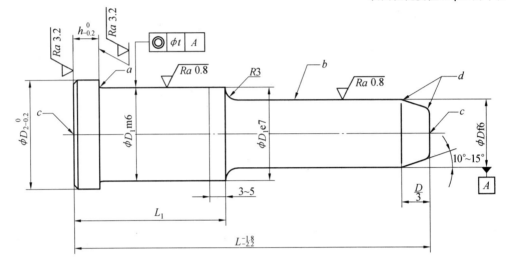

未注表面粗糙度 $Ra=6.3$ μm;未注倒角 1×45°。

a. 可选砂轮越程槽或 $R0.5 \sim R1$ 圆角。

b. 允许开油槽。

c. 允许保留两端的中心孔。

d. 圆弧连接,$R2 \sim R5$。

标记示例:直径 $D=16$ mm、长度 $L=50$ mm、与模板配合长度 $L_1=20$ mm 的带肩导柱:带肩导柱

16×50×20 GB/T 4169.5—2006

D		12	16	20	25	30	35	40	50	60	70	80
D_1		18	25	30	35	42	48	55	70	80	90	105
D_2		22	30	35	40	47	54	61	76	86	96	111
h		5	6	8			10		12		15	
L	50	×	×	×	×	×						
	60	×	×	×	×	×						
	70	×	×	×	×	×	×	×				
	80	×	×	×	×	×	×	×				
	90	×	×	×	×	×	×	×				
	100	×	×	×	×	×	×	×	×	×		
	110	×	×	×	×	×	×	×	×	×		
	120	×	×	×	×	×	×	×	×	×		

续表 9.16

	130	×	×	×	×	×	×	×	×	×		
	140	×	×	×	×	×	×	×	×	×		
	150		×	×	×	×	×	×	×	×	×	×
	160		×	×	×	×	×	×	×	×	×	×
	180			×	×	×	×	×	×	×	×	×
	200			×	×	×	×	×	×	×	×	×
	220				×	×	×	×	×	×	×	×
	250				×	×	×	×	×	×	×	×
	280					×	×	×	×	×	×	×
L	300					×	×	×	×	×	×	×
	320						×	×	×	×	×	×
	350						×	×	×	×	×	×
	380							×	×	×	×	×
	400							×	×	×	×	×
	450								×	×	×	×
	500								×	×	×	×
	550								×	×	×	×
	600									×	×	×
	650									×	×	×
	700									×	×	×
L_1	20,25,30,35,40,45,50,60,70,80,100,110,120,130,140,160,180,200											

注:①材料由制造者选定,推荐采用 T10A、GCr15、20Cr

②硬度 56~60HRC,20Cr 渗碳 0.5~0.8 mm,硬度为 56~60HRC

③标注的形位公差应符合 GB/T 1184—1996 规定,t 为 6 级精度

④其余应符合 GB/T 4170—2006 的规定

4. 标准直导套和带头导套

（1）标准直导套。

标准直导套见表9.17。

表 9.17 标准直导套（摘自 GB/T 4169.2—2006）   mm

表面粗糙度值以 μm 为单位

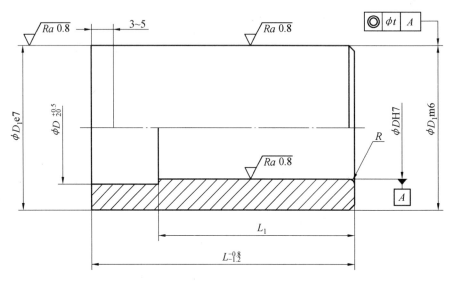

未注表面粗糙度 $Ra=3.2$ μm；未注倒角 1×45°。

标记示例：直径 $D=12$ mm、长度 $L=15$ mm 的直导套：直导套 12 × 15 GB/T 4169.2—2006

D	12	16	20	25	30	35	40	50	60	70	80	90	100
D_1	18	25	30	35	42	48	55	70	80	90	105	115	125
D_2	13	17	21	26	31	36	41	51	61	71	81	91	101
R	1.5 ~ 2		3 ~ 4				5 ~ 6				7 ~ 8		
L_1 *	24	32	40	50	60	70	80	100	120	140	160	180	200
L	15	20	20	25	30	35	40	40	50	60	70	80	80
	20	25	25	30	35	40	50	50	60	70	80	100	100
	25	30	30	40	40	50	60	60	80	80	100	120	150
	30	40	40	50	50	60	80	80	100	100	120	150	200
	35	50	50	60	60	80	100	100	120	120	150	200	
	40	60	60	80	80	100	120	120	150	150	200		

* 当 $L_1>L$ 时，取 $L_1=L$

注：①材料由制造者选定，推荐采用 T10A、GCr15、20Cr

②硬度 52 ~ 56HRC，20Cr 渗碳 0.5 ~ 0.8 mm，硬度为 56 ~ 60HRC

③标注的形位公差应符合 GB/T 1184—1996 规定，t 为 6 级精度

④其余应符合 GB/T 4170—2006 的规定

（2）标准带头导套。

标准带头导套见表9.18。

表 9.18　标准带头导套（摘自 GB/T 4169.3—2006）　　　　　　mm

表面粗糙度值以 μm 为单位

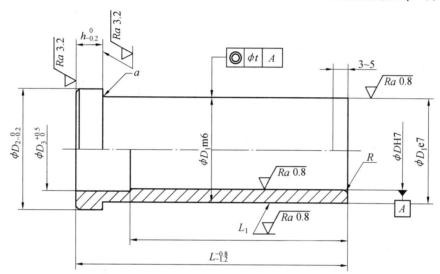

未注表面粗糙度 $Ra = 6.3$ μm；未注倒角 1×45°。

a. 可选砂轮越程槽或 $R0.5 \sim R1$ 圆角。

标记示例：直径 $D = 12$ mm、长度 $L = 20$ mm 的带头导套：带头导套 12×20 GB/T 4169.3—2006

	D	12	16	20	25	30	35	40	50	60	70	80	90	100
	D_1	18	25	30	35	42	48	55	70	80	90	105	115	125
	D_2	22	30	35	40	47	54	61	76	86	96	111	121	131
	D_3	13	17	21	26	31	36	41	51	61	71	81	91	101
	h	5	6	8		10		12		15		20		
	R	1.5 ~ 2	3 ~ 4			5 ~ 6			7 ~ 8					
	L_1*	24	32	40	50	60	70	80	100	120	140	160	180	200
L	20	×	×	×										
	25	×	×	×	×									
	30	×	×	×	×	×								
	35	×	×	×	×	×	×							
	40	×	×	×	×	×	×	×						
	45	×	×	×	×	×	×	×						
	50	×	×	×	×	×	×	×	×					

续表 9.18

	60	×	×	×	×	×	×	×	×				
	70		×	×	×	×	×	×	×	×			
	80		×	×	×	×	×	×	×	×	×		
	90			×	×	×	×	×	×	×	×	×	
	100			×	×	×	×	×	×	×	×	×	×
	110				×	×	×	×	×	×	×	×	×
L	120				×	×	×	×	×	×	×	×	×
	130					×	×	×	×	×	×	×	×
	140					×	×	×	×	×	×	×	×
	150						×	×	×	×	×	×	×
	160						×	×	×	×	×	×	×
	180							×	×	×	×	×	×
	200							×	×	×	×	×	×

* 当 $L_1 > L$ 时,取 $L_1 = L$

注:①材料由制造者选定,推荐采用 T10A、GCr15、20Cr
　　②硬度 52~56HRC,20Cr 渗碳 0.5~0.8 mm,硬度为 56~60HRC
　　③标注的形位公差应符合 GB/T 1184—1996 的规定,t 为 6 级精度
　　④其余应符合 GB/T 4170—2006 的规定

5. 标准推杆和带肩推杆

(1)标准推杆。

标准推杆见表 9.19。

表 9.19　标准推杆(摘自 GB/T 4169.1—2006)　　　　　　mm

表面粗糙度值以 μm 为单位

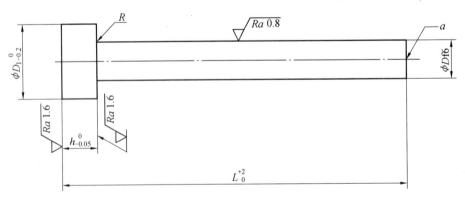

未注表面粗糙度 $Ra = 6.3$ μm。

a. 端面不允许留有中心孔,棱边不允许倒钝。

标记示例:直径 $D = 1$ mm、长度 $L = 80$ mm 的推杆:推杆 1×80 GB/T 4169.1—2006

续表 9.19

D	D₁	h	R	80	100	125	150	200	250	300	350	400	500	600	700	800
1	4	2	0.3	×	×	×	×	×								
1.2				×	×	×	×	×								
1.5				×	×	×	×	×								
2				×	×	×	×	×	×	×	×					
2.5	5			×	×	×	×	×	×	×	×	×				
3	6	3	0.5	×	×	×	×	×	×	×	×	×	×			
4	8			×	×	×	×	×	×	×	×	×	×	×		
5	10			×	×	×	×	×	×	×	×	×	×	×		
6	12	5			×	×	×	×	×	×	×	×	×	×		
7					×	×	×	×	×	×	×	×	×	×		
8	14				×	×	×	×	×	×	×	×	×	×	×	
10	16				×	×	×	×	×	×	×	×	×	×	×	
12	18	6	0.8	×	×	×	×	×	×	×	×	×	×	×	×	×
14					×	×	×	×	×	×	×	×	×	×	×	×
16	22						×	×	×	×	×	×	×	×	×	×
18	24	8					×	×	×	×	×	×	×	×	×	×
20	26						×	×	×	×	×	×	×	×	×	×
25	32	10	1			×	×	×	×	×	×	×	×	×	×	×

注:①材料由制造者选定,推荐采用 4Cr5MoSiV1、3Cr2W8V

②硬度 50 ~ 55HRC,其中固定端 30 mm 长度范围内硬度为 35 ~ 45HRC

③淬火后表面可进行渗氮处理,渗氮层深度为 0.08 ~ 0.15 mm,心部硬度为 40 ~ 44HRC,表面硬度大于等于 900HV

④其余应符合 GB/T 4170—2006 的规定

（2）标准带肩推杆。

标准带肩推杆见表9.20。

表9.20　标准带肩推杆（摘自 GB/T 4169.16—2006）　　　　　mm

表面粗糙度值以 μm 为单位

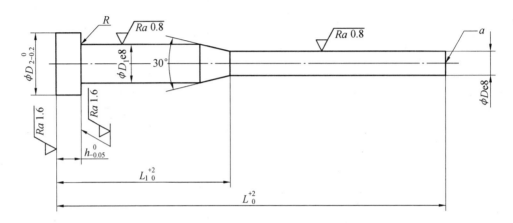

未注表面粗糙度 $Ra = 6.3$ μm。

a. 端面不允许留有中心孔,棱边不允许倒钝。

标记示例:直径 $D = 1$ mm、长度 $L = 80$ mm 的带肩推杆:带肩推杆 1×80 GB/T 4169.16—2006

D	D₁	D₂	h	R	L								
					80	100	125	150	200	250	300	350	400
					L₁								
					40	50	63	75	100	125	150	175	200
1	2	4	2		×	×	×	×	×				
1.5					×	×	×	×	×				
2	3	6		0.3	×	×	×	×	×				
2.5			3		×	×	×	×	×				
3	4	8				×	×	×	×	×			
3.5	8	14		0.5		×	×	×	×	×			
4						×	×	×	×	×	×		
4.5	10	16	5			×	×	×	×	×			
5						×	×	×	×	×			
6	12	18		0.8			×	×	×	×	×	×	
8			7						×	×	×	×	
10	16	22								×	×	×	×

注:①材料由制造者选定,推荐采用4Cr5MoSiV1、3Cr2W8V　②硬度为 45 ~ 50HRC　③淬火后表面可进
行渗氮处理,渗氮层深度为 0.08 ~ 0.15 mm,心部硬度为 40 ~ 44HRC,表面硬度为大于等于 900HV
④其余应符合 GB/T 4170—2006 的规定

6. 标准复位杆

标准复位杆见表 9.21。

表 9.21 标准复位杆(摘自 GB/T 4169.13—2006) mm

表面粗糙度值以 μm 为单位

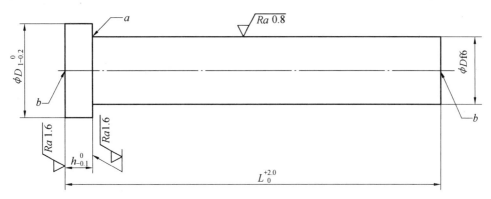

未注表面粗糙度 $Ra = 6.3$ μm。

a. 可选砂轮越程槽或 $R0.5 \sim R1$ 圆角。

b. 端面允许留有中心孔。

标记示例:直径 $D = 10$ mm、长度 $L = 100$ mm 的复位杆:复位杆 10×100 GB/T 4169.13—2006

D	D_1	h	L									
			100	125	150	200	250	300	350	400	500	600
10	15	4	×	×	×	×						
12	17		×	×	×	×	×					
15	20		×	×	×	×	×	×				
20	25			×	×	×	×	×	×	×		
25	30	8			×	×	×	×	×	×	×	
30	35				×	×	×	×	×	×	×	×
35	40					×	×	×	×	×	×	×
40	45	10					×	×	×	×	×	×
50	55						×	×	×	×	×	×

注:①材料由制造者选定,推荐采用 T10A、GCr15

②硬度 HRC 56~60

③其余应符合 GB/T 4170—2006 的规定

7. 标准推管

标准推管见表9.22。

表 9.22 标准推管(摘自 GB/T 4169.17—2006) mm

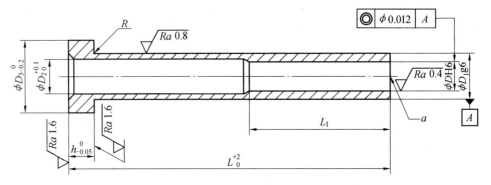

未注表面粗糙度 $Ra=6.3$ μm;未注倒角 $1\times45°$。

a. 端面棱边不允许倒钝。

标记示例:直径 $D=2$ mm、长度 $L=80$ mm 的推管:推管 2×80 GB/T 4169.17—2006

D	D_1	D_2	D_3	h	R	L_1	L						
							80	100	125	150	175	200	250
2	4	2.5	8	3	0.3	35	×	×	×				
2.5	5	3	10				×	×	×				
3	5	3.5					×	×	×	×			
4	6	4.5	12	5	0.5		×	×	×	×	×	×	
5	8	5.5	14			45	×	×	×	×	×	×	
6	10	6.5	16				×	×	×	×	×	×	×
8	12	8.5	20					×	×	×	×	×	×
10	14	10.5	22	7	0.8			×	×	×	×	×	×
12	16	12.5	22						×	×	×	×	×

注:①材料由制造者选定,推荐采用 4Cr5MoSiV1、3Cr2W8V

②硬度为 45～50HRC

③淬火后表面可进行渗氮处理,渗氮层深度为 0.08～0.15 mm,心部硬度为 40～44HRC,表面硬度大于等于 900HV

④其余应符合 GB/T 4170—2006 的规定

8．标准推板

标准推板见表 9.23，本标准也适用于推杆固定板。

表 9.23　标准推板（摘自 GB/T 4169.7—2006） mm

表面粗糙度值以 μm 为单位

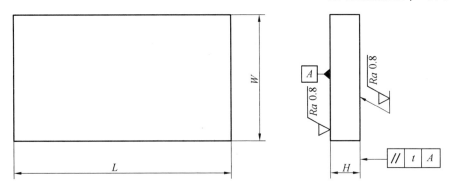

未注表面粗糙度 Ra＝6.3 μm；全部棱边倒角 2×45°。

标记示例：宽度 W＝90 mm、长度 L＝150 mm、厚度 H＝13 mm 的推板：

推板 90×150×13 GB/T 4169.7—2006

W	L							H							
								13	15	20	25	30	40	50	60
90	150	180	200	230	250			×	×						
110	180	200	230	250	300	350			×	×					
120	200	230	250	300	350	400			×	×	×				
140	230	250	270	300	350	400			×	×	×				
150	250	270	300	350	400	450	500		×	×	×				
160	270	300	350	400	450	500			×	×	×				
180	300	350	400	450	500	550	600			×	×	×			
220	350	400	450	500	550	600				×	×	×			
260	400	450	500	550	600	700					×	×	×		
290	450	500	550	600	700						×	×	×		
320	500	550	600	700	800						×	×	×	×	
340	550	600	700	800	900						×	×	×	×	
390	600	700	800	900	1000						×	×	×	×	
400	650	700	800	900	1000						×	×	×	×	
450	700	800	900	1000	1250						×	×	×	×	
510	800	900	1000	1250								×	×	×	×
560	900	1000	1250	1600								×	×	×	×
620	1000	1250	1600									×	×	×	×
790	1250	1600	2000									×	×	×	×

注：①材料由制造者选定，推荐采用 45 钢

②硬度为 28～32HRC

③基准面的形位公差应符合 GB/T 1184—1996 的规定，t 为 6 级精度

④其余应符合 GB/T 4170—2006 的规定

9. 标准垫块

标准垫块见表9.24。

表 9.24　标准垫块(摘自 GB/T 4169.6—2006)　　　　　mm

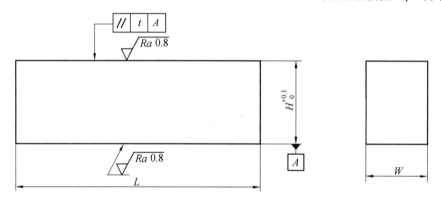

表面粗糙度值以 μm 为单位

未注表面粗糙度 $Ra=6.3\ \mu m$;全部棱边倒角 $2×45°$。

标记示例:宽度 $W=28$ mm、长度 $L=150$ mm、厚度 $H=50$ mm 的垫块:

垫块 $28×150×50$ GB/T 4169.6—2006

W	L							H												
								50	60	70	80	90	100	110	120	130	150	180	200	250	300
28	150	180	200	230	250			×	×	×											
33	180	200	230	250	300	350			×	×	×										
38	200	230	250	300	350	400			×	×	×										
43	230	250	270	300	350	400				×	×	×									
48	250	270	300	350	400	450	500			×	×	×									
53	270	300	350	400	450	500				×	×	×									
58	300	350	400	450	500	550	600				×	×	×								
63	350	400	450	500	550	600						×	×	×							
68	400	450	500	550	600	700							×	×	×	×					
78	450	500	550	600	700								×	×	×	×					
88	500	550	600	700	800								×	×	×	×					
100	550	600	700	800	900	1000								×	×	×	×	×			
120	650	700	800	900	1000	1250									×	×	×	×	×	×	
140	800	900	1000	1250													×	×	×	×	
160	900	1000	1250	1600														×	×	×	×
180	1000	1250	1600															×	×	×	×
220	1250	1600	2000															×	×	×	×

注:①材料由制造者选定,推荐采用 45 钢

　　②标注的形位公差应符合 GB/T 1184—1996 的规定,t 为 5 级精度

　　③其余应符合 GB/T 4170—2006 的规定

10. A 型和 B 型标准支承柱

（1）A 型标准支承柱。

A 型标准支承柱见表 9.25。

表 9.25　A 型标准支承柱（摘自 GB/T 4169.10—2006）　　mm

表面粗糙度值以 μm 为单位

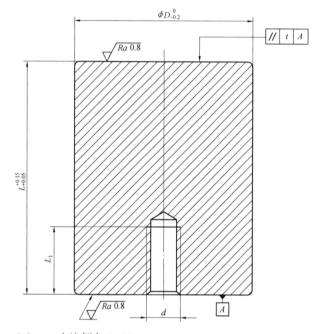

未注表面粗糙度 $Ra=6.3$ μm；未注倒角 $1\times45°$。

标记示例：直径 $D=25$ mm、长度 $L=80$ mm 的 A 型支承柱：支承柱 A　25×80 GB/T 4169.10—2006

D	L											d	L_1
	80	90	100	110	120	130	150	180	200	250	300		
25	×	×	×	×	×							M8	15
30	×	×	×	×	×								
35	×	×	×	×	×	×							
40	×	×	×	×	×	×	×					M10	18
50	×	×	×	×	×	×	×	×	×	×			
60	×	×	×	×	×	×	×	×	×	×	×	M12	20
80	×	×	×	×	×	×	×	×	×	×	×	M16	30
100	×	×	×	×	×	×	×	×	×	×	×		

注：①材料由制造者选定，推荐采用 45 钢

　　②硬度为 28 ~ 32HRC

　　③标注的形位公差应符合 GB/T 1184—1996 的规定，t 为 6 级精度

　　④其余应符合 GB/T 4170—2006 的规定

（2）B 型标准支承柱。

B 型标准支承柱见表 9.26。

表 9.26　B 型标准支承柱（摘自 GB/T 4169.10—2006）　　　　　mm

表面粗糙度值以 μm 为单位

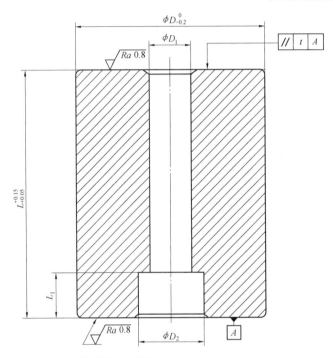

未注表面粗糙度 Ra=6.3 μm；未注倒角 1×45°。

标记示例：直径 D=25 mm、长度 L=80 mm 的 B 型支承柱：支承柱 B　25×80 GB/T 4169.10—2006

D	L											D_1	D_2	L_1
	80	90	100	110	120	130	150	180	200	250	300			
25	×	×	×	×	×							9	15	9
30	×	×	×	×	×									
35	×	×	×	×	×									
40	×	×	×	×	×	×	×					11	18	11
50	×	×	×	×	×	×	×	×	×	×				
60	×	×	×	×	×	×	×	×	×	×	×	13	20	13
80	×	×	×	×	×	×	×	×	×	×	×	17	26	17
100	×	×	×	×	×	×	×	×	×	×	×			

注：①材料由制造者选定，推荐采用 45 钢

　　②硬度为 28~32HRC

　　③标注的形位公差应符合 GB/T 1184—1996 的规定，t 为 6 级精度

　　④其余应符合 GB/T 4170—2006 的规定

11. 标准限位钉

标准限位钉见表 9.27。

表 9.27 标准限位钉(摘自 GB/T 4169.9—2006)   mm

表面粗糙度值以 μm 为单位

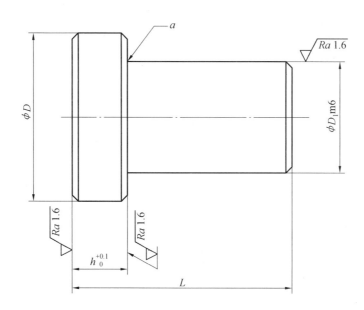

未注表面粗糙度 $Ra=6.3$ μm;未注倒角 1×45°。

a. 可选砂轮越程槽或 $R0.5 \sim R1$ 圆角。

标记示例:直径 $D=16$ mm 的限位钉:限位钉 16 GB/T 4169.9—2006

D	D_1	h	L
16	8	5	16
20	16	10	25

注:①材料由制造者选定,推荐采用 45 钢

②硬度为 40~45HRC

③其余应符合 GB/T 4170—2006 的规定

12. A 型和 B 型标准模板

（1）A 型标准模板。

A 型标准模板见表 9.28，A 型模板用于定模板、动模板、推件板、推料板和支承板。

表 9.28　A 型标准模板（摘自 GB/T 4169.8—2006） mm

表面粗糙度值以 μm 为单位

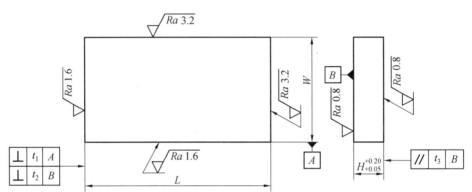

全部棱边倒角 2×45°。

标记示例：宽度 W = 150 mm、长度 L = 150 mm、厚度 H = 20 mm 的 A 型模板：

模板 A 150×150×20 GB/T 4169.8—2006

W	L							H												
								20	25	30	35	40	45	50	60	70	80	90	100	110
150	150	180	200	230	250			×	×	×	×	×	×	×	×	×	×			
180	180	200	230	250	300	350		×	×	×	×	×	×	×	×	×	×			
200	200	230	250	300	350	400		×	×	×	×	×	×	×	×	×	×	×	×	
230	230	250	270	300	350	400		×	×	×	×	×	×	×	×	×	×	×	×	
250	250	270	300	350	400	450	500		×	×	×	×	×	×	×	×	×	×	×	×
270	270	300	350	400	450	500			×	×	×	×	×	×	×	×	×	×	×	×
300	300	350	400	450	500	550	600			×	×	×	×	×	×	×	×	×	×	×
350	350	400	450	500	550	600				×	×	×	×	×	×	×	×	×	×	×
400	400	450	500	550	600	700					×	×	×	×	×	×	×	×	×	×
450	450	500	550	600	700						×	×	×	×	×	×	×	×	×	×
500	500	550	600	700	800							×	×	×	×	×	×	×	×	×
550	550	600	700	800	900								×	×	×	×	×	×	×	×
600	600	700	800	900	1000									×	×	×	×	×	×	×
650	650	700	800	900	1000									×	×	×	×	×	×	×

续表 9.28

W	L					H												
						20	25	30	35	40	45	50	60	70	80	90	100	110
700	700	800	900	1 000	1 250								×	×	×	×	×	×
800	800	900	1 000	1 250									×	×	×	×	×	×
900	900	1 000	1 250	1 600									×	×	×	×	×	×
1 000	1 000	1 250	1 600											×	×	×	×	×
1 250	1 250	1 600	2 000											×	×	×	×	×

W	L							H											
								120	130	140	150	160	180	200	220	250	280	300	350	400
150	150	180	200	230	250															
180	180	200	230	250	300	350														
200	200	230	250	300	350	400														
230	230	250	270	300	350	400														
250	250	270	300	350	400	450	500	×												
270	270	300	350	400	450	500		×												
300	300	350	400	450	500	550	600	×	×											
350	350	400	450	500	550	600		×	×											
400	400	450	500	550	600	700		×	×	×	×									
450	450	500	550	600	700			×	×	×	×	×	×							
500	500	550	600	700	800			×	×	×	×	×	×							
550	550	600	700	800	900			×	×	×	×	×	×	×						
600	600	700	800	900	1 000			×	×	×	×	×	×	×						
650	650	700	800	900	1 000			×	×	×	×	×	×	×	×					
700	700	800	900	1 000	1 250			×	×	×	×	×	×	×	×	×				
800	800	900	1 000	1 250				×	×	×	×	×	×	×	×	×	×			
900	900	1 000	1 250	1 600				×	×	×	×	×	×	×	×	×	×	×		
1 000	1 000	1 250	1 600					×	×	×	×	×	×	×	×	×	×	×	×	
1 250	1 250	1 600	2 000					×	×	×	×	×	×	×	×	×	×	×	×	×

注:①材料由制造者选定,推荐采用 45 钢

②硬度为 28～32HRC

③未注尺寸公差等级应符合 GB/T 1801—1999 中 js13 级的规定

④未注形位公差应符合 GB/T 1184—1996 的规定,t_1、t_3 为 5 级精度,t_2 为 7 级精度

⑤其余应符合 GB/T 4170—2006 的规定

（2）B 型标准模板。

B 型标准模板见表 9.29，B 型模板用于定模座板和动模座板。

表 9.29　B 型标准模板（摘自 GB/T 4169.8—2006）　　　　　　mm

表面粗糙度值以 μm 为单位

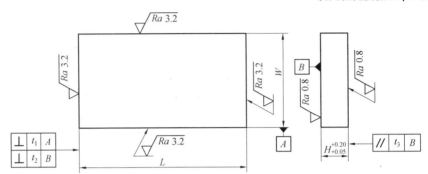

全部棱边倒角 2×45°。

标记示例：宽度 $W=200$ mm、长度 $L=150$ mm、厚度 $H=20$ mm 的 B 型模板：

模板 B 200×150×20 GB/T 4169.8—2006

W	L							H												
								20	25	30	35	40	45	50	60	70	80	90	100	120
200	150	180	200	230	250			×	×											
230	180	200	230	250	300	350		×	×	×										
250	200	230	250	300	350	400		×	×	×										
280	230	250	270	300	350	400			×	×										
300	250	270	300	350	400	450	500		×	×	×									
320	270	300	350	400	450	500			×	×	×	×								
350	300	350	400	450	500	550	600		×	×	×	×	×							
400	350	400	450	500	550	600				×	×	×	×	×						
450	400	450	500	550	600	700				×	×	×	×	×						
550	450	500	550	600	700						×	×	×	×	×					
600	500	550	600	700	800						×	×	×	×	×					
650	550	600	700	800	900						×	×	×	×	×	×				
700	600	700	800	900	1000						×	×	×	×	×	×				
750	650	700	800	900	1000						×	×	×	×	×	×	×			
800	700	800	900	1000	1250							×	×	×	×	×	×	×		
900	800	900	1000	1250								×	×	×	×	×	×	×		
1000	900	1000	1250	1600								×	×	×	×	×	×	×		
1200	1000	1250	1600											×	×	×	×	×	×	×
1500	1250	1600	2000												×	×	×	×	×

注：①材料由制造者选定，推荐采用 45 钢

②硬度为 28~32HRC

③未注尺寸公差等级应符合 GB/T 1801—1999 中 js13 级的规定

④未注形位公差应符合 GB/T 1184—1996 的规定，t_1 为 7 级精度，t_2 为 9 级精度，t_3 为 5 级精度

⑤其余应符合 GB/T 4170—2006 的规定

13. 标准推板导套

标准推板导套见表9.30。

表9.30　标准推板导套（摘自 GB/T 4169.12—2006）　　　　　　　mm

表面粗糙度值以 μm 为单位

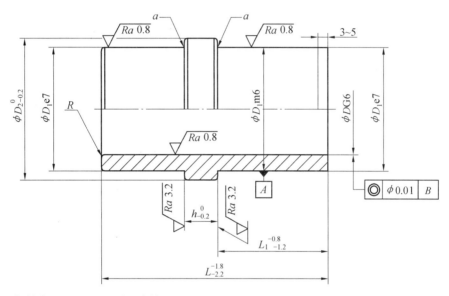

未注表面粗糙度 $Ra=6.3$ μm；未注倒角 1×45°。

a. 可选砂轮越程槽或 $R0.5 \sim R1$ 圆角。

标记示例：直径 D=20 mm 的推板导套：推板导套　20 GB/T 4169.12—2006

D	12	16	20	25	30	35	40	50
D_1	18	25	30	35	42	48	55	70
D_2	22	30	35	40	47	54	61	76
h	4				6			
R	3 ~ 4				5 ~ 6			
L	28		35		45	55	70	90
L_1	13		15		20	25	30	40

注：①材料由制造者选定，推荐采用 T10A、GCr15、20Cr 钢

　　②硬度为 52 ~ 56HRC，20Cr 渗碳 0.5 ~ 0.8 mm，硬度为 56 ~ 60HRC

　　③其余应符合 GB/T 4170—2006 的规定

14. 标准推板导柱

标准推板导柱见表 9.31。

表 9.31　标准推板导柱(摘自 GB/T 4169. 14—2006)　　　　mm

表面粗糙度值以 μm 为单位

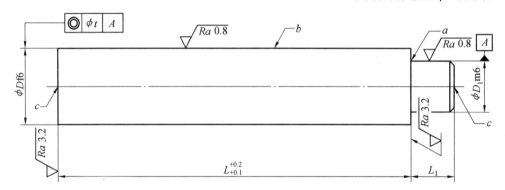

未注表面粗糙度 $Ra=6.3$ μm; 未注倒角 1×45°。

a. 可选砂轮越程槽或 R0.5 ~ R1 圆角。

b. 允许开油槽。

c. 允许保留两端的中心孔。

标记示例:直径 $D=30$ mm、长度 $L=100$ mm 的推板导柱:推板导柱　30×100　GB/T 4169. 14—2006

D		30	35	40	50
D_1		25	30	35	40
L_1		20	25	30	45
L	100	×			
	110	×	×		
	120	×	×		
	130	×	×		
	150	×	×	×	
	180		×	×	×
	200			×	×
	250			×	×
	300				×

注:①材料由制造者选定,推荐采用 T10A、GCr15、20Cr

②硬度为 56 ~ 60HRC,20Cr 渗碳 0.5 ~ 0.8 mm,硬度为 56 ~ 60HRC

③标注的形位公差应符合 GB/T 1184—1996 的规定,t 为 6 级精度

④其余应符合 GB/T 4170—2006 的规定

15. 标准拉杆导柱

标准拉杆导柱见表 9.32。

表 9.32 标准拉杆导柱(摘自 GB/T 4169.20—2006) mm

表面粗糙度值以 μm 为单位

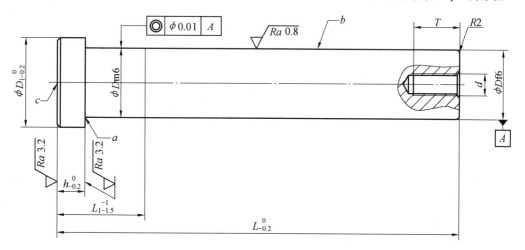

未注表面粗糙度 Ra=6.3 μm;未注倒角 1×45°。

a. 可选砂轮越程槽或 R0.5～R1 圆角。

b. 允许开油槽。

c. 允许保留中心孔。

标记示例:直径 D=16 mm、长度 L=100 mm 的拉杆导柱:拉杆导柱 16×100 GB/T 4169.20—2006

D	16	20	25	30	35	40	50	60	70	80	90	100
D_1	21	25	30	35	40	45	55	66	76	86	96	106
h	8	10	12	14	16	18	20	25				
d	M10	M12	M14	M16				M20		M24		
T	25	30	35	40				50		60		
L_1	25	30	35	45	50	60	70 / 80	90	100	120	140	150
L	100	×	×	×								
	110	×	×	×								
	120	×	×	×								
	130	×	×	×	×							
	140	×	×	×	×							

表 **9.32**

L												
150	×	×	×	×								
160	×	×	×	×	×							
170	×	×	×	×	×							
180	×	×	×	×	×							
190	×	×	×	×	×							
200	×	×	×	×	×	×						
210		×	×	×	×	×						
220		×	×	×	×	×						
230		×	×	×	×	×						
240		×	×	×	×	×						
250		×	×	×	×	×	×					
260			×	×	×	×	×					
270			×	×	×	×	×					
280			×	×	×	×	×	×				
290			×	×	×	×	×					
300				×	×	×	×	×	×	×		
320				×	×	×	×	×	×			
340					×	×	×	×	×	×	×	
360					×	×	×	×	×	×		
380						×	×	×	×	×	×	
400					×	×	×	×	×	×	×	×
450							×	×	×	×	×	×
500						×	×	×	×	×	×	
550							×	×	×	×	×	×
600								×	×	×	×	×
650									×	×	×	×
700									×	×	×	×
750									×	×	×	×
800									×	×	×	×

注:①材料由制造者选定,推荐采用 T10A、GCr15、20Cr

②硬度为 56~60HRC,20Cr 渗碳 0.5~0.8 mm,硬度为 56~60HRC

③其余应符合 GB/T 4170—2006 的规定

9.5　塑料注射模零件和模架技术条件

9.5.1　塑料注射模零件技术条件

《塑料注射模零件技术条件》(GB/T 4170—2006)标准规定了对塑料注射模零件的要求、检验、标志、包装、运输和储存,适用于 GB/T 4169.1～4169.23—2006 规定的塑料注射模零件。

《塑料注射模零件技术条件》(GB/T 4170—2006)规定的对塑料注射模零件的要求见表 9.33。

表 9.33　对塑料注射模零件的要求

序号	内　容
1	图样中线性尺寸的一般公差应符合 GB/T 1804—2000 中 m 的规定
2	图样中未注形状和位置公差应符合 GB/T 1184—1996 中 H 的规定
3	零件均应去毛刺
4	图样中螺纹的基本尺寸应符合 GB/T 196 的规定,其偏差应符合 GB/T 197 中 6 级的规定
5	图样中砂轮越程槽的尺寸应符合 GB/T 6403.5 的规定
6	模具零件所选用材料应符合相应牌号的技术标准
7	零件经热处理后硬度应均匀,不允许有裂纹、脱碳、氧化斑点等缺陷
8	质量超过 25 kg 的板类零件应设置吊装用螺孔
9	图样上未注公差角度的极限偏差应符合 GB/T 1804—2000 中 c 的规定
10	图样中未注尺寸的中心孔应符合 GB/T 145 的规定
11	模板的侧向基准面上做明显的基准标记

9.5.2　塑料注射模技术条件

《塑料注射模技术条件》(GB/T 12554—2006)标准规定了对塑料注射模的要求、验收、标志、包装、运输和储存,适用于塑料注射模的设计、制造和验收。

1. 零件要求

《塑料注射模技术条件》(GB/T 12554—2006)标准规定的对塑料注射模的零件要求见表 9.34。

表 9.34 塑料注射模的零件要求

序号	内　　容
1	设计塑料注射模宜选用 GB/T 12555、GB/T 4169.1～4169.23 规定的塑料注射模标准模架和塑料注射模零件
2	模具成形零件和浇注系统零件所选用材料应符合相应牌号的技术标准
3	模具成形零件和浇注系统零件推荐材料和热处理硬度见表 9.35,允许质量和性能高于表 9.35 推荐的材料
4	成形对模具易腐蚀的塑料时,成形零件应采用耐腐蚀材料制作,或其成形面应采取防腐蚀措施
5	成形对模具易磨损的塑料时,成形零件硬度应不低于 50HRC,否则成形表面应做表面硬化处理,硬度应高于 600HV
6	模具零件的几何形状、尺寸、表面粗糙度应符合图样要求
7	模具零件不允许有裂纹,成形表面不允许有划痕、压伤、锈蚀等缺陷
8	成形部位未注公差尺寸的极限偏差应符合 GB/T 1804—2000 中 f 的规定
9	成形部位转接圆弧未注公差尺寸的极限偏差应符合表 9.36 的规定
10	成形部位未注角度和锥度公差尺寸的极限偏差应符合表 9.37 的规定。锥度公差按锥体母线长度决定其值,角度公差按角度短边长度决定
11	当成形部位未注脱模斜度时,除本条(1)、(2)、(3)、(4)、(5)要求外,单边脱模斜度应不大于表 9.38 的规定值,当图中未注脱模斜度方向时,按减小塑件壁厚并符合脱模斜度要求的方向制造 (1)文字、符号的单边脱模斜度应为 10°～15° (2)成形部位有装饰纹时,单边脱模斜度允许大于表 9.38 的规定值 (3)塑件上凸起或加强筋单边脱模斜度应大于 2° (4)塑件上有数个并列圆孔或格状栅孔时,其单边脱模斜度应大于表 9.38 的规定值 (5)对于表 9.38 中所列的塑料若填充玻璃纤维等增强材质后,其脱模斜度应增加 1°
12	非成形部位未注公差尺寸的极限偏差应符合 GB/T 1804—2000 中 m 的规定
13	成形零件表面应避免有焊接熔痕
14	螺钉安装孔、推杆孔、复位杆孔等未注孔距公差的极限偏差应符合 GB/T 1804 中的 f 的规定
15	模具零件图中螺纹的基本尺寸应符合 GB/T 196 的规定,选用的公差与配合应符合 GB/T 197 的规定
16	模具零件图中未注形位公差应符合 GB/T 1184—1996 中的 H 的规定
17	非成形零件外形棱边均应倒角或倒圆。与型芯、推杆相配合的孔在成形面和分型面的交接边缘不允许倒角或倒圆

模具成形零件和浇注系统零件推荐材料和热处理硬度见表9.35。

表9.35　模具成形零件和浇注系统零件推荐材料和热处理硬度

零件名称	材　料	硬度/HRC
型芯、定模镶块、动模镶块、活动 镶块、分流锥、推杆、浇口套	45、40Cr	40 ~ 45
	CrWMn、9Mn2V	48 ~ 52
	Cr12、Cr12MoV	52 ~ 58
	3Cr2Mo	预硬态 35 ~ 45
	4Cr5MoSiV1	45 ~ 55
	30Cr13	45 ~ 55

成形部位转接圆弧未注公差尺寸的极限偏差见表9.36。

表9.36　成形部位转接圆弧未注公差尺寸的极限偏差　　　　　　　　mm

转接圆弧半径		≤6	6 ~ 18	18 ~ 30	30 ~ 120	>120
极限偏 差值	凸圆弧	0 −0.15	0 −0.20	0 −0.30	0 −0.45	0 −0.60
	凹圆弧	+0.15 0	+0.20 0	+0.30 0	+0.45 0	+0.60 0

成形部位未注角度和锥度公差尺寸的极限偏差见表9.37。

表9.37　成形部位未注角度和锥度公差尺寸的极限偏差

锥体母线或角度 短边长度/mm	≤6	6 ~ 18	18 ~ 50	50 ~ 120	>120
极限偏差值	±1°	±30′	±20′	±10′	±5′

成形部位未注脱模斜度时的单边脱模斜度见表9.38。

表9.38　成形部位未注脱模斜度时的单边脱模斜度

脱模高度/mm		≤6	6 ~ 10	10 ~ 18	18 ~ 30	30 ~ 50	50 ~ 80	80 ~ 120	120 ~ 180	180 ~ 250
塑料类别	自润性好的塑料（聚 甲醛、聚酰胺等）	1°45′	1°30′	1°15′	1°	45′	30′	20′	15′	10′
	软质塑料（例：聚乙 烯、聚丙烯等）	2°	1°45′	1°30′	1°15′	1°	45′	30′	20′	15′
	硬质塑料（例：高密 度聚乙烯、聚甲基丙烯 酸甲酯、丙烯腈—丁二 烯—苯乙烯共聚物、聚 碳酸酯、注射型酚醛塑 料等）	2°30′	2°15′	2°	1°45′	1°30′	1°15′	1°	45′	30′

2. 装配要求

《塑料注射模技术条件》(GB/T 12554—2006)标准规定的对塑料注射模的装配要求见表 9.39。

表 9.39　塑料注射模的装配要求

序号	内　容
1	定模座板与动模座板安装平面的平行度应符合 GB/T 12556—2006 的规定
2	导柱、导套对模板的垂直度应符合 GB/T 12556—2006 的规定
3	在合模位置,复位杆端面应与其接触面贴合,允许有不大于 0.05 mm 的间隙
4	模具所有活动部分应保证位置准确,动作可靠,不得有歪斜和卡滞现象,要求固定的零件,不得相对窜动
5	塑件的嵌件或机外脱模的成形零件在模具上安装位置应定位准确、安放可靠,还应有相应的防错位措施
6	流道转接处圆弧连接应平滑,镶接处应密合,未注拔模斜度不小于 5°,表面粗糙度 $Ra \leqslant 0.8\mu m$
7	热流道模具,其浇注系统不允许有塑料渗漏现象
8	滑块运动应平稳,合模后滑块与楔紧块应压紧,接触面积不小于设计值的 75%,开模后限位应准确可靠
9	合模后分型面应紧密贴合。排气槽除外,成形部分固定镶件的拼合间隙应小于塑料的溢料间隙,详见表 9.40 的规定
10	通介质的冷却或加热系统应通畅,不应有介质渗漏现象
11	气动或液压系统应畅通,不应有介质渗漏现象
12	电气系统应绝缘可靠,不允许有漏电或短路现象
13	模具应设吊环螺钉,确保安全吊装。起吊时模具应平稳,以便于装模。吊环螺钉应符合 GB/T 825 的规定
14	分型面上应尽可能避免有螺钉或销钉的通孔,以免积存溢料

塑料的溢料间隙见表 9.40。

表 9.40　塑料的溢料间隙　　　　　　　　　　　　　　　　mm

塑料流动性	好	一般	较差
溢料间隙	<0.03	<0.05	<0.08

9.5.3　塑料注射模模架技术条件

《塑料注射模模架技术条件》(GB/T 12556—2006)标准规定了塑料注射模模架的要求、检验、标志、包装、运输和储存,适用于塑料注射模模架。

《塑料注射模模架技术条件》(GB/T 12556—2006)标准规定的塑料注射模模架的要求见表9.41。

表9.41 塑料注射模模架的要求

序号	内　　容
1	组成模架的零件应符合 GB/T 4169.1~4169.23—2006 和 GB/T 4170—2006 的规定
2	组合后的模架表面不应有毛刺、擦伤、压痕、裂纹、锈斑
3	组合后的模架,导柱与导套及复位杆沿轴向移动应平稳,无卡滞现象,其紧固部分应牢固可靠
4	模架组装用紧固螺钉的机械性能应达到 GB/T 3098.1—2000 的 8.8 级
5	组合后的模架,模板的基准面应一致,并做明显的基准标记
6	组合后的模架在水平自重条件下,定模座板与动模座板的安装平面的平行度应符合 GB/T 1184—1996 中的 7 级的规定
7	组合后的模架在水平自重条件下,其分型面的贴合间隙为 (1)模板长 400 mm 以下≤0.03 mm (2)模板长 400~630 mm≤0.04 mm (3)模板长 630~1 000 mm≤0.06 mm (4)模板长 1 000~2 000 mm≤0.08 mm
8	模架中导柱、导套的轴线对模板的垂直度应符合 GB/T 1184—1996 中 5 级的规定
9	模架在闭合状态时,导柱的导向端面应凹入它所通过的最终模板孔端面,螺钉不得高于定模座板与动模座板的安装平面
10	模架组装后复位杆端面应平齐一致,或按顾客特殊要求制作
11	模架应设置吊装用螺孔,确保安全吊装

第 10 章　塑料注射模设计实例

如图 10.1 所示为以塑料油壶盖(图 10.2 为三维模型),塑料原料为低密度聚乙烯(LDPE),塑料的收缩率为 1.5% ~ 3.5%,该产品在 SZ125/630 型塑料注射机上注射成形,也可选其他型号塑料注射机。生产纲领为 20 万件/年。

以该塑料零件为典型实例,介绍塑料注射成形工艺过程设计的具体内容、步骤,以及模具结构设计的方法和结果。

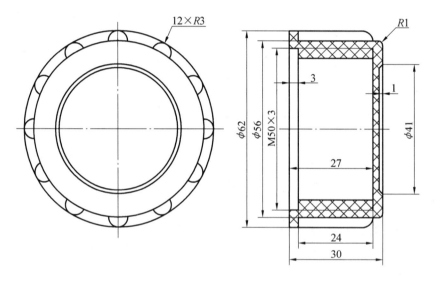

图 10.1　油壶盖的二维图样

图 10.2　油壶盖的三维图样

10.1 塑料成形工艺性分析

1. 塑料成形特性

低密度聚乙烯(LDPE)是高压下乙烯聚合而获得的具有支链型线型分子结构的热塑性塑料,又称高压聚乙烯。它是一种乳白色呈半透明的蜡状固体树脂,无毒、无味。它的结晶度较低(45%~65%),相对分子质量较小,密度为$\rho = 0.91 \sim 0.93 \text{ g/cm}^3$,压缩比为1.84~2.3,比热容为2.094 J/(g·℃)。抗冲击韧性、耐低温性很好,可在$-60 \sim -80$℃下工作,电绝缘性优秀(尤其是高频绝缘性),但机械强度较差,耐热性不高。化学稳定性较高,如对酸、碱、盐、有机溶剂都较稳定。在成形时,氧化会引起熔体黏度下降和变色,产生条纹,降低塑件质量,因此,需加入一定量的抗氧剂、紫外线吸收剂等。

低密度聚乙烯的成形特性为:

①低密度聚乙烯的软化点较低,超过软化点即熔融,其热熔接性、成形加工性能很好,可用注射、挤出及吹塑等成形方法加工。

②吸水性很低,成形前可不干燥。

③熔体黏度小,流动性好,溢边值为0.02 mm;流动性对压力的变化敏感,宜用较高压力注射。

④可能发生熔体破裂,与有机溶剂接触会发生开裂。

⑤成形温度范围:160~240 ℃。熔融温度低、熔体黏度小且塑件的质量小,塑件可采用柱塞式塑料注射机成形。应严格控制模具温度,一般以35~65 ℃为宜,模具应采用调质处理。

⑥冷却速度慢,必须充分冷却,模具上应设有冷却系统。

⑦收缩率大而且波动范围大,方向性明显(取向),不宜采用直浇口,易翘曲,结晶度及模具冷却条件对收缩率影响大,应控制模温,保持冷却均匀稳定。

⑧易产生应力集中,应严格控制成形条件,塑件成形后应进行退火处理,以消除内应力;塑件壁厚宜小,应避免有尖角,脱模斜度宜取1°~3°。

⑨柔软性良好易脱模,当塑件有浅侧凹槽(凸台)时,可强行脱模。该螺纹塑件成形后应采用强行脱模方式。

2. 塑件的结构工艺性

(1)塑件的尺寸精度分析。

塑件图上的尺寸都为自由尺寸,尺寸精度要求不高,非螺纹尺寸精度可定为 MT7 级(GB/T 14486—2008),塑件螺纹公差标准按照金属螺纹公差标准中精度最低者(GB/T 197—2003,8 级)选用。塑件主要尺寸和偏差值见表 10.1。

表 10.1　塑件主要尺寸和偏差值　　　　　　　mm

塑件标注尺寸		塑件尺寸公差	塑件标注尺寸		塑件尺寸公差
外形尺寸	$\phi 56$	$\phi 56_{-1.54}^{0}$		$d_{s小}=46.752$	$d_{s小}=46.752_{0}^{+0.45}$
	$\phi 62$	$\phi 62_{-1.54}^{0}$	内形尺寸	27	$27_{0}^{+0.98}$
	3	$3_{-0.38}^{0}$		3	$3_{0}^{+0.38}$
	30	$30_{-0.98}^{0}$		$\phi 41$	$\phi 41_{0}^{+1.32}$
内形尺寸	$d_{s大}=50$	$d_{s大}=50_{0}^{+0.45}$		1	$1_{0}^{+0.38}$
	$d_{s中}=48.051$	$d_{s中}=48.051_{0}^{+0.45}$			

（2）塑件表面质量分析。

该塑件表面没有很高的要求,在一般情况下,要求塑件表面光洁,外表面的粗糙度值 Ra 可以取 0.8 μm,内表面的粗糙度值 Ra 可以取 3.2 μm。

（3）塑件的结构工艺性分析。

如图 10.1 所示的油壶盖外形为圆柱形壳类零件,在圆柱面上有 12 个防滑筋均匀分布,壁厚较均匀,且符合最小壁厚的要求。内表面有内螺纹 M50×3,LDPE 塑料为软塑料,可以采用强制脱模。为了防止螺孔最外圈的螺纹崩裂或变形,螺纹始末端应有 0.2 ~ 0.8 mm 的台阶(图 10.3),开头和结尾的螺纹有 $l=8$ mm 的过渡长度。综合分析可知,该塑件结构简单,无特殊的结构要求和精度要求。在注射成形生产时,只要工艺参数控制较好,该塑件是比较容易成形的。

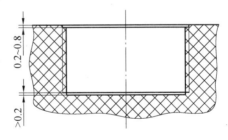

图 10.3　螺纹孔的设计

3. 塑件的生产批量

该塑件为大批量生产,年产量为 20 万件,所以应采用一模多腔结构、高寿命、自动脱模模具,以实现高效率生产。同时要适当控制模具造价。

10.2　注塑机的初步选择

根据塑件的质量(克)、体积(cm^3)和模具的锁模力来选择注塑机。

（1）计算塑件的体积和质量。通过三维软件建模分析得塑件体积 $V=28\ 935\ mm^3$。查表 9.3 或查有关手册得到塑料 LDPE 的密度为 $\rho=0.92\ g/cm^3$,故塑件的质量为

$$m_{件}=\rho V=28\ 935\ mm^3\times0.92\times10^{-3}\ g/cm^3\approx26.62\ g$$

（2）确定型腔数目。由于该塑件为小型制件，且为大批量生产，为尽量提高生产效率，决定采用一模两腔的模具结构。

（3）注射量的计算。注射量与塑件质量、型腔数目和流道凝料质量有关。在浇注系统尺寸未确定之前，流道凝料质量可以根据经验按照塑件质量的 20%～100% 来计算，因此可按塑件质量的 60% 来估算。由于该模具采用一模两腔，所以浇注系统凝料的质量为

$$m_{浇} = 2m_{件} \times 0.6 = 2 \times 26.62 \text{ g} \times 0.6 \approx 31.94 \text{ g}$$

该模具一次注射所需塑料质量为

$$m_{塑} = nm_{件} + m_{浇} = 1.6 \, nm_{件} = 1.6 \times 2 \times 26.62 \text{ g} \approx 85.18 \text{ g}$$

式中　n——型腔数目。

（4）锁模力的计算。注射时注射机的合模装置作用于模具的夹紧力称为锁模力，又称合模力。锁模力必须大于型腔内熔体压力与型腔及流道在分型面上的投影面积之和的乘积。

在模具设计之前，流道凝料在分型面上的投影面积不能确定。根据多型腔模的统计分析，流道凝料在分型面上的投影面积大致是每个塑件在分型面上投影面积 $A_{件}$ 的 20%～50%，因此可用 $0.35nA_{件}$ 来估算，所以注射模所需的锁模力为

$$F_m = p_M(nA_{件} + 0.35nA_{件}) = 1.35 \, p_M nA_{件} =$$

$$1.35 \times 40 \text{ MPa} \times 2 \times \frac{\pi}{4} 62^2 \text{ mm}^2 = 325.89 \text{ kN}$$

式中　F_m——注射模所需的锁模力，kN；

　　　　p_M——型腔内熔体压力，MPa，一般取 25～40 MPa，这里取 40 MPa；

　　　　$A_{件}$——单个塑件在分型面上的投影面积，mm^2。

（5）注塑机的选择。根据以上计算得出的注射量和锁模力，初步选择注射机型号为 XS-ZY-125 卧式注射机，其主要参数见表 10.2。

表 10.2　XS-ZY-125 卧式注射机的主要技术参数

主要技术参数项目	参数值	主要技术参数项目	参数值
螺杆直径/mm	φ42	模板最大行程/mm	300
注射容量/cm^3	125	拉杆内间距/mm	260 ×290
锁模力/kN	900	喷嘴前端球面半径/mm	$SR12$
注射压力/MPa	119	喷嘴孔直径/mm	φ4
最大注射面积/cm^2	320	定位孔直径/mm	$\phi 100^{+0.054}_{0}$
最大模具厚度/mm	300	两侧推出	孔径/mm	φ22
最小模具厚度/mm	200		孔距/mm	230

10.3　确定注射成形的工艺参数

经查资料确定 LDPE 的注射成形工艺参数：成形时料筒温度为 160～220 ℃，模具温

度为 30 ~ 45 ℃,注射压力为 60 ~ 100 MPa,注射速度为中等,注射时间为 2 ~ 5 s,保压时间为 15 ~ 60 s,冷却时间为 15 ~ 60 s,成形周期为 40 ~ 140 s。工艺参数在试模时可做适当调整。

10.4 注射模的结构设计

1. 分型面的选择

分型面的选择如图 10.4 所示,使塑件全部外表面在一个模板内成形,以保证同轴度的要求。另外,为了不影响塑件外观,以及便于实现生产过程的自动化,提高生产效率,决定采用点浇口结构双分型面注射模具。

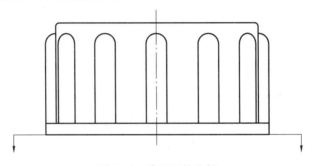

图 10.4　分型面的选择

2. 确定型腔的排列方式

由于采用一模两腔点浇口结构的模具,因此以模具中轴线为中心,在型腔板两侧对称布置型腔,如图 10.5 所示,这样有利于浇注系统的布置,以使模具的整体受力平衡。

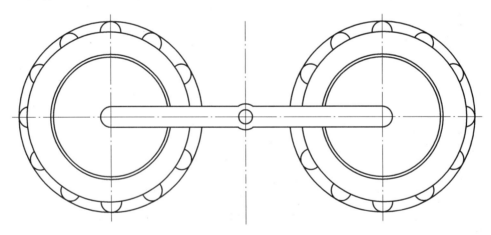

图 10.5　型腔排列方式

3. 浇注系统设计

①主流道设计。由表 10.2 可知 XS-ZY-125 型卧式注射机喷嘴的有关尺寸为喷嘴孔直径 $d_0 = 4$ mm;喷嘴前端球面半径 $R_0 = 12$ mm。

为了使主流道内的凝料顺利脱出,主流道进口端球面半径为

$$R = R_0 + (1 \sim 2) \, \text{mm} = 12 \, \text{mm} + (1 \sim 2) \, \text{mm}, \text{取} \, R = 14 \, \text{mm}$$

主流道进口端孔直径为

$$d = d_0 + (0.5 \sim 1) = 4 \, \text{mm} + (0.5 \sim 1) \, \text{mm}, \text{取} \, d = 4.5 \, \text{mm}$$

主流道设计成圆锥形,其锥度取 $4°$。为了使熔体顺利进入分流道,在主流道出料端设计 $r = 3 \, \text{mm}$ 的圆弧过渡。

②分流道设计。该塑件的体积较小,形状不太复杂,壁厚均匀,且 LDPE 的流动性好,采用单点进料的方式。为了便于加工,选用截面形状为梯形的分流道,查表取 $b = 6 \, \text{mm}$,$h = 4 \, \text{mm}$,如图 10.6。

③点浇口设计。点浇口位置设在塑件顶部中心,其直径尺寸根据不同塑料按塑件平均壁厚查表确定。按塑件材料 LDPE 和塑件壁厚大于 3 mm,初步确定的点浇口直径为 1.0 mm,在试模时根据型腔填充情况再进行调整,点浇口的结构、位置及尺寸如图 10.7。

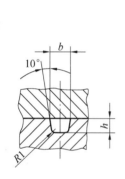

图 10.6　分流道截面形状及尺寸

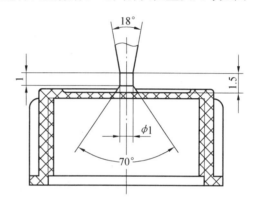

图 10.7　点浇口的结构、位置及尺寸

4.成形零件结构设计

①凹模的结构设计。模具采用一模两腔的结构形式,凹模采用整体式结构,即直接在型腔板上加工两个型腔。该塑件尺寸较小,形状较简单,型腔容易加工,可以采用整体式结构。

②型芯结构设计。由于型芯要成形塑件的内螺纹,考虑到型芯加工制造方便和降低模具成本,型芯采用整体镶嵌式型芯。

10.5　主要零部件的设计计算

1.成形零件工作尺寸计算

型腔和型芯工作尺寸计算见表 10.3。

表 10.3　型腔、型芯工作尺寸计算

LDPE 的收缩率为 $1.5\% \sim 3.5\%$，平均收缩率为 $S_{cp}=2.5\%$，模具的制造公差取 $\delta_z=\Delta/3,\delta_{中}=\Delta_{中}/5$

类型		塑件尺寸	计算公式	计算结果
型腔	型腔的径向尺寸	$\phi 62_{-1.54}^{\ 0}$	$(L_m)_0^{+\delta_z}=\left(L_s+L_s S_{cp}-\dfrac{3}{4}\Delta\right)_0^{+\delta_z}$	$\phi 62.40_0^{+0.51}$
		$\phi 56_{-1.54}^{\ 0}$	$(L_m)_0^{+\delta_z}=\left(L_s+L_s S_{cp}-\dfrac{3}{4}\Delta\right)_0^{+\delta_z}$	$\phi 56.25_0^{+0.51}$
		$\phi 41_{\ 0}^{+1.32}$	$(L_m)_{-\delta_z}^{\ 0}=\left(L_s+L_s S_{cp}+\dfrac{3}{4}\Delta\right)_{-\delta_z}^{\ 0}$	$\phi 43.02_{-0.44}^{\ 0}$
	型腔的深度尺寸	$30_{-0.98}^{\ 0}$	$(H_m)_0^{+\delta_z}=\left(H_s+H_s S_{cp}-\dfrac{2}{3}\Delta\right)_0^{+\delta_z}$	$30.10_0^{+0.33}$
		$3_{-0.38}^{\ 0}$	$(H_m)_0^{+\delta_z}=\left(H_s+H_s S_{cp}-\dfrac{2}{3}\Delta\right)_0^{+\delta_z}$	$2.82_0^{+0.13}$
		$1_{\ 0}^{+0.38}$	$(H_m)_{-\delta_z}^{\ 0}=\left(H_s+H_s S_{cp}+\dfrac{2}{3}\Delta\right)_{-\delta_z}^{\ 0}$	$1.28_{-0.13}^{\ 0}$
型芯	型芯的径向尺寸	$d_{s大}=50_{\ 0}^{+0.45}$	$(L_m)_{-\delta_{中}}^{\ 0}=\left[\left(1+S_{cp}\right)d_{s大}+\Delta_{中}\right]_{-\delta_{中}}^{\ 0}$	$\phi 51.7_{-0.09}^{\ 0}$
		$d_{s中}=48.051_{\ 0}^{+0.45}$	$(L_m)_{-\delta_{中}}^{\ 0}=\left[\left(1+S_{cp}\right)d_{s中}+\Delta_{中}\right]_{-\delta_{中}}^{\ 0}$	$\phi 49.70_{-0.09}^{\ 0}$
		$d_{s小}=46.752_{\ 0}^{+0.45}$	$(L_m)_{-\delta_{中}}^{\ 0}=\left[\left(1+S_{cp}\right)d_{s小}+\Delta_{中}\right]_{-\delta_{中}}^{\ 0}$	$\phi 48.37_{-0.09}^{\ 0}$
	型芯的高度尺寸	$27_{\ 0}^{+0.98}$	$(H_m)_{-\delta_z}^{\ 0}=\left(H_s+H_s S_{cp}+\dfrac{2}{3}\Delta\right)_{-\delta_z}^{\ 0}$	$28.33_{-0.33}^{\ 0}$
		$3_{\ 0}^{+0.38}$	$(H_m)_{-\delta_z}^{\ 0}=\left(H_s+H_s S_{cp}+\dfrac{2}{3}\Delta\right)_{-\delta_z}^{\ 0}$	$3.33_{-0.13}^{\ 0}$

2. 型腔侧壁厚度的计算

该模具型腔直径为 62 mm，根据整体式圆形型腔的厚度计算方法，当型腔内壁半径 $r<86$ mm 时，按强度条件计算型腔侧壁厚度为

$$t_c \geqslant r\left[\left(\frac{\sigma_p}{\sigma_p-2p_M}\right)^{\frac{1}{2}}-1\right]=31\left[\left(\frac{160}{160-2\times50}\right)^{\frac{1}{2}}-1\right] \text{mm} \approx 20 \text{ mm}$$

式中　t_c——型腔侧壁厚度，mm；

p_M——型腔内塑料熔体的压力，取 $p_M=50$ MPa；

σ_p——凹模材料的许用应力，45 钢的 σ_p 取为 160 MPa。

3. 模具冷却系统的计算

设定模具平均工作温度为40℃，用常温20℃的水作为模具冷却介质，其出口温度为30℃。LDPE的注射成形周期为40～140 s，选定成形周期为90 s，则确定注射次数为40次/时，每次注入模具的塑料质量为85.18 g。冷却水的密度为1 g/cm³，比热容为$4.2×10^3$ J/(kg·℃)。LDPE熔体的单位热流量平均值为$640×10^3$ J/kg，则注射模具冷却时所需冷却水的体积流量可按下式计算：

$$q_V = \frac{Nm_{塑}Q_1}{60\rho c_1(\theta_1-\theta_2)} = \frac{40×0.085\ 18×640×10^3}{60×10^3×4.2×10^3×(30-20)} \text{m}^3/\text{min} =$$

$$0.865×10^{-3}\text{m}^3/\text{min} < 5.0×10^{-3}\text{m}^3/\text{min}$$

上述计算结果表明，模具每分钟所需的冷却水体积流量较小，故可不设冷却系统，仅依靠空冷的方式冷却模具即可。

4. 模架的确定

①A板尺寸。A板是定模型腔板，根据一模两腔、型腔直径为62 mm、壁厚20 mm和型腔的深度30 mm，同时又考虑到导柱、导套、限距拉杆、拉料杆等因素，确定型腔板的总体尺寸为"180 mm（宽度）×250 mm（长度）×40 mm（厚度）"。

②B板尺寸。B板是型芯固定板，按模架标准板厚取25 mm。

③C板（垫块）尺寸。垫块厚度=推出行程+推板厚度+推杆固定板厚度+限位钉厚度+（5～10）mm=[24+20+15+5+（5～10）] mm=69～74 mm，初步选定C板厚为70 mm。

按上述计算，模架尺寸已定，查相关资料，选择的点浇口无推料板型标准模架型号为

模架 DBT 1825-40×25×70 GB/T 12555—2006

10.6 注射机安装尺寸的校核

1. 模具闭合高度的确定

点浇口模架组成零件的名称及尺寸如下：

定模座板为$H_4=30$ mm；

型腔板为$A=40$ mm；

推件板为$H_3=20$ mm；

动模板为$B=25$ mm；

支承板为$H_2=30$ mm；

垫块为$C=70$ mm；

动模座板为$H_1=20$ mm。

因而模具的闭合高度为

$$H = H_4+A+H_3+B+H_2+C+H_1 = (30+40+20+25+30+70+20)\text{mm} = 235\text{ mm}$$

2. 模具闭合高度的校核

模具的闭合高度$H=235$ mm，注射机所允许的最小模具厚度$H_{min}=200$ mm，最大模具厚度$H_{max}=300$ mm（见表10.2），所以模具满足$H_{min}≤H≤H_{max}$的安装条件。

3. 模具安装部分的校核

该模具的外形尺寸为 230 mm×250 mm,查表 10.2 得注射机拉杆内间距为 260 mm× 290 mm,因 230 mm×250 mm<260 mm×290 mm,故能满足模具的安装要求。

4. 开模行程的校核

对双分型面模具来说,其开模行程

$$S_{max} \geqslant H_1 + H_2 + a + (5 \sim 10) \, mm$$

式中 S_{max}——注射机移动模板的最大行程,mm,查表 10.2 可知 $S_{max} = 300$ mm;

H_1——塑件推出距离(脱模距离),mm,取 $H_1 = 28$ mm;

H_2——塑件的高度,mm,取 30 mm;

a——取出浇注系统凝料必需的长度,mm,取 $a = 50$ mm。

余量取 10 mm。

则有 $S_{max} \geqslant (28+30+50+10)$ mm = 118 mm,故该注射机的开模行程符合出件要求。

通过上述校核,XS-ZY-125 卧式注射机能满足该模具的使用要求,故可以采用。

10.7　模具装配图的绘制

根据设计和计算结果,绘制模具的装配图,如图 10.8、图 10.9。

10.8　拆画零件图

根据设计要求拆画出必要的模具零件图,如图 10.10 ~ 图 10.12。

10.9　编制设计计算说明书

编制设计计算说明书本书不详细介绍,请参考相关书籍。

技术要求:

(1)合模后,上、下安装平面的平行度,以及导柱、导向孔对安装平面的垂直度应符合 GB/T 12556—2006 的规定。

(2)模具所有导向部分应保证定位准确、滑动灵活,不得有歪斜和卡滞现象。固定的零件不得相对窜动。

(3)合模后,分型面应紧密贴合,型芯与推件板配合处应紧密贴合,其间隙小于 0.02 mm。

(4)流道转接处应用光滑圆弧过渡,镶拼处应密合,流道表面粗糙度为 $Ra = 0.8$ μm。

(5)起吊螺纹孔口部应有倒角,并保证吊环螺钉能拧到底。

(6)开模时,推出要平稳,保证将塑件推出模具。

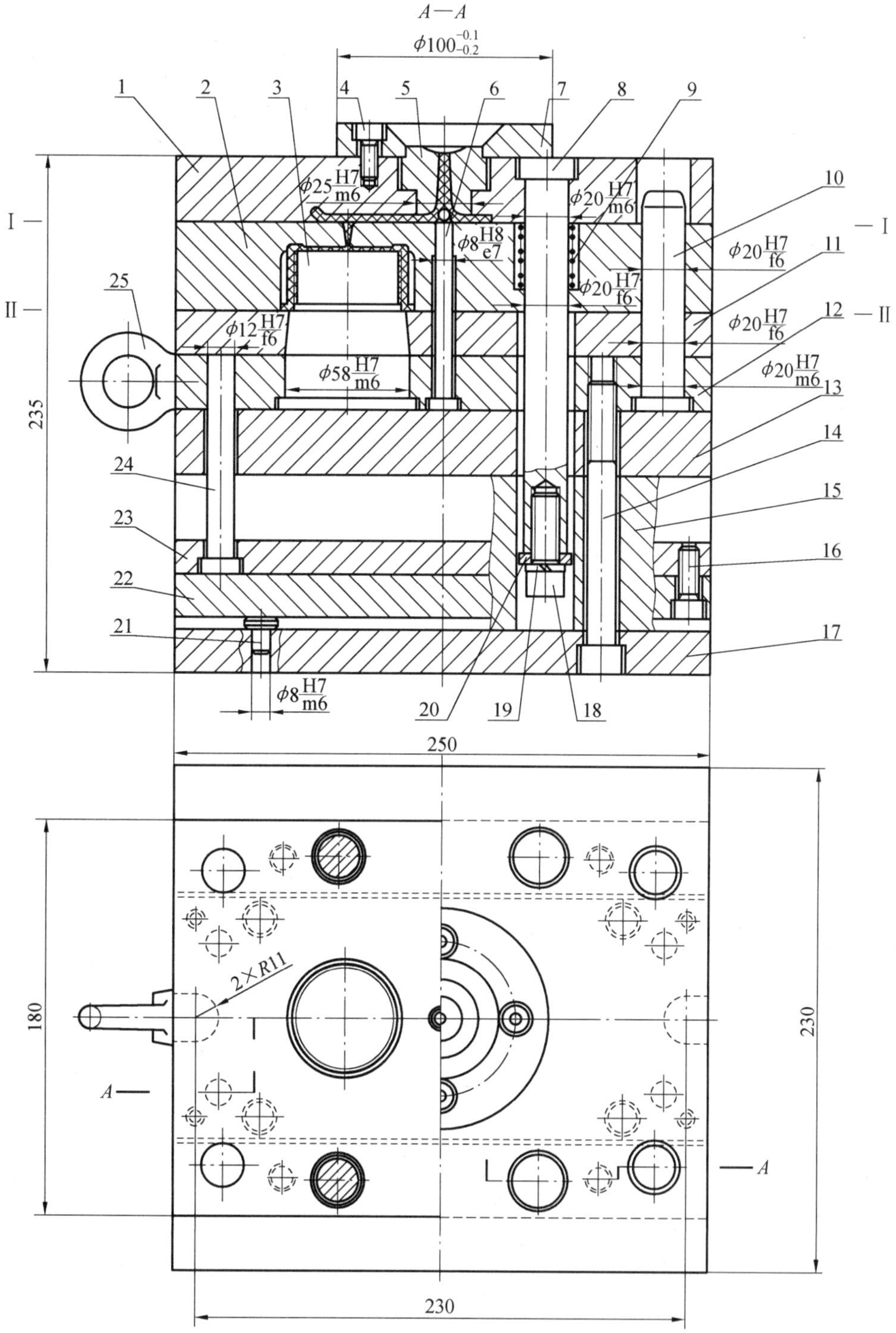
A—A
$\phi100_{-0.2}^{-0.1}$
1
2
3
4
5
6
7
8
9
10
11
12
13
14
15
16
17
18
19
20
21
22
23
24
25
I
II
$\phi25\frac{H7}{m6}$
$\phi20\frac{H7}{m6}$
$\phi8\frac{H8}{e7}$
$\phi20\frac{H7}{f6}$
$\phi20\frac{H7}{f6}$
$\phi20\frac{H7}{f6}$
$\phi20\frac{H7}{m6}$
$\phi12\frac{H7}{f6}$
$\phi58\frac{H7}{m6}$
$\phi8\frac{H7}{m6}$
235
250
180
230
230
2×R11
A

图 10.8　模具装配图 1

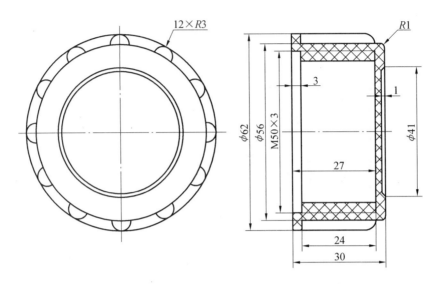

图 10.9　模具装配图 2

25	GB/T 825−1988	吊环螺钉−A 型 M10	1	20	外购件
24	GB/T 4169.1−2006	推杆 φ12×100	4	T10A	外购件
23	GB/T 4169.7−2006	推杆固定板 110×250×15	1	45	外购件
22	GB/T 4169.7−2006	推板 110×250×20	1	45	外购件
21	GB/T 4169.9−2006	限位钉 φ16	4	45	外购件
20	YHG 01−11	挡环	4	45	40 ~ 45HRC
19	GB/T 93−1987	标准型弹簧垫圈 12	4	65Mn	外购件
18	GB/T 70.1−2008	内六角圆柱头螺钉 M12×35	4	45	8.8 级, 外购件
17	YHG 01−10	动模座板	1	Q235	正火 125 ~ 235HB
16	GB/T 70.1−2008	内六角圆柱头螺钉 M8×25	4	45	8.8 级, 外购件
15	YHG 01−09	垫块	2	Q235	正火 125 ~ 235HB
14	GB/T 70.1−2008	内六角圆柱头螺钉 M12×120	4	45	8.8 级, 外购件
13	YHG 01−08	动模支承板	1	45	正火 183 ~ 235HB
12	YHG 01−07	型芯固定板	1	45	正火 183 ~ 235HB
11	YHG 01−06	推件板	1	45	正火 183 ~ 235HB
10	GB/T 4169.4−2006	带头导柱 φ20×100×25	4	T10A	外购件
9	GB/T 1358−2009	弹簧 φ1.8×φ25×55	4	65Mn	外购件
8	GB/T 4169.20−2006	拉杆导柱 φ20×180	4	T10A	外购件
7	GB/T 4169.18−2006	定位圈 φ100	1	45	外购件
6	YHG 01−05	拉料杆	1	T10A	52 ~ 56HRC
5	YHG 01−04	浇口套	1	Cr12	淬火回火 52 ~ 58HRC
4	GB/T 70.1−2008	内六角圆柱头螺钉 M6×16	4	45	8.8 级, 外购件
3	YHG 01−03	型芯	2	Cr12MoV	淬火回火 52 ~ 58HRC
2	YHG 01−02	凹模	1	9Mn2V	淬火回火 48 ~ 52HRC
1	YHG 01−01	定模座板	1	Q235	正火 125 ~ 235HB
序号	代号	名　称	数量	材料	备　注

油壶盖注射模具		比例	1 : 1	共 12 张	YHG 01−00
		质量	0.1 t	第 1 张	
制图					
审核			（单位）		

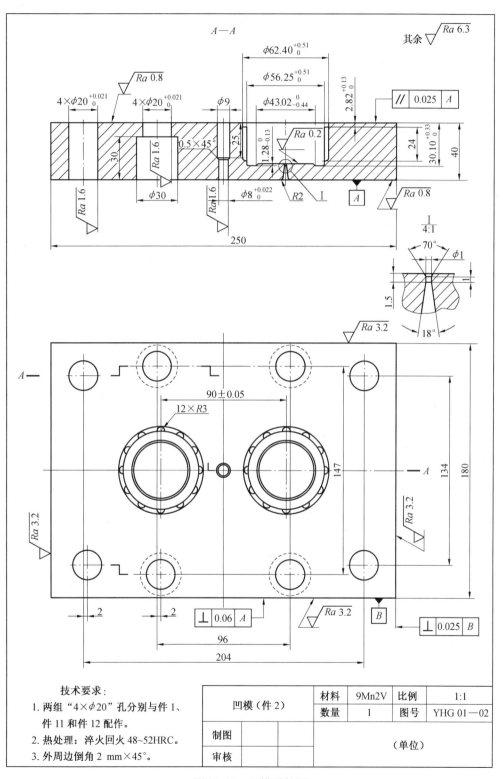

图 10.10　凹模零件图

其余 $\sqrt{Ra\ 6.3}$

$A—A$

$\phi 62.40^{+0.51}_{0}$

$\phi 56.25^{+0.51}_{0}$

$\phi 43.02^{0}_{-0.44}$

$2.82^{+0.13}_{0}$

$\boxed{//\ |\ 0.025\ |\ A}$

$4\times\phi 20^{+0.021}_{0}$

$4\times\phi 20^{+0.021}_{0}$

$\sqrt{Ra\ 0.8}$

$\phi 9$

$30.10^{+0.33}_{0}$

24

40

30

$\sqrt{Ra\ 1.6}$

$0.5\times 45°$

25

$\sqrt{Ra\ 0.2}$

$1.28^{0}_{-0.13}$

$\phi 30$

$\sqrt{Ra\ 1.6}$

$\sqrt{Ra\ 1.6}$

$\phi 8^{+0.022}_{0}$

$R2$

$\boxed{A}$

$\sqrt{Ra\ 0.8}$

$\sqrt{Ra\ 1.6}$

250

I $\dfrac{I}{4:1}$

$70°$　$\phi 1$

1.5　1　$18°$

$\sqrt{Ra\ 3.2}$

A

90 ± 0.05

$12\times R3$

147

134

180

$\sqrt{Ra\ 3.2}$

A

$\sqrt{Ra\ 3.2}$

2　2

$\boxed{\perp\ |\ 0.06\ |\ A}$

$\sqrt{Ra\ 3.2}$

$\boxed{B}$

$\boxed{\perp\ |\ 0.025\ |\ B}$

96

204

技术要求：
1. 两组"$4\times\phi 20$"孔分别与件1、件11和件12配作。
2. 热处理：淬火回火 48~52HRC。
3. 外周边倒角 2 mm×45°。

凹模（件2）	材料	9Mn2V	比例	1:1
	数量	1	图号	YHG 01—02
制图			（单位）	
审核				

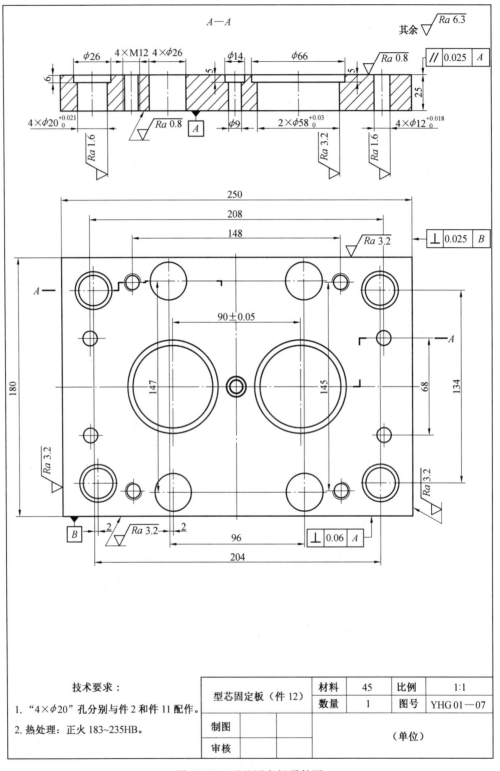

技术要求:

1. "$4 \times \phi 20$" 孔分别与件 2 和件 11 配作。

2. 热处理: 正火 183~235HB。

型芯固定板(件 12)		材料	45	比例	1:1
		数量	1	图号	YHG 01—07
制图					
审核				(单位)	

图 10.11 型芯固定板零件图

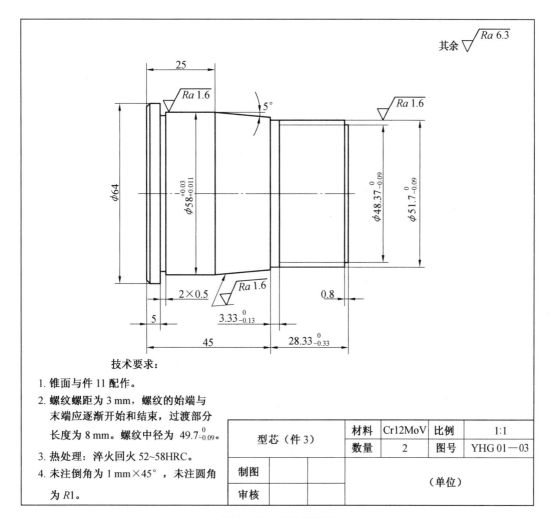

图 10.12　型芯零件图

其余 $\sqrt{Ra\ 6.3}$

$Ra\ 1.6$

$5°$

$Ra\ 1.6$

25

$\phi 64$

$\phi 58^{+0.03}_{+0.011}$

$\phi 48.37^{\ 0}_{-0.09}$

$\phi 51.7^{\ 0}_{-0.09}$

2×0.5

$Ra\ 1.6$

0.8

5

$3.33^{\ 0}_{-0.13}$

45

$28.33^{\ 0}_{-0.33}$

技术要求：

1. 锥面与件 11 配作。

2. 螺纹螺距为 3 mm，螺纹的始端与
   末端应逐渐开始和结束，过渡部分
   长度为 8 mm。螺纹中径为 $49.7^{\ 0}_{-0.09}$。

3. 热处理：淬火回火 52~58HRC。

4. 未注倒角为 1 mm×45°，未注圆角
   为 R1。

型芯（件 3）		材料	Cr12MoV	比例	1:1
		数量	2	图号	YHG 01—03
制图				（单位）	
审核					

参考文献

[1] 王孝培. 实用冲压技术手册[M]. 北京:机械工业出版社,2004.

[2] 卢险峰. 冲压工艺模具学[M]. 北京:机械工业出版社,1999.

[3] 韩永杰. 冲压模具设计[M]. 哈尔滨:哈尔滨工业大学出版社,2008.

[4] 郝滨海. 冲压模具简明设计手册[M]. 北京:化学工业出版社,2005.

[5] 郑家贤. 冲压工艺与模具设计实用技术[M]. 北京:机械工业出版社,2005.

[6] 洪慎章. 冲模设计速查手册[M]. 北京:机械工业出版社,2012.

[7] 姜奎华. 冲压工艺与模具设计[M]. 北京:机械工业出版社,1997.

[8] 刘心治. 冷冲压工艺及模具设计[M]. 重庆:重庆大学出版社,1995.

[9] 王小彬. 冲压工艺与模具设计[M]. 北京:电子工业出版社,2006.

[10] 欧阳波仪. 现代冷冲模设计基础实例[M]. 北京:化学工业出版社,2006.

[11] 崔令江,韩飞. 塑性加工工艺学[M]. 北京:机械工业出版社,2013.

[12] 李春峰. 金属塑性成形工艺及模具设计[M]. 北京:高等教育出版社,2008.

[13] 李名望. 冲压模具设计与制造技术指南[M]. 北京:化学工业出版社,2008.

[14] 李德群. 塑料成型工艺及模具设计[M]. 北京:机械工业出版社,1994.

[15] 齐晓杰. 塑料成型工艺与模具设计[M]. 北京:机械工业出版社,2006.

[16] 骆俊廷,张丽丽. 塑料成型模具设计[M]. 北京:国防工业出版社,2008.

[17] 江昌勇,沈洪雷. 塑料成型模具设计[M]. 北京:北京大学出版社,2012.

[18] 杨占尧. 塑料模具课程设计指导与范例[M]. 北京:化学工业出版社,2011.

[19] 梅伶. 模具课程设计指导[M]. 北京:机械工业出版社,2011.

[20] 伍先明,陈志钢,杨军,等. 塑料模具设计指导[M]. 3 版. 北京:国防工业出版社,2012.

[21] 张志鹏. 注射模冷却系统与加热系统设计[J]. 模具制造,2011(1):49-55.

[22] 张琳,党杰. 注射模浇注系统的选择[J]. 大众科技,2009(5):167-168.

[23] 熊文杰. 注塑模定模顶出机构设计[J]. 模具技术,2008(1):31-32.

[24] 屈华昌. 塑料成型工艺与模具设计[M]. 北京:机械工业出版社,2004.

[25] 叶久新,王群. 塑料制品成型及模具设计[M]. 长沙:湖南科学技术出版社,2005.

[26] 中国标准出版社第三编辑室,全国模具标准化技术委员会. 塑料模具国家标准汇编[M]. 北京:中国标准出版社,2009.

[27] 张杰,阎亚林,高雪芹,等. 塑料模设计及案例精选[M]. 北京:电子工业出版社,2011.

[28] 宋满仓,黄银国,赵丹阳. 注塑模具设计与制造实战[M]. 北京:机械工业出版社,2003.

［29］温志远,牟志平,陈国金.塑料成型工艺及设备［M］.北京:北京理工大学出版社,
　　　2012.

［30］王卫卫.材料成形设备［M］.北京:机械工业出版社,2004.

［31］秦大同,谢里阳.现代机械设计手册(单行本):弹簧设计［M］.北京:化学工业出版
　　　社,2013.

［32］成大先.机械设计手册(单行本):连接与紧固［M］.5 版.北京:化学工业出版社,
　　　2010.

［33］屈华昌,张俊.塑料成型工艺与模具设计［M］.3 版.北京:机械工业出版社,2014.